建設材料実験法

建設材料実験教育研究会=編

鹿島出版会

まえがき

　社会基盤構造物は，その規模が大きく，供用期間が長く，建設には多額の費用を要し，ほとんどが公共の施設であり，市民生活と深いかかわりあいを持つものである。社会基盤構造物の設計施工を行う際においては，使用する材料の諸性質を十分に把握することが極めて重要であり，これらの性質は，すべて試験によって求められ，これを一般に材料試験と呼び，この試験結果が建設工事の成否に大きな影響を与えることもある。

　建設工学系教育課程において材料実験は，通常，低学年で履修されるため，問題意識を持たないまま学習されることが多い。その反面，材料実験は，比較的込み入った，めんどうな実験手順が多く，ややもすると無味乾燥な教科として敬遠される傾向が見受けられる。

　このようなことを踏まえて，建設材料実験をわかりやすく説明するためには，映像文化の中で育った年代層が取っつきやすいように，実験装置および手順を図や写真による視覚を通して理解させ，さらに，実験結果を例示し，それを解説することが肝要であると考えられる。この趣旨の下に，本書は，高専，大学，短大の建設工学系学生，工業高校の建設科生徒および試験業務に初めて従事する技術者を対象として，セメント，骨材，コンクリート，アスファルト，鋼材の建設材料についての基本的な実験法を，わかりやすく説明したものである。

　執筆者は，いずれも高専において，材料実験を直接指導している者で，実際に実験を行う際の留意点が細かく示されている。

　当初の目的がどの程度達成できたかは，はなはだ危惧するところであり，皆さまのご叱正をお願いする次第である。

　1983年に初版を出版してから25年経過しましたが，おかげさまで各方面から好評を得て，増刷を重ねてきました。その間，JIS規格および土木学会コンクリート標準示方書の改正，またSI単位の使用等のために，1988年，1993年，1997年，2003年，そして今回で5回目の改訂を行うことになりました。いずれの改訂も，本書の基本方針である「最新の規格や示方書に基づいた内容」とするためであります。

　今回，書名を「新示方書による土木材料実験法」から「建設材料実験法」に変更しました。その理由は，各校のカリキュラムが建設材料実験やそれに類似した科目名に改名されていること，一部，土木・建築のコース制導入による共通科目として取り扱われていること，などに対応したものであります。同時に判型についてもB5判に変更して見やすくしました。

　執筆者は出版当初13名の高専教員でしたが，現在は高専12名，大学1名になっています。また最初の執筆者のうち，1993年から泉英世氏（故人，当時高松高専）に代わって吉田隆輝氏，1997年から山田祐定氏（元石川高専）に代わって小泉徹氏，2003年から植田紳治氏（元木更津高専）に代わって黒川章二氏，藤井卓氏（元東京農工大）に代わって澤村秀治氏，そして今回，黒川章二氏（元木更津高専）に代わって青木優介，島崎磐氏（元岐阜高専）に代わって岩瀬裕之氏，竹村和夫氏（呉高専）に代わって堀口至氏，戸川

一夫氏（元和歌山高専）に代わって中本純次氏，丸山巌氏（日本文理大）に代わって堀井克章氏が新たに執筆者に加わりました。

　本書が建設材料実験法の入門書として，学生諸君ならびに技術者に愛読されることを切望します。

2009年3月

執筆者一同
（文責　編集幹事：岡本寛昭）

目　次

まえがき

第 1 章　材料実験の基本
1.1　概　説 ··· 1
1.2　測定量と計測方法 ··· 2
　　　長さ(変位)の計測方法／質量および力量の計測方法
1.3　SI 単位 ··· 4

第 2 章　セメント
2.1　セメントの試験と規格 ·· 7
　　　セメントの種類と品質規格／セメントの試験
2.2　セメントの密度試験（JIS R 5201） ·· 9
　　　試験の目的／使用機器／試験方法／試験結果例／参考資料
2.3　粉末度試験（JIS R 5201） ·· 11
　　　試験の目的／使用機器／試験方法／試験結果例／参考資料
2.4　凝結試験（JIS R 5201） ·· 14
　　　試験の目的／使用機器／試験方法／試験結果例／参考資料
2.5　強さ試験（JIS R 5201） ·· 17
　　　試験の目的／使用機器／試験方法／試験結果例／参考資料

第 3 章　骨　材
3.1　骨材の試験と規格 ··· 21
　　　骨材概説／骨材試験の目的／骨材と骨材試験の規格／骨材試料の採取
3.2　骨材のふるい分け試験（JIS A 1102⁻²⁰⁰⁶） ·· 24
　　　試験の目的／使用機器／試料の準備／試験方法および試験結果の計算／
　　　試験結果例／参考資料
3.3　細骨材の密度および吸水率試験（JIS A 1109⁻²⁰⁰⁶） ······························· 28
　　　試験の目的／使用機器／試料の準備／試験方法および試験結果の計算／
　　　試験結果例
3.4　粗骨材の密度および吸水率試験（JIS A 1110⁻²⁰⁰⁶） ······························· 32
　　　試験の目的／使用機器／試料の準備／試験方法および試験結果の計算／
　　　試験結果例／参考資料
3.5　細骨材の表面水率試験（JIS A 1111・JIS A 1125） ································· 35
　　　試験の目的／使用器具／試料／試験方法／試験結果の整理と報告／
　　　参考資料

3.6 骨材の単位容積質量および実積率試験（JIS A 1104） ………………………… 41
　　試験の目的／試料の準備／使用機器／試験方法／試験結果例／
　　参考資料
3.7 細骨材の有機不純物試験（JIS A 1105） …………………………………………… 44
　　試験の目的／試料の準備／使用機器／使用試薬／試験方法／
　　試験結果例／参考資料
3.8 有機不純物を含む細骨材のモルタルの圧縮強度による試験（JIS A 1142） ……… 46
　　試験の目的／試料の準備／使用機器／使用材料／試験方法／
　　試験結果例／参考資料
3.9 細骨材中の塩化物イオン含有量試験（滴定法）（案）（JSCE-C 502） …………… 49
　　試験の目的／試料の準備／使用機器／使用試薬／試験方法／
　　試験結果例／参考資料
3.10 骨材中に含まれる粘土塊量の試験（JIS A 1137） …………………………………… 53
　　試験の目的／使用機器／試料／試験方法／試験結果の整理と報告／
　　参考資料
3.11 ロサンゼルス試験機による粗骨材のすりへり試験（JIS A 1121） ……………… 56
　　試験の目的／使用機器／試料／試験方法／試験結果の整理と報告／
　　参考資料

第4章　コンクリート

4.1 コンクリートの品質 ……………………………………………………………………… 61
　　基本事項／フレッシュコンクリートの試験／
　　硬化したコンクリートの試験
4.2 コンクリート用混和材料 ……………………………………………………………… 62
　　基本事項／分類／
　　コンクリート用フライアッシュ（JIS A 6201-1999(2004確認)）／
　　コンクリート用シリカフューム（JIS A 6207-2006）／
　　コンクリート用高炉スラグ微粉末（JIS A 6206-1997(2002確認)）／
　　コンクリート用化学混和剤（JIS A 6204-2006）／その他の混和材料規格
4.3 配合（調合）設計方法 ………………………………………………………………… 67
　　配合（調合）設計の基本方針／配合（調合）設計の順序と方法／
　　使用機器／材料の準備／暫定の配合（調合）設計／試し練りの手順／
　　配合（調合）の補正／配合（調合）の決定／現場配合（調合）への換算／
　　コンクリートの配合（調合）設計例
4.4 コンクリートのスランプ試験（JIS A 1101） ………………………………………… 78
　　試験の目的／使用機器／試験方法／参考資料
4.5 フレッシュコンクリートの空気量試験 ………………………………………………… 80
　　試験の目的／試験方法の種類／空気室圧力方法（JIS A 1128）／
　　参考資料
4.6 圧縮強度試験（JIS A 1108） …………………………………………………………… 82
　　試験の目的／使用機器／試験方法／試験結果例／参考資料
4.7 割裂引張強度試験（JIS A 1113） ……………………………………………………… 85
　　試験の目的／使用機器／試験方法／試験結果例／参考資料

4.8 曲げ強度試験（JIS A 1106） ……………………………………………… 87
　　試験の目的／使用機器／試験方法／試験結果例／参考資料
4.9 コンクリートの静弾性係数試験（JIS A 1149） ………………………… 90
　　試験の目的／使用機器／試験手順／試験結果の整理／注意事項／
　　実施例
4.10 非破壊試験 …………………………………………………………………… 95
　　概説／リバウンドハンマーによる非破壊試験／
　　共鳴振動によるコンクリートの動弾性係数試験(JIS A 1127)
4.11 現場コンクリートの品質管理 ……………………………………………… 99
　　目的／管理特性と管理図／$\bar{x}$-R 管理図の作り方と管理手順／
　　x-R_s-R_m 管理図の作り方と管理手順／ヒストグラムの作り方と判定方法／
　　品質検査の方法／実施例

第5章　鋼　材

5.1 鋼材の試験と規格 ………………………………………………………… 109
　　鋼材の種類／鋼材の規格
5.2 鋼材の引張試験（JIS Z 2241） …………………………………………… 111
　　試験の目的／供試体／使用機器／試験方法／試験結果例／参考資料
5.3 鋼材の曲げ試験（JIS Z 2248） …………………………………………… 115
　　試験の目的／供試体／使用機器／試験方法(押し曲げ法)／試験結果例／
　　参考資料

第6章　アスファルト

6.1 アスファルトおよびアスファルト混合物 ……………………………… 119
6.2 針入度試験（JIS K 2207） ………………………………………………… 120
　　試験の目的／使用機器／試験方法／試験結果の整理／参考資料
6.3 軟化点試験(環球法)（JIS K 2207） ……………………………………… 124
　　試験の目的／使用機器／試験方法／試験結果の整理／参考資料
6.4 伸度試験（JIS K 2207） …………………………………………………… 127
　　試験の目的／使用機器／試験方法／試験結果の整理
6.5 エングラー度試験（JIS K 2208） ………………………………………… 129
　　試験の目的／使用機器／試験方法／試験結果の整理／参考資料
6.6 アスファルト混合物の配合設計 ………………………………………… 132
　　配合設計の目的／使用機器／配合設計の手順／
　　骨材配合比決定の手順(舗装設計施工指針)／マーシャル安定度試験／
　　配合設計例／参考資料
6.7 アスファルト試験器具の手入れと清掃について ……………………… 142

第7章　鉄筋コンクリート部材の試験

7.1 鉄筋コンクリートはりの曲げ試験 ……………………………………… 143
　　試験の目的／試験準備／RCはりの曲げ試験方法／試験結果の考察／
　　参考資料／計算例

第8章　実験値の数値処理法

8.1 **測定値の整理** ……………………………………………………………… *151*
　　　数値の表し方／数値の統計的処理／異常値の判定と棄却方法
8.2 **回帰と相関** ………………………………………………………………… *157*
　　　回帰分析／相関

索引

第1章
材料実験の基本

1.1 概　説

現在，一般に使用されている主な建設材料は，セメントコンクリート，鋼，アスファルトであるが，これらの材料を用いて社会基盤の施設や構造物を設計・施工および維持管理する際に必要となる性質には，力学的性質，物理的性質，化学的性質，耐久性に関する性質などが挙げられる。これらの性質における代表的な特性値は，次に述べるとおりである。

力学的性質……材料が外力を受けて，破壊に至るまでの性質をいい，建設材料では最も重要視される。

① 強度（強さ）に関する性質：圧縮強度，引張強度，曲げ強度，せん断強度，疲労強度，衝撃強度，硬さなど
② 変形に関する性質：降伏点，弾性係数（ヤング係数），せん断弾性係数，ポアソン比，伸び，絞り，クリープ，リラクセーション，粘度など

物理的性質……材料が固有に持っている質量，長さ，熱，音，電気などに関する性質をいう。

① 質量に関する性質：密度，単位容積質量，含水率，空隙率など
② 長さに関する性質：長さ変化，体積変化，収縮率，膨張率，粒度など
③ 熱に関する性質：比熱，熱伝導率，熱膨張率，発火点，軟化点など
④ 音に関する性質：吸音率，遮音率など
⑤ 電気に関する性質：比抵抗，電気伝導率など

化学的性質……材料の化学組成，化学反応に関する性質をいう。セメントの化学成分量や水和熱量，pH値，塩化物イオン濃度，X線回折による成分分析など。

耐久性に関する性質……材料が種々の環境条件下において，長年月の使用に耐えられるかどうかについての性質をいう。凍結融解や温度・湿度の変化に対する耐久度，耐すりへり抵抗度，鋼材の腐食量，コンクリートの中性化速度，アルカリ骨材反応，木材の腐食など。

必要に応じて，これらの諸性質を試験によって調べることが材料実験の目的である。

材料についての品質，形状，寸法および試験方法は，日本工業規格（JIS）に定められている。JIS規格どおりの製品を製造する能力を有することに関しての審査に合格した工場は，JIS表示許可工場として，JISマークを付けた製品の出荷が認められている。また，官公庁や学協会においても，関連する規準が定められている。**表1-1**は土木材料に関連する主な規格を出している国内の学協会で，**表1-2**は外国規格を示す。

表1-1　建設材料試験に関連ある国内の学協会

対象材料	学協会名	略称
全般	土木学会	JSCE
	日本道路協会	
	日本材料学会	JSMS
	日本水道協会	JWWA
	日本下水道協会	JSWAS
	日本建築学会	JASS
	日本規格協会	
セメントコンクリート	セメント協会	CAJS
	日本コンクリート工学協会	JCI
	全国生コンクリート工業組合連合会	ZKT
鋼	日本鋼構造協会	JSSC
	日本溶接協会	
	日本圧接協会	

表 1-2 外国規格

規　格　名	略　　称
国際標準化機構規格	ISO
国際材料施工試験研究所連合規格	RILEM
アメリカ材料試験協会規格	ASTM
アメリカ高速道路協会規格	AASHTO
イギリス規格	BS
ドイツ規格	DIN
フランス規格	NF

1.2 測定量と計測方法

建設材料実験における基本測定量は，質量，力量，長さ(変位)，時間，温度であり，これらの測定量を組み合わせることによって，材料の物性を表す強度，弾性係数，単位容積質量などが得られる。質量，力量および長さの基本測定量から得られる物性値の関係は，図1-1 に示すとおりである。建設材料実験では，質量，力量，長さを測定する頻度が比較的高いため，以下にこれらの計測方法について述べる。

1.2.1 長さ(変位)の計測方法

長さの測定は表 1-3 に示すとおり機械的方法，光学的方法，電気的方法がある。その中で主な計測器について，その原理を次に述べる。

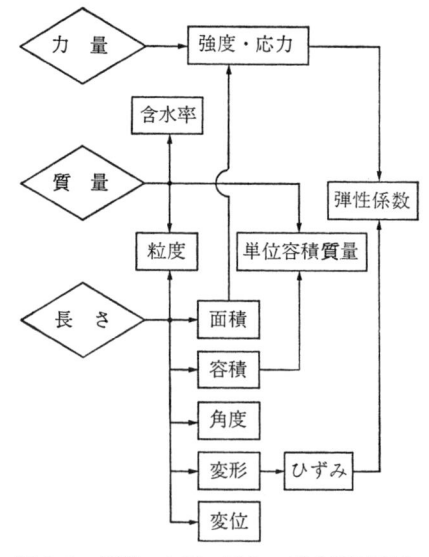

図 1-1 質量，力量，長さの基本測定量と物性値の関係

(1) ダイヤルゲージ

これは図 1-2 に示すように，変位量を内蔵の歯車列により拡大して，指針で表示する変位計である。

(2) ノギス

図 1-3 に示すとおりで，被測定物の寸法，内径，外径，高さ，段差を，本尺とバーニヤ（副尺）を用いて簡便に計測できるものである。

表 1-3 長さの計測器

型式	計測器 種類	最小目盛 (mm)	測定可能な最小長さ (mm)	測定範囲 (mm)	標点距離 (mm)
機械的方法	ダイヤルゲージ(1/100mm)	10^{-2}	5×10^{-3}	5～50	—
	ノギス	10^{-1}	5×10^{-2}	100, 300	—
	マイクロメータ	10^{-2}	5×10^{-3}	25	—
	コンタクト型ストレインゲージ	10^{-3}	5×10^{-4}	0.5	10, 20, 40, 60, 100
	ホイットモア型ストレインゲージ	10^{-3}	5×10^{-4}	0.5	2, 5, 10, 20, 50, 250
	ベリー型ストレインゲージ	10^{-2}	10^{-3}	0.1	200
光学的方法	測微顕微鏡	10^{-3}	5×10^{-4}	1	—
	レーザー干渉測長器	10^{-4}	5×10^{-5}	—	—
	光ファイバー型変位計	—	—	0.02～7	—
電気的方法	電気抵抗線ストレインゲージ	10^{-5}（ひずみ）	5×10^{-6}（ひずみ）	0.5	1～120
	過電流型変位計	—	—	0.5～500	—
	静電容量型変位計	—	—	0.05～10	—
超音波方式	超音波型変位計	—	—	60～10000	—

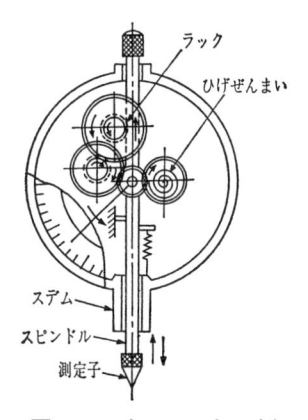

図1-2　ダイヤルゲージ[1]

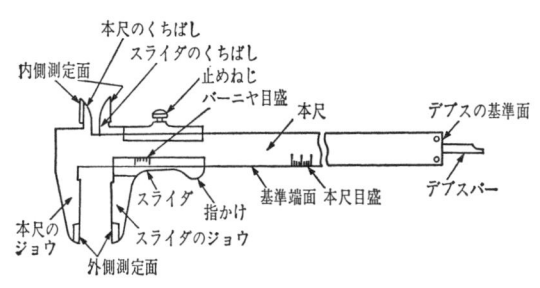

図1-3　ノギス[1]

(3)　マイクロメータ

これは図1-4に示すように，精密に加工されたねじの送り量を基準に，ねじの斜面による拡大を利用して，被測定物の寸法を読みとる器具である。鋼材の厚さや直径の測定に用いられる。

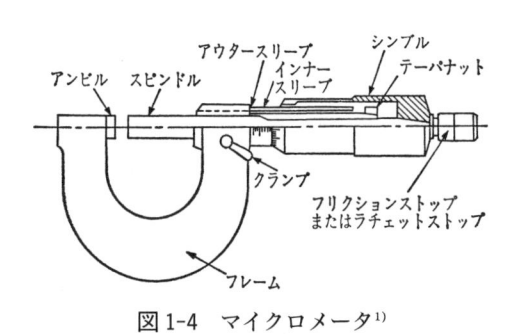

図1-4　マイクロメータ[1]

(4)　コンタクト型ストレインゲージ

被測定物の標点距離に鋼玉を打ち込んで標点を設け，その変位量をてこにより拡大して，ダイヤルゲージで表示するものである。図1-5にフリッツ・ステーゲル製コンタクト型ストレインゲージ（旧・西ドイツ製）を示す。

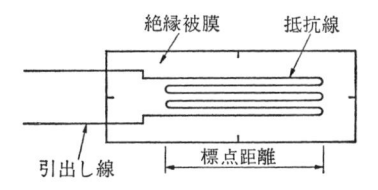

(5)　電気抵抗線ストレインゲージ

これは図1-6に示すような構造で，これを被測

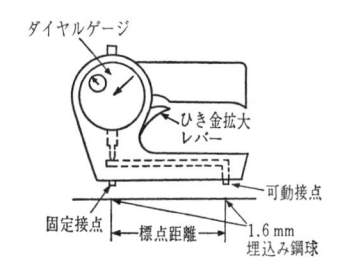

図1-5　コンタクト型ストレインゲージ[3]

図1-6　電気抵抗線ストレインゲージ

定物の表面に，接着剤で貼り付け，被測定物と一体にする。これにひずみが生ずると，電気抵抗線の抵抗値が変化し，その変化量を求めることによって直接ひずみが計測できる。これは精度が良く，遠隔自動計測が可能で，材料・構造実験のひずみ測定に多用されている。この原理は以下に述べるとおりである。

今，長さLの電気抵抗線が引っ張られてΔLだけ伸びると，電気抵抗RがΔRだけ変化するので，次の式が成り立つ。

$$\frac{\Delta R}{R} = K \cdot \frac{\Delta L}{L} = K \cdot \varepsilon \quad (1.1)$$

ここで，$\varepsilon = \Delta L/L$をひずみ，Kをひずみ感度またはゲージファクターといい，使用ゲージにその値が明示されている。

抵抗変化をホイートストンブリッジの回路を用いて，電圧の変化に変換して，ひずみ量を検出する。

(6)　非接触型変位計

非接触型変位計は，被測定物に接触しないで，磁界，光，音波を媒体にして変位を測定するものである。渦電流型変位計，静電容量型変位計，レーザ変位計，光ファイバー型変位計，超音波型変位計などがある。

1.2.2　質量および力量の計測方法

質量の測定は，一般にはかり（計量法では質量

計という）を用い，その種類は**表 1-4** に示すとおりである。電子はかりの導入が進んでいる。

　力量の測定は，機械的方法によるプルービングリングと，電気的方法であるロードセル（荷重変換器）を用いることが多い。

表 1-4　はかり[2]

はかり	ひょう量	感量（ひょう量に対して）
化学天びん	100〜200 g	1/100000〜1/1000000
上皿天びん	100 g〜10 kg	1/1000
上皿さおばかり	1〜10 kg	1/2000
卓上台ばかり	5〜50 kg	1/5000〜1/10000
台ばかり	10〜250 kg	1/1000〜1/2000

(1)　プルービングリング

　図 1-7 に示すとおりで，円形または平円形の環状体に力を加えたときの変形量と力量の関係を，あらかじめ較正しておき，未知の力を加えたときの変形量をはかり，力量を計測するものである。

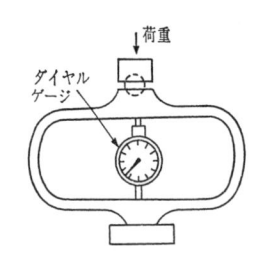

図 1-7　プルービングリング

(2)　ロードセル

　写真 1-1 に示すように，内部に電気抵抗線ストレインゲージを貼り付け，力を加えたときに生ずるひずみ量を，力量に換算して求めるものである。

写真 1-1　ロードセル

(3)　材料試験機

　材料試験機は，供試体に圧縮，引張り，曲げなどの力を作用させる試験機で，力の発生方式により，油圧式と機械式がある。**写真 1-2** は油圧式万能材料試験機である。試験機の使用にあたっては，ひょう量をその試験に適合した大きさに選定し，試験機のひょう量以上に荷重をかけてはならない。

写真 1-2　油圧式万能材料試験機

1.3　SI 単位

　SI[注]単位は，種々の単位系が併行して混乱していたのを，ISO が国際的に統一するために取り決めた単位系である。この基本単位は，長さがメートル m，質量がキログラム kg，時間が秒 s で表される。

注）フランス語 Système International の略称

　SI 単位では力を N（ニュートン）で表し，1 N とは質量 1 kg の物体に 1 m/s^2 の加速度を生じさせる力と定義される（1 N＝1 kg·m/s^2）。また，応力の単位は Pa（パスカル）を用いる（1 Pa＝1 N/m^2）。SI 単位と重力単位における力の換算法を**表 1-5** に示す。

　数量の大きさの違いを簡単に表すため，**表 1-6** に示す接頭語が使用される。

　本書は，SI 単位で表記するが，一部重力単位を併記する部分もある。

　例 1　大きな数字や小さな数字を接頭語によって表す方法を示す。
　　大きい数字：
　　　質量　　5.1×10^6 g＝5.1 Mg
　　　　　　　　注：有効数字の観点から，5100000 g と表すのは不適正である。

表 1-5 力関係の換算法

(a) 力

N	dyn	kgf
1	1×10^5	1.01972×10^{-1}
1×10^{-5}	1	1.01972×10^{-6}
9.80665	9.80665×10^5	1

(b) 圧力

Pa	bar	kgf/cm²	atm
1	1×10^{-5}	1.01972×10^{-5}	9.86923×10^{-6}
1×10^5	1	1.01972	9.86923×10^{-1}
9.80665×10^4	9.80665×10^{-1}	1	9.67841×10^{-1}
1.01325×10^5	1.01325	1.03323	1

(c) 応力

kPa	MPa または N/mm²	kgf/mm²	kgf/cm²
1	1×10^{-3}	1.01972×10^{-4}	1.01972×10^{-2}
1×10^3	1	1.01972×10^{-1}	1.01972×10
9.80665×10^3	9.80665	1	1×10^2
9.80665×10	9.80665×10^{-2}	1×10^{-2}	1

表 1-6 SI 単位の接頭語

大きさ	接頭語	記号	小ささ	接頭語	記号
10^3	キロ	k	10^{-3}	ミリ	m
10^6	メガ	M	10^{-6}	マイクロ	μ
10^9	ギガ	G	10^{-9}	ナノ	n
10^{12}	テラ	T	10^{-12}	ピコ	p
			10^{-15}	フェムト	f

〔第 1 章 参考文献〕

1) 内藤正編:工業計測法ハンドブック,pp. 7-10,pp. 51-52,朝倉書店,1982.
2) 国分正胤編:土木材料実験(改訂 4 版),p. 217,技報堂,1981.
3) 谷川恭雄他:構造材料実験法,pp. 60-76,森北出版,1980.

小さい数字:
　ひずみ　$70\times10^{-6}=70\,\mu$
　　　　注:0.000070 と表してよい。

例 2　重力単位を SI 単位へ換算する方法を示す。

力量,荷重:kgf → N
　1 kgf=9.81 N
　【SI 単位の力量】=【重力単位の力】×9.81
　力量 25.5 tf の場合,
　$25.5\times10^3\times9.81=2.50\times10^5$ N=250 kN

応力,圧力,ヤング係数:kgf/cm² → MPa(N/mm²)
　1 kgf/cm²=9.81 N/cm²=9.81×10^{-2} N/mm²
　　　　　=9.81×10^{-2} MPa
　【SI 単位の応力】=【重力単位の応力】×9.81×10^{-2}
　ヤング係数 3.25×10^5 kgf/cm² の場合,
　$3.25\times10^5\times9.81\times10^{-2}=3.19\times10^4$ N/mm²
　　　　　　　　　　=3.19×10^4 MPa

エネルギー,熱量:cal → J
　1 cal=4.18 J
　【SI 単位の熱量】=【重力単位の熱量】×4.18
　発熱量 4.5 cal/g/h の場合,$4.5\times4.18=19$ J/g/h

第2章

セメント

2.1 セメントの試験と規格

2.1.1 セメントの種類と品質規格

JISで規定されているセメントの種類は，次のとおりである。

ポルトランドセメント（JIS R 5210）……普通ポルトランドセメント，早強ポルトランドセメント，超早強ポルトランドセメント，中庸熱ポルトランドセメント，低熱ポルトランドセメント，耐硫酸塩ポルトランドセメント

混合セメント……高炉セメント（JIS R 5211），シリカセメント（JIS R 5212），フライアッシュセメント（JIS R 5213）

ポルトランドセメントのJIS品質規格は，表2-1に示すとおりである。また，アルカリ骨材反応によるコンクリートの損傷を防止するため，セメント中の全アルカリが0.6％以下としたポルトランドセメント（低アルカリ形）が規定されてい

表2-1 セメントの品質規格（JIS, 2003）

セメントの種類		混合材 Ps（質量％）	化学成分（％）					C_3S (％)	C_2S (％)	C_3A (％)	水和熱（J/g）	
			強熱減量	三酸化硫黄	酸化マグネシア	全アルカリ	塩化物イオン				7日	28日
ポルトランドセメント JIS R 5210	普通	5<Ps	≦3.0	≦3.0	≦5.0	≦0.75	≦0.035	—	—	—	—	—
	早強	—	≦3.0	≦3.5	≦5.0	≦0.75	≦0.02	—	—	—	—	—
	超早強	—	≦3.0	≦4.5	≦5.0	≦0.75	≦0.02	—	—	—	—	—
	中庸熱	—	≦3.0	≦3.0	≦5.0	≦0.75	≦0.02	≦50	—	≦8	≦290	≦340
	低熱	—	≦3.0	≦3.5	≦5.0	≦0.75	≦0.02	—	40≦	≦6	≦250	≦290
	耐硫酸塩	—	≦3.0	≦3.0	≦5.0	≦0.75	≦0.02	—	—	≦4	—	—
高炉セメント JIS R 5211	A種	5<Ps≦30	≦3.0	≦3.5	≦5.0	—	—	—	—	—	—	—
	B種	30<Ps≦60	≦3.0	≦4.0	≦6.0	—	—	—	—	—	—	—
	C種	60<Ps≦70	≦3.0	≦4.5	≦6.0	—	—	—	—	—	—	—
シリカセメント JIS R 5212	B種	10<Ps≦20	—	≦3.0	≦5.0	—	—	—	—	—	—	—
フライアッシュセメント JIS R 5213	B種	10<Ps≦20	—	≦3.0	≦5.0	—	—	—	—	—	—	—

セメントの種類		比表面積 (cm²/g)	凝結		パット法	安定性 ルシャテリエ法 (mm)	圧縮強さ（N/mm²）				
			始発 (min)	終結 (h)			1日	3日	7日	28日	91日
ポルトランドセメント	普通	2500≦	≦60	≦10	良	≦10	—	12.5≦	22.5≦	42.5≦	—
	早強	3300≦	≦45	≦10	良	≦10	10.0≦	20.0≦	32.5≦	47.5≦	—
	超早強	4000≦	≦45	≦10	良	≦10	20.0≦	30.0≦	40.0≦	50.0≦	—
	中庸熱	2500≦	≦60	≦10	良	≦10	—	7.5≦	15.0≦	32.5≦	—
	低熱	2500≦	≦60	≦10	良	≦10	—	—	7.5≦	22.5≦	42.5≦
	耐硫酸塩	2500≦	≦60	≦10	良	≦10	—	10.0≦	20.0≦	40.0≦	—
高炉セメント	A種	3000≦	≦60	≦10	良	≦10	—	12.5≦	22.5≦	42.5≦	—
	B種	3000≦	≦60	≦10	良	≦10	—	10.0≦	17.5≦	42.5≦	—
	C種	3300≦	≦60	≦10	良	≦10	—	7.5≦	15.0≦	40.0≦	—
シリカセメント	B種	3000≦	≦60	≦10	良	≦10	—	10.0≦	17.5≦	37.5≦	—
フライアッシュセメント	B種	2500≦	≦60	≦10	良	≦10	—	10.0≦	17.5≦	37.5≦	—

※ 全アルカリ（％）＝Na_2O(％)＋0.658K_2O(％)
※※ 数値の表示：5<Ps≦30はPsが5を超え30以下を表す。≦3.0は3.0以下を表す。40≦は40以上を表す。

る。

都市ごみを焼却した際に発生する灰をベースに，必要に応じて下水汚泥などの廃棄物を主原料としたエコセメント（JIS R 5214）も規定されている。

2.1.2 セメントの試験

JIS によるセメントの試験は，物理試験（JIS R 5201），化学分析試験（JIS R 5202）および水和熱試験（JIS R 5203）がある。いずれの試験においても，JIS 品質規定に適合しなければならない。物理試験は，密度，粉末度，凝結，安定性，強さの5項目の試験で，セメントの特性を表す最も重要な試験である。本書では物理試験について述べる。この中で，安定性については，最近のセメントでは安定性不良のものはほとんどないことから省略する。

物理試験に必要な試料の量は，余裕をみて約5kg 必要である。試料は検査しようとするセメントから，偏りなく平均品質を得られるように採集し，それを標準網ふるい 840 μm でふるって雑物を除去し，防湿性の気密な容器に入れておき，できるだけ早く試験を行う。各種セメントの品質試験成績（セメント協会）を表2-2に示す。

表 2-2 各種セメントの試験結果（セメント協会，2007）[1]

(a) 化学分析結果（JIS R 5202-1999）

セメントの種類		化学成分 (%)												
		ig.loss	insol.	SiO_2	Al_2O_3	Fe_2O_3	CaO	MgO	SO_3	Na_2O	K_2O	TiO_2	P_2O_5	MnO	Cl
ポルトランドセメント	普通	1.78	0.17	21.06	5.15	2.80	64.17	1.46	2.02	0.28	0.42	0.26	0.17	0.08	0.006
	早強	1.18	0.10	20.43	4.83	2.68	65.24	1.31	2.95	0.22	0.38	0.25	0.16	0.07	0.005
	中庸熱	0.37	0.13	22.97	3.87	4.07	64.10	1.33	2.03	0.23	0.41	0.17	0.06	0.02	0.002
	低熱	0.97	0.05	26.29	2.66	2.55	63.54	0.92	2.32	0.13	0.35	0.14	0.09	0.06	0.003
高炉セメント	B種	1.51	0.21	25.29	8.46	1.92	55.81	3.02	2.04	0.25	0.39	0.43	0.12	0.17	0.005
フライアッシュセメント	B種	1.91	13.37	18.76	4.48	2.56	55.28	0.82	1.84	0.11	0.30	0.23	0.12	0.05	0.003

(b) 物理試験結果（JIS R 5201-1997）および水和熱試験結果（JIS R 5203-1995）

セメントの種類		密度 (g/cm³)	粉末度		凝結			圧縮強さ (N/mm²)					水和熱 (J/g)	
			比表面積 (cm²/g)	網ふるい90 μm残分(%)	水量 (%)	始発 (h-m)	終結 (h-m)	1日	3日	7日	28日	91日	7日	28日
ポルトランドセメント	普通	3.15	3410	0.6	27.9	2-16	3-13		28.0	43.1	61.3			
	早強	3.13	4680	0.1	30.9	1-52	2-48	27.7	47.5	56.6	67.9			
	中庸熱	3.22	3220	0.5	27.1	3-02	4-07		21.6	30.3	56.8		267	322
	低熱	3.21	3470	0.1	27.4	3-30	4-42		16.2	25.3	49.0	79.1	226	275
高炉セメント	B種	3.05	3970	0.3	29.3	2-47	3-58		21.2	35.1	62.0			
フライアッシュセメント	B種	2.95	3500	0.4	28.6	3-01	4-16		26.1	39.3	60.6			

2.2 セメントの密度試験（JIS R 5201）

2.2.1 試験の目的

① コンクリートの配合設計におけるセメントの容積計算において，使用するセメントの密度が必要である。
② セメントの密度の変化によって，その風化程度を知る目安になる。
③ 未知のセメントの種類を，セメントの密度から，ある程度推定することができる。
④ 混合セメントの粉末度試験（ブレーン方法）を行う場合には，試料の量を決定するのに，密度の実測値が必要である（2.3節参照）。

2.2.2 使用機器

① ルシャテリエ密度びん
② はかり（ひょう量200g，感量0.1g）
③ 水タンク（20 ± 0.2℃）
④ 鉱油（JIS K 2203 に規定されている灯油，あるいは JIS K 2204 に規定されている軽油を完全に脱水したもので，通常，白灯油がよく用いられる）
⑤ その他，鉢，乾燥した布を巻き付けた針金，ゴム板，黒色光沢紙，おもり，温度計

2.2.3 試験方法

(1) 試験の手順

① ルシャテリエ密度びんの目盛0〜1mLの間まで鉱油を入れる。
② 水タンク中に静置して，鉱油の液面がほとんど変化しなくなったとき，その液面の目盛 v_1 を読む。
③ 試料100gをはかり取り，少しずつ静かに密度びんに入れる。

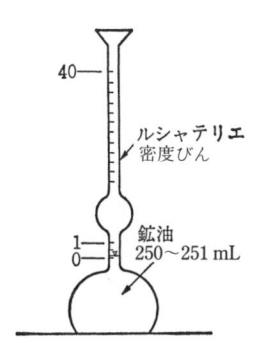

注）試料を密度びんに入れる前に，管壁に付着している油を針金に巻きつけた乾布で拭いておく。
　詰まったときは，びんの底を軽くたたいたり，傾斜させたりして落とす。

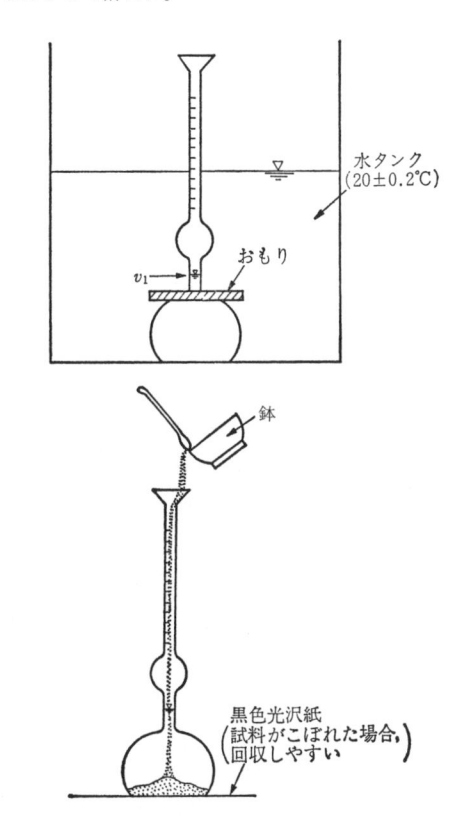

④ 内部の空気を完全に追い出すため，適当な振動を与える。

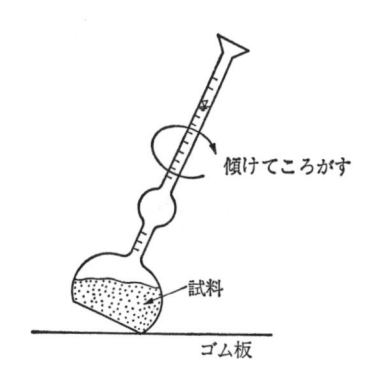

⑤ 再び水タンク中に静置して，鉱油の液面がほとんど変化しなくなったとき（約60分後），その液面の目盛 v_2 を読む。

⑥ 試験終了後，セメントの混入している鉱油は，大型の漏斗で，定性用ろ紙を用いてろ過し，回収して繰り返し使用してよい。

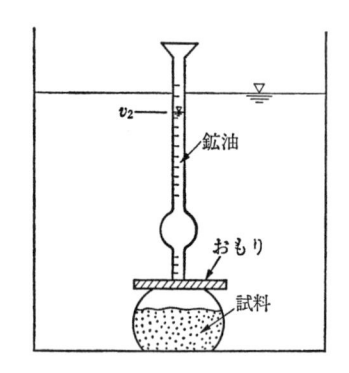

2.2.5 参考資料

① セメント密度試験に用いる液体は，水以外でセメントと反応しないものであればよいが，一般には比較的入手しやすい鉱油が使用される。鉱油はあらかじめ脱水しておく必要がある。脱水法は，普通10～20Lのびんに鉱油を入れ，適量の乾燥用シリカゲルを入れて，よくかき混ぜ2～3日放置しておき，その上澄み液をとり，別の乾燥した容器に密栓して貯える。

② セメントクリンカーの主要構成化合物の密度（g/cm³）は，およそ次のとおりである。
　C_3A：3.04，C_3S：3.15，C_2S：3.28，C_4AF：3.77
　せっこう（$CaSO_4 \cdot 2H_2O$）の密度は2.32である。

③ 各種セメントの密度は，**表2-2** に示すとおりである。

④ セメントを空気中に放置しておくと，大気中から水分および二酸化炭素を吸収して風化するが，この場合，密度値は低下する。

(2) 計算方法

セメントの密度は次の式によって計算する。

$$\rho = \frac{\text{セメント質量 (g)}}{\text{セメントの容積 (mL)}} = \frac{m}{v_2 - v_1}$$

ここで，ρ：試料の密度（g/cm³）
　　　　m：はかり取った試料の質量（g）
　　　　v_1：初めの鉱油の液面の読み（mL）
　　　　v_2：試料投入後の鉱油の液面の読み（mL）

試験は2回以上行い，その差が0.01以内で一致したものの平均値をとって，小数点以下2けたに丸める。

2.2.4 試験結果例

セメントの密度試験			
試　験　日		室　温	
試　料　名	普通ポルトランドセメント		
試　料　番　号	No.1	No.2	No.3
初めの鉱油の読み v_1(mL)	0.22	0.36	0.42
試料投入後の読み v_2(mL)	31.78	31.70	31.96
試料の質量 m(g)	100.0	100.0	100.0
密度 $\rho = m/(v_2-v_1)$ (g/cm³)	3.169	3.191	3.171
平均密度 ρ (g/cm³)	(3.169+3.171)/2＝3.17		
備　考	試料番号 No.2 は許容差 0.01 を超えているので，No.2 の測定値は異常値と考え，棄てる。		

2.3 粉末度試験（JIS R 5201）

2.3.1 試験の目的

セメント粒子の細かさを求める。セメントの細かさは，セメントやコンクリートの諸性質と深い関係がある。

注）JIS ではブレーン方法によって粉末度を求めることを原則としており，網ふるい方法を参考としている。

2.3.2 使用機器

(1) ブレーン方法
① ブレーン空気透過装置一式
② No. 101 系列標準セメント（セメント協会研究所が頒布している）
③ ストップウォッチ
④ はかり
⑤ その他，ろ紙，さじ，広口びん，ワセリン

(2) 網ふるい方法
① 標準網ふるい（90 μm）
② ストップウォッチ
③ はかり
④ その他，はけ，黒色光沢紙，指サック

2.3.3 試験方法

[ブレーン方法による試験]

(1) 試験の手順
① セメント約 10 g を約 50 mL の広口びんに入れ，栓をして約 1 分間振ってセメントをよくほぐす。
② セルの底部に有孔金属板を入れ，その上にろ紙を重ねて置く。
③ ①のセメントの中から次の式によって計算し

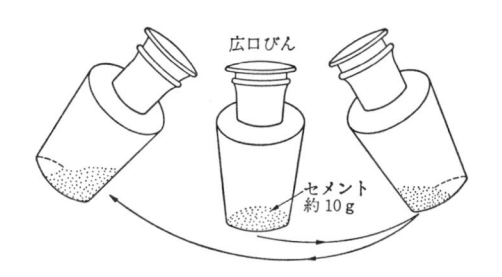

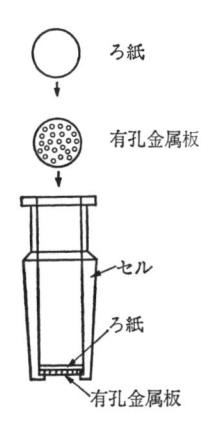

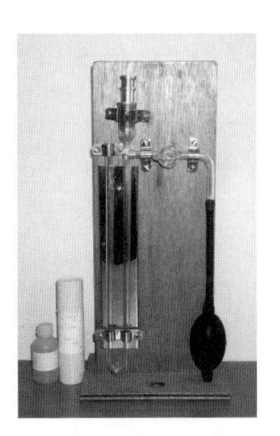

写真 2-1 ブレーン方法による粉末度試験装置

たセメントを 0.005 g まで正確にはかり，はかり取ったセメントをセルの中に入れ，セルの側面を軽くたたいて表面を平らにする。

$$m = \rho v (1-e) \qquad (2.1)$$

ここで，m：はかり取る試料の質量（g）
　　　　ρ：試料の密度（g/cm³）
　　　　v：セル中のセメントベッドの占める体積（cm³）
　　　　e：セメントベッドのポロシティー

この場合，試料の密度（ρ）および試料ベッドのポロシティー（e）は，表 2-3 による。

表 2-3 ブレーン方法で用いる密度およびポロシティーの値

試料の種類	密度（ρ）	ポロシティー（e）
普通	3.15	0.500±0.005
早強	3.12	0.520±0.005
超早強	3.11	0.540±0.005
中庸熱，耐硫酸塩	3.20	0.500±0.005
低熱	3.22	0.520±0.005
高炉，フライアッシュ，シリカ	実測値	0.510±0.005

④ 別のろ紙を試料の上に置き，プランジャのつばがセルの上縁に密着するまで押した後，プランジャを静かに抜き取る。
⑤ セルをマノメータ上部にはめて，ゴム球を握りしめ，一方の手でコックを開く。次に，ゴム球を徐々に離し，マノメータ内の液頭をA標線まで上げ，コックを閉じる。
⑥ 液頭がB標線に達したときにストップウォッ

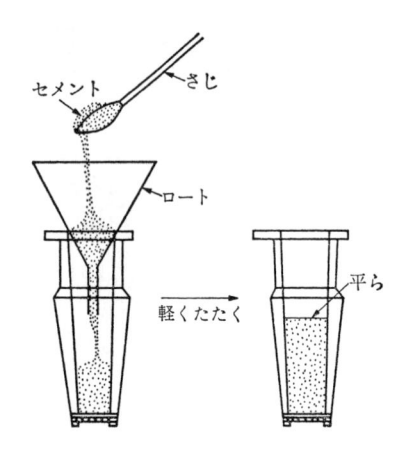

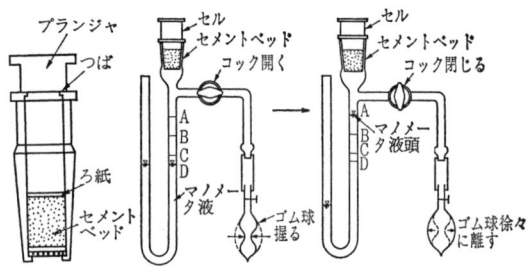

チを押し，C 標線まで降下する時間を 0.5 秒まで正確にはかる。比表面積試験は，毎回新しいベッドを作り 2 回以上行い，2％以内で一致したものの平均値をとり，整数 1 位を丸めて 0 とする。

⑦　装置の標準化試験は粉末度測定用標準セメントを用い，上記①〜⑥の順序で行い，毎回新しいベッドを作り，3 回以上行って，その平均値を求める。

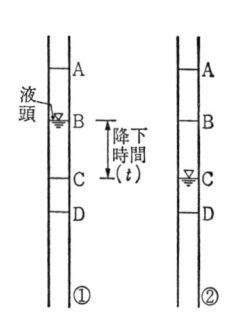

(2)　計算方法

比表面積を，次の式によって計算する。

$$S = kS_0\sqrt{\frac{t}{t_0}} \qquad (2.2)$$

ここで，S：セメントの比表面積（cm^2/g）
　　　　S_0：標準セメントの比表面積（cm^2/g）
　　　　t：セメントの透過時間（秒）
　　　　t_0：標準セメントの透過時間（秒）
　　　　k：定数（表 2-4）

[網ふるい方法による試験]

(1)　試験の手順

①　セメント 50 g をはかり，90 μm ふるいに入れ，静かに回しながらセメントを通過させる。

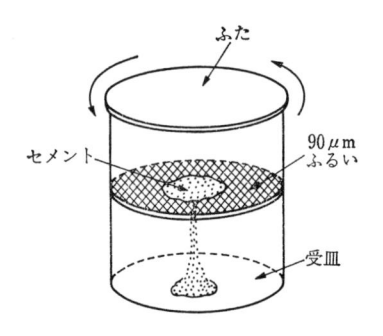

②　片手で 1 分間に 150 回の速さでふるいわくをたたく。25 回たたくごとに約 1/6 回転させる。粉末が固まったものは，指サックをはめ，ふるいわくに軽くすりつけてつぶす（網目に指で触れてはならない）。このようにして 1 分間のふるい通過量が 0.1 g 以下となったとき，ふるうのをやめてふるい上の残分を 0.05 g まではかる。

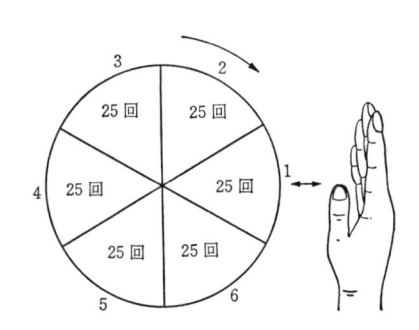

表 2-4　比表面積の計算に用いる各種セメントの k の値

普通	早強	超早強	中庸熱および耐硫酸塩	低熱	高炉，フライアッシュおよびシリカ
1.000	1.115	1.236	0.984	1.081	3.310/比重

(2) 計算方法

ふるい分けの残分は，次の式によって算出し，小数点以下1けたに丸める。

$$f = \frac{m_2}{m_1} \times 100 \qquad (2.3)$$

ここで，f：試料の粉末度（%）
　　　　m_2：ふるい残分の質量（g）
　　　　m_1：セメントの質量（g）

2.3.4 試験結果例

セメントの粉末度試験の結果例を**表2-5**に示す。

2.3.5 参考資料

① セメントベッドの体積（v）は，次の式によって求める。

$$v = \frac{m_a - m_b}{D} \qquad (2.4)$$

ここで，v：セメントベッドの体積（cm³）
　　　　m_a：セルに有孔金属板とろ紙2枚を入れ，水銀を満たし上面を水平にしたときの水銀の質量（g）
　　　　m_b：セルに有孔金属板，ろ紙および2.80gのセメントを入れ，その上にろ紙を置き，プランジャで押し付けたのち，水銀を満たし上面を水平にしたときの水銀の質量（g）
　　　　D：試験温度における水銀の密度（**表2-6**）

体積は各回の測定値が±0.01 cm³の精度に合致したものの平均をとる。

② JIS試験方法以外の比表面積測定方法としては，リー-ナース（Lea-Nurse）方法[注1)]がイギリスで，またワグナー（Wagner）方法[注2)]がアメリカで規格化されている。このほかに窒素ガス吸着方法[注3)]がある。

注1) British Standard-12: Portland Cement, 1958.
注2) ASTM Designation C115: Method of Test for Fineness of Portland Cement by the Turbidimeter.
注3) 中条，岡島，山崎：窒素の吸着法，ブレーン法による比表面積測定および他の粒度測定法による粉砕法則の研究，セメント技術年報，昭和35年

③ 粉末の微細な，すなわち粉末度の高いセメントほど水と接触する表面積が大きいため，水和が早くなり初期強度が高くなる。また，ワーカブルなコンクリートが得られるが，乾燥収縮が大きくなりがちで，さらに風化しやすくなる。

表2-5 試験結果例

セメントの粉末度試験			
試料名	普通ポルトランドセメント	試験月日	月　日
室内温度	℃	試験者	
室内湿度	%		

	ブレーン比表面積方法		
セメントの量 $w = \rho v(1-e) = 2.9405 = 2.941$ g			
ρ（密度）=3.15	v（ベッドの体積）=1.867	e（ポロシティー）=0.500	
比表面積 $S = kS_0\sqrt{\dfrac{t}{t_0}}$	t：透過時間　S：比表面積		
S_0（標準試料の比表面積）=3460 cm²/g	t_0（標準試料の透過時間）=102 秒		
(1) $t=100$ 秒　$S=3426$ cm²/g	(2) $t=101$ 秒　$S=3443$ cm²/g	平均　$S=3430$ cm²/g	

網ふるい方法			
粉末度 $f = \dfrac{m_2}{m_1} \times 100$（%）	m_1：試料の量 50 g　m_2：90 μm 残分		
(1) $m_2 = 0.45$ g　$f = 0.9$ %	(2) $m_2 = 0.47$ g　$f = 0.9$ %	平均　$f = 0.9$ %	

| 備考 | ブレーン比表面積試験は(1)回目 (2)回目の試験値が2%以内で一致しているので2つの値の平均をとり，整数1位を丸めてゼロとした |

表2-6 室温と水銀の密度

室温（℃）	16	18	20	22	24	26	28	30	32	34
水銀の密度（g/cm³）	13.56	13.55	13.55	13.54	13.54	13.53	13.53	13.52	13.52	13.51

2.4 凝結試験 (JIS R 5201)

2.4.1 試験の目的

① セメントに水を加えると水和作用を起こし、時間がたつと硬化し始める。水を加えてから硬化し始めるまでを凝結といい、この時間を求める。
② セメントの凝結時間を知ることは、コンクリートの凝結時間を推定するのに役立つ。

2.4.2 使用機器

① ビカー針装置一式
② モルタルミキサ (**写真 2-2**)
③ はかり
④ 練り鉢, さじ
⑤ 時計
⑥ その他, メスシリンダ, ウエス, ガラス板, セメントナイフ

写真 2-2　モルタルミキサ

2.4.3 試験方法

(1) 試験の手順

(A) 練混ぜ方法

(a) 機械練りによる方法

試料 500 g を練り鉢に入れ、練り鉢およびパドルを本体に取り付け、標準軟度を得るのに必要と思われる量 (ポルトランドセメントで 25〜28 %、混合セメントで 28〜30 % 程度) の水を注ぎ入れる。直ちに、練混ぜ機を低速で始動させ、注水してから 60 秒間練り混ぜる。またそのときの注水時刻を記録する。次に 30 秒間休止し、この間にさじで練り鉢およびパドルに付着したセメントペーストを練り鉢の中心部に集めるようにしてかき落とす。

休止が終わったら、低速から高速に切り換え、再び始動させ 90 秒間練り混ぜる。

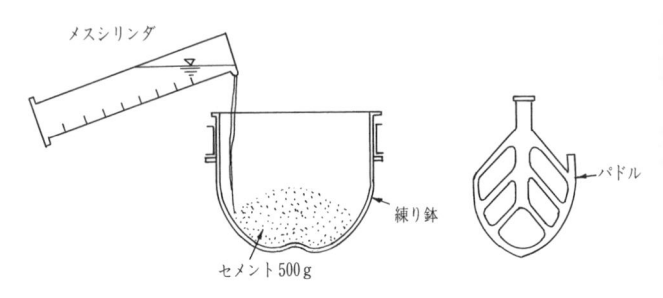

(b) 手練りによる方法

試料 400 g を練り鉢に入れる。その中へ標準軟度を得るのに必要な水量を注ぎ込み、3 分間さじで十分練り混ぜる。

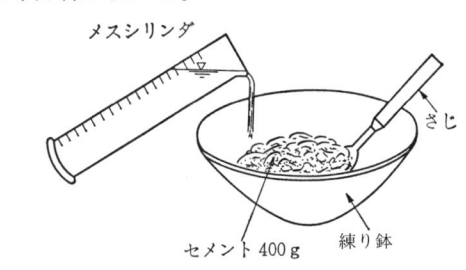

(B) セメントペーストの軟度の測定

① ビカー針装置の底板の上にガラス板を置き、その上にセメントペーストの容器を置く。次に

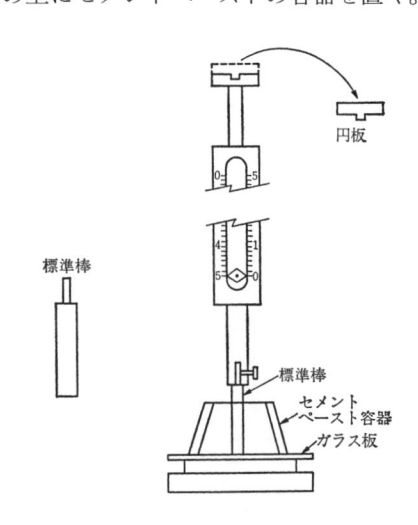

ビカー針装置のすべり棒に標準棒を取り付け（すべり棒の上端に円板を載せない），ガラス板の上に静かに標準棒を降ろし，装置の目盛をゼロに調整する。

② 練り混ぜたペーストを練混ぜ終了後60秒以内に，セメントペースト容器に入れ，セメントナイフで余分なペーストを除き，表面を平らにする。

③ 容器に入れたペーストを標準棒の下に置き，棒の先端とセメントペーストとの表面が接するまですべり棒を指で支えてゆっくり降ろす。

④ 標準棒を自重で徐々に降下させ，降下を開始してから30秒後に標準棒の先端とガラス板との間隔を読む。この間隔が6±1mmの範囲に止まったときを標準軟度のセメントペーストとする。6±1mmの範囲で静止しなかった場合は新しいセメントを用いてその範囲に止まるまで試験を繰り返す。

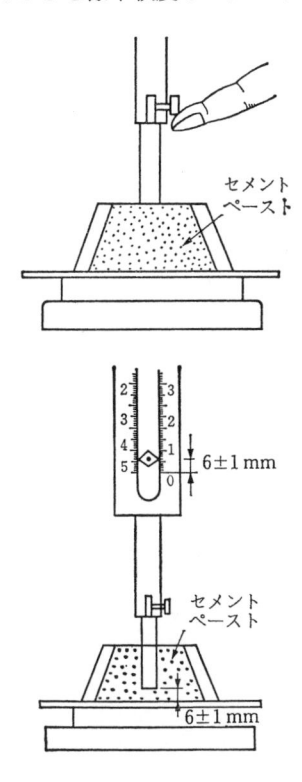

（C） 凝結の始発のはかり方

① ビカー針装置の標準棒を始発用標準針にかえ，すべり棒の上端に円板を載せ，セメントペースト中に徐々に降下させる。

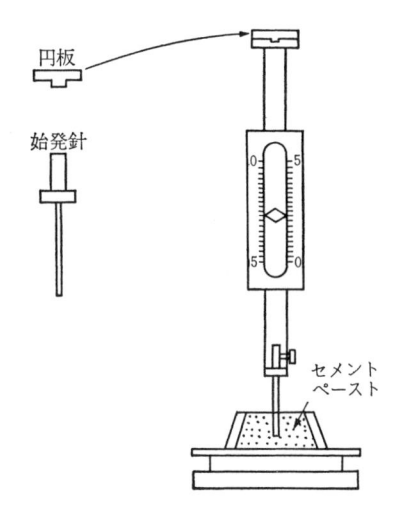

② 始発用標準針の先端がガラス板の上面からおよそ1mmのところに止まるときを始発とし，セメントに注水したときから始発までの時間を始発時間とする。この始発の測定は1回では誤りがあるので連続3回ぐらい行う。

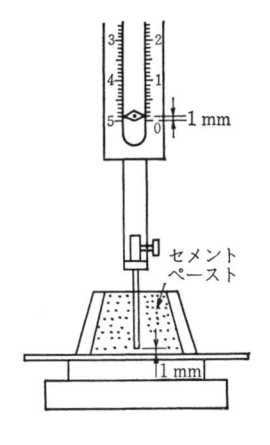

（D） 凝結の終結のはかり方

始発用標準針を終結用標準針にかえ，セメントペーストの表面に徐々に降下させる。セメントペーストの表面に針のあとはつくが，付属小片環のあとがつかなくなったときを終結とし，セメントに注水したときから終結までの時間を終結時間と

する。この終結の測定は1回では誤りがあるので連続3回ぐらい行う。

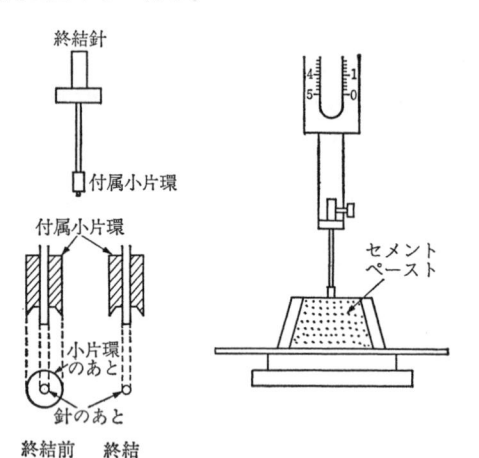

2.4.4 試験結果例

凝結試験の結果例を**表2-7**に示す。

2.4.5 参考資料

① 試験温度と凝結時間の関係は，**表2-8**のとおりで，温度が高いほど凝結時間は短くなる。
② セメントの種類と凝結時間の関係は，粉末度の高いセメントほど凝結時間が短くなる。

表2-7 試験結果例

セメント凝結試験				
試料名　普通ポルトランドセメント		試験月日　　　月　　　日		
室内温度　　　　℃ 室内湿度　　　　％		試験者		
測定番号	1	2	3	4
試料の質量 (g)	400	400	400	400
水の量 (mℓ)	108	109	108	110
注水時刻 (h-m)	9-00	9-15	9-24	9-32
始発時刻 (h-m)	11-30	11-49	11-55	12-00
始発時間 (h-m)	2-30	2-34	2-21	2-28
終結時刻 (h-m)	12-32	12-50	12-55	12-57
終結時間 (h-m)	3-32	3-35	3-31	3-25
備考				

表2-8 普通ポルトランドセメントの凝結時間と温度

温度 (℃)	湿度 (%)	始発 (h-m)	終結 (h-m)
0	86	6-10	11-39
5	80	4-08	6-25
10	86	3-23	5-17
18	90	2-07	3-21
38	80	1-42	2-05

2.5 強さ試験 (JIS R 5201)

2.5.1 試験の目的
① 結合材としてのセメントの強さを求める。
② 同じセメントを用いて作られるコンクリート強度の目安を得る。

2.5.2 使用機器
(1) 練混ぜ
① モルタルミキサ
② はかり
③ 練り鉢，さじ
④ その他，ウエス，メスシリンダ

(2) フロー試験
① フローテーブル，フローコーンおよび突き棒
② ノギス
③ その他，さじ，セメントナイフ，ウエス

(3) 供試体の作り方
① モルタル供試体成形用型
② 型枠用添枠
③ テーブルバイブレータ
④ その他，さじ，ストレートエッジ，ガラス板，ウエス，グリース，水槽

(4) 脱型・養生
① 木づち
② 湿気箱
③ ストレートエッジ
④ はかり
⑤ その他，マジックあるいは筆および墨，錆止め用油

(5) 曲げ試験
① 曲げ強さ試験機一式
② はかり
③ その他，ノギス，ウエス

(6) 圧縮試験
① 圧縮強さ試験機一式
② その他，ウエス

2.5.3 試験方法
(1) 試験の手順
(A) 練混ぜ
モルタルミキサを使用し，機械練りにより行う。
① 練り鉢およびパドルを混合位置に固定し225gの水とセメント450gを入れる。
② ミキサを低速で作動させ，練混ぜを続けながら30秒後に1350gの標準砂を30秒間で入れ，引き続いて高速にして30秒間練り混ぜる。その後90秒休止し，休止の最初の15秒間にかき落としを行う。休止が終わったら再び高速で始動させ60秒間練り混ぜる。練混ぜ時間は休止時間も含めて4分である。練混ぜが終わったら練り鉢を取りはずし，さじで10回かき混ぜる。

(B) 供試体の作り方
① 型枠を分解しグリースを布で薄く塗る。特に，漏水を防ぐため型枠の下面およびはめ込み部分にグリースを多く塗り，符号を合わせてゆるく組み立て，その後木づちで軽くたたきながら十分締めつける。型枠内部にはみ出したグリ

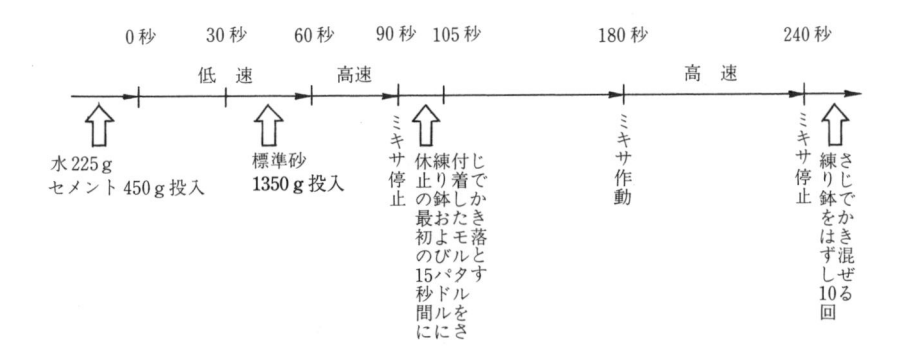

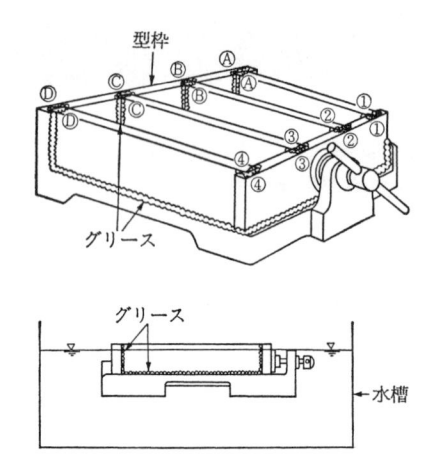

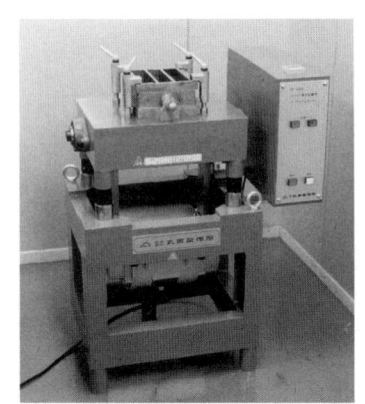

写真 2-3　テーブルバイブレータ

ースは，セメントナイフできれいに取り除く。
② 組み立て後，漏れの有無を検査する。
③ 供試体はモルタルの練混ぜ終了後すぐに作製する。モルタル供試体成形用型は添え枠を載せて，テーブルバイブレータ（**写真 2-3**）に固定しておく。テーブルバイブレータの振動時間は全部で120±1秒である。モルタルは成形用型に2層に詰める。
④ 1層目のモルタルは振動開始から15秒間で成形用型の1/2までさじで詰める。次の15秒間は詰める作業を休止する。さじで鉢のモルタルを集めながら，次の15秒間に残りのモルタルを，1層目と同じ順序で詰める。さらに引き続き75秒間振動をかける。
⑤ 振動終了後，テーブルバイブレータに載せた成形用型を静かにはずす。すぐに成形用型から添え枠をはずして成形用型の上のモルタルの盛り上げを削り取り，上面を平滑にする。削り取りは，金属製のストレートエッジを鉛直に保ち，それぞれの方向に一度ずつ鋸引きを行う。

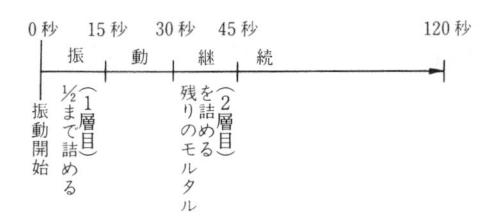

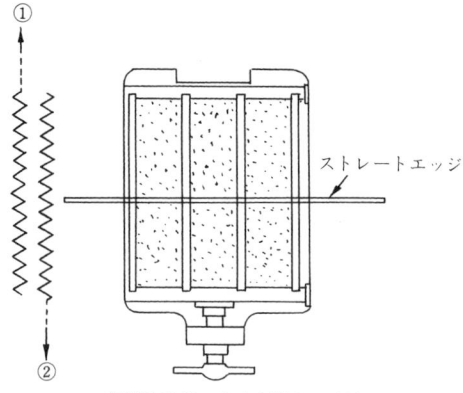

最後にストレートエッジをなでる方向に傾け，押し付けないで一度軽くなでることにより，上面を平滑にする。
⑥ 削りとりが終わったら，厚さ 6 mm で 190 mm×160 mm のガラス板を成形用型の上に置く。類似の寸法の鋼または不透水性の板を使用してもよい。
⑦ 脱型時に供試体がわかるように成形用型に目印を付け，湿気箱に入れる。1日より長い材齢の試験については，成形後20時間から24時間の間に，供試体を型枠から取りはずし，供試体に番号，試験月日などを記入して重量をはかり，恒温水槽に入れ所定材齢まで水中養生をする。1日より長い材齢の試験については，供試

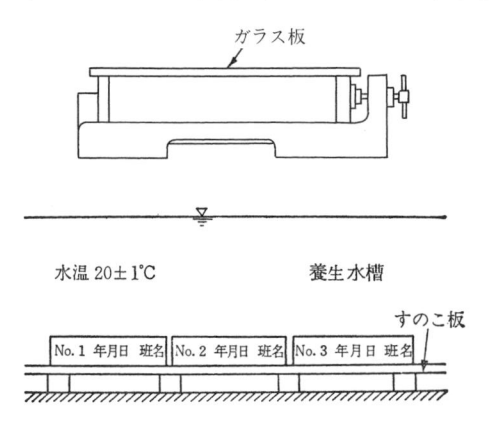

体を試験する前の 20 分以内に脱型を行い，試験まで湿布で覆っておく．なお，養生水を交換する場合は，一度に全量を交換してはならない．

（C） 強さ試験

曲げ試験および圧縮試験の供試体は，成形後 1 日（湿気箱中 24 時間），3 日（湿気箱中 24 時間，水中 2 日間），7 日および 28 日を経たのち，曲げ試験は，各材齢とも 3 個の供試体について行い，圧縮試験は，各材齢とも切断された 6 個の供試体の折片について行う．

(a) 曲げ試験

① 供試体を水槽から取り出し，ウエスで水分を拭きとり，質量をはかり，供試体に定規を当て各支点を刻線し，供試体を作製したときの側面に載荷されるように，支点に刻線を合わせて挿入する．

② 毎秒 50 ± 10 N の均一速度で荷重をかけて最大荷重を求め，式(2.5)で曲げ強さを計算する．

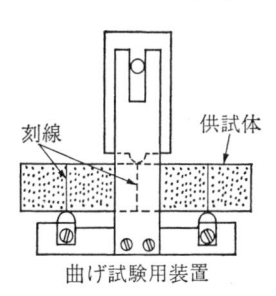

(b) 圧縮試験

① 圧縮試験は曲げ試験の直後に行い，供試体を作ったときの両側面が加圧面となるように 40 mm×40 mm の荷重用加圧板で供試体をはさんで毎秒 2400 ± 200 N の均一速度で載荷し最大荷重を求める．試験機の指針が止まったときの荷重を最大荷重とし，式(2.6)により圧縮強さを計算し，6 個の平均値を求めて圧縮強さとする．

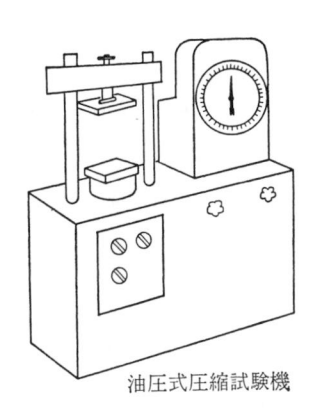

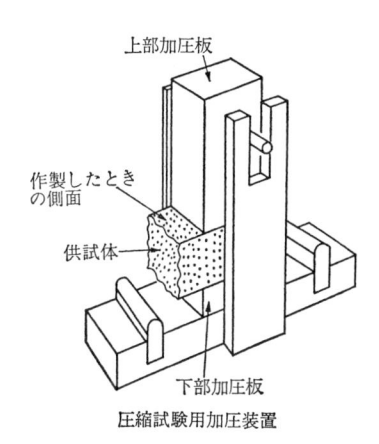

(2) 計算方法

（A） 曲げ強さは次の式によって計算し，小数点以下 1 けたに丸める．

$$b = w \times 0.00234 \tag{2.5}$$

ここで，b：曲げ強さ (N/mm^2)
　　　　w：最大荷重(N)

（B） 圧縮強さは次の式によって計算し，小数点以下 1 けたに丸める．

$$c = \frac{\text{最大荷重}}{\text{供試体断面積}} = \frac{w}{1600} \tag{2.6}$$

ここで，c：圧縮強さ (N/mm^2)
　　　　w：最大荷重(N)

2.5.4 試験結果例

セメントの強さ試験の結果例を**表 2-9** に示す．

2.5.5 参考資料

① 曲げ強度は供試体を弾性体と考えた次の式より求める．

$$\sigma_b = \frac{M}{I}y = \frac{\frac{w}{2} \cdot \frac{l}{2}}{\frac{bh^3}{12}} \cdot \frac{h}{2}$$

ここで，$l=10$ cm，$b=4$ cm，$h=4$ cm を代入すると

　　$\sigma_b = 0.00234\,w$

② 標準砂とは，天然けい砂を水洗，乾燥し，湿分 0.2 ％未満とし，次の粒度に調整したものと

表 2-9 試験結果例

セメントの強さ試験					
試 料 名　普通ポルトランドセメント 室内温度　　20.0 ℃ 室内湿度　　85 %			試験月日　　　月　　　日 試 験 者		
1バッチ材料質量 (g)		セ メ ン ト 450	標 準 砂 1350		水 225
材　　齢　　(日)		3	7		28
供 試 体 質 量 (g)	1 2 3	547 545 545	549 551 548		551 553 500
曲げ試験	最 大 荷 重 (kN)	1 2 3	1.40 1.42 1.41	2.09 2.11 2.11	3.02 3.07 3.02
曲げ試験	曲 げ 強 さ (N/mm²)	1 2 3	3.3 3.3 3.3	4.9 4.9 4.9	7.1 7.2 7.1
曲げ試験	曲 げ 強 さ 平 均 値 (N/mm²)		3.3	4.9	7.1
圧縮試験	最 大 荷 重 (kN)	1 2 3 4 5 6	21.0 21.6 21.2 20.6 22.0 22.6	35.9 36.3 35.3 35.8 36.8 34.3	65.9 63.7 64.7 64.2 66.2 63.7
圧縮試験	圧 縮 強 さ (N/mm²)	1 2 3 4 5 6	13.1 13.5 13.2 12.9 13.7 14.1	22.4 22.7 22.1 22.3 23.0 21.5	41.2 39.8 40.5 40.1 41.4 39.8
圧縮試験	圧 縮 強 さ 平 均 値 (N/mm²)		13.4	22.3	40.5

する。

　　試験用網ふるい　2.0 mm 残分　　0 %
　　試験用網ふるい　1.6 mm 残分　　7±5 %
　　試験用網ふるい　1.0 mm 残分　33±5 %
　　試験用網ふるい　500 μm 残分　67±5 %
　　試験用網ふるい　160 μm 残分　87±5 %
　　試験用網ふるい　 80 μm 残分　99±1 %

〔第 2 章　参考文献〕

1) セメント協会：セメントの常識，2007．
2) 日本工業規格：JIS R 5210-2003，ポルトランドセメント．
3) 国分正胤編：土木材料実験（改訂 4 版），技報堂，1982．
4) 土木学会編：土木材料実験指導書，土木学会，1986．
5) 西林新蔵：土木材料―土木工学基礎講座 10―，朝倉書店，1989．
6) 土木学会編：コンクリート標準示方書〔2007 年版〕，土木学会，2007．
7) 菊川浩治・飯坂武男・杉山秋博：材料実験（セメント・コンクリート），中部日本教育文化会，1976．
8) 小谷昇他：コンクリートの知識（第 4 版），技報堂，1982．

第3章
骨　材

3.1 骨材の試験と規格

3.1.1 骨材概説

骨材とは，モルタルまたはコンクリートを作るために，セメントおよび水と練り混ぜる砂，砕砂，砂利，採石，その他これに類似の材料をいう。骨材は，採取場所や製造方法により天然骨材と人工骨材に分類される。また，粒の大きさにより細骨材と粗骨材に分類される。

骨材がコンクリート中に占める容積は，配合（調合）によっても異なるが，おおよそ 60〜80 % にまで及ぶ。したがって，骨材の性質は，コンクリートのワーカビリティー，強度，耐久性に大きな影響を及ぼす。これらの性能を損なわないためにも，骨材には，清浄・堅硬・耐久的である，物理的・化学的に安定である，粒形が球または立方に近い，適当な粒度をもつ，ごみ・泥・有機不純物・塩化物などを有害量以上含まない，などの品質を備えることが望まれる。

近年，骨材採取の制限などにより，これらの品質を備えやすい川砂・川砂利が得られにくくなってきた。コンクリート用骨材の大部分は，陸・山・海などから採取される砂・砂利または砕砂・砕石へと移行し，それも単一骨材ではなく混合骨材として用いられる例が多くなってきた。加えて，構造用軽量骨材や各種スラグ骨材，最近では取り壊したコンクリートから取り出される再生骨材など，コンクリートの性能向上や環境負荷の低減を目的とした各種骨材の利用は今後も続く情勢にある。骨材の品質を維持・管理するための環境は，ますます複雑化しつつあるといえる。

3.1.2 骨材試験の目的

骨材試験の目的は，骨材を取り扱う立場によって異なる。骨材を供給する立場にあっては，日々出荷する骨材の品質管理が主な目的となる。一方，骨材を使用する立場にあっては，その骨材を採用するか否かの判断材料を得るとともに，採用した骨材の品質の安定を確認することが主な目的となる。上述のように複雑化した骨材事情の下にあっては，それぞれの立場において必要とされる試験を適切に行うことが，より重要になってくる。

3.1.3 骨材と骨材試験の規格

表3-1に現在定められているコンクリート用骨材に関する規格一覧を示す。また，表3-2にコンクリート用骨材の試験方法に関する規格一覧を示す。両表からわかるように，骨材および骨材試験

表3-1　コンクリート用骨材に関する規格一覧表

番号	制定年度	最新の改正年度	規格名称
JIS A 5002	1955	2013(確認)	構造用軽量コンクリート骨材
JIS A 5005	1961	2013(確認)	コンクリート用砕石及び砕砂
JIS A 5011-1	1997	2013	高炉スラグ骨材
JIS A 5011-2	1997	2008(確認)	フェロニッケルスラグ骨材
JIS A 5011-3	1997	2008(確認)	銅スラグ骨材
JIS A 5011-4	2003	2013	電気炉酸化スラグ骨材
JIS A 5021	2005	2011	コンクリート用再生骨材H
JIS A 5022	2007	2012	再生骨材Mを用いたコンクリート
JIS A 5023	2006	2012	再生骨材Lを用いたコンクリート
JIS A 5031	2006	—	一般廃棄物，下水汚泥又はそれらの焼却灰を溶融固化したコンクリート用溶融スラグ骨材
JSCE-C 101	2007	—	コンクリート用高強度フライアッシュ人工骨材の品質規格

表 3-2 コンクリート用骨材の試験方法に関する規格一覧表

番号	制定年度	最新の改正年度	規格名称
JIS A 1102	1950	2014	◎骨材のふるい分け試験方法
JIS A 1103	1950	2014	骨材の微粒分量試験方法
JIS A 1104	1950	2012（確認）	◎骨材の単位容積質量及び実積率試験方法
JIS A 1105	1950	2012（確認）	◎細骨材の有機不純物試験方法
JIS A 1109	1951	2012（確認）	◎細骨材の密度及び吸水率試験方法
JIS A 1110	1951	2012（確認）	◎粗骨材の密度及び吸水率試験方法
JIS A 1111	1951	2012（確認）	◎細骨材の表面水率試験方法
JIS A 1121	1954	2012（確認）	◎ロサンゼルス試験機による粗骨材のすりへり試験方法
JIS A 1122	1954	2014	硫酸ナトリウムによる骨材の安定性試験方法
JIS A 1125	1976	2012（確認）	◎骨材の含水率試験方法及び含水率に基づく表面水率の試験方法
JIS A 1126	1957	2012（確認）	ひっかき硬さによる粗骨材中の軟石量試験方法
JIS A 1134	1966	2011（確認）	構造用軽量細骨材の密度及び吸水率試験方法
JIS A 1135	1966	2011（確認）	構造用軽量粗骨材の密度及び吸水率試験方法
JIS A 1137	1976	2014	◎骨材中に含まれる粘土塊量の試験方法
JIS A 1141	2001	2012（確認）	骨材に含まれる密度 1.95 g/cm³ の液体に浮く粒子の試験方法
JIS A 1142	2001	2012（確認）	有機不純物を含む細骨材のモルタルの圧縮強度による試験方法
JIS A 1143	2001	2012（確認）	軽量粗骨材の浮粒率の試験方法
JIS A 1145	2001	2012（確認）	骨材のアルカリシリカ反応性試験方法（化学法）
JIS A 1146	2001	2012（確認）	骨材のアルカリシリカ反応性試験方法（モルタルバー法）
JIS A 1158	2014	—	試験に用いる骨材の縮分方法
JIS A 1801	1989	2013（確認）	コンクリート生産工程管理用試験方法（コンクリート用細骨材の砂当量試験方法）
JIS A 1802	1989	2013（確認）	コンクリート生産工程管理用試験方法（遠心力による細骨材の表面水率試験方法）
JIS A 1803	1991	2013（確認）	コンクリート生産工程管理用試験方法—粗骨材の表面水率試験方法
JIS A 1804	1992	2013（確認）	コンクリート生産工程管理用試験方法—骨材のアルカリシリカ反応性試験方法（迅速法）
JIS K 0058-1	2005	2014（確認）	スラグ類の化学物質試験方法—第1部：溶出量試験方法
JIS K 0058-2	2005	2014（確認）	スラグ類の化学物質試験方法—第2部：含有量試験方法
JSCE-C 502	2007	—	◎海砂の塩化物イオン含有率試験方法（滴定法）（案）
JSCE-C 503	2007	—	海砂の塩化物イオン含有率試験方法（簡易測定器法）
JSCE-C 504	2007	—	高炉スラグ混合細骨材の高炉スラグ細骨材混合率試験方法
JSCE-C 505	2001	—	高強度フライアッシュ人工骨材の圧かい荷重試験方法
JSCE-C 506	2003	—	電気抵抗法によるコンクリート用スラグ細骨材の密度および吸水率試験方法
JSCE-C 511	2007	—	コンクリート用骨材のアルカリシリカ反応性評価試験方法（改良化学法）

◎印の試験方法は本書にて説明しているもの

に関する規格の種類は多岐にわたる。その多くは日本工業規格（JIS）に定められているが，このほかに，土木学会，日本建築学会，日本道路協会などの独自の規準・規格に定められているものもある。なお，JIS規格については，工業標準化法により，少なくとも5年ごとに日本工業標準調査会で審議され，確認・改正あるいは廃止の措置がとられている。

3.1.4 骨材試料の採取

(1) 代表的な骨材の採取

骨材の物性値を測定しようとする場合，最初に大量の骨材の中から代表的な骨材を採取することが必要となる。以下，骨材が貯蔵・運搬される各場面において，代表的な骨材を採取する際に留意すべき点を挙げる。

(a) 貯蔵場の骨材の山から採取する場合

貯蔵場の骨材の山では，縁に粒径の大きいものが集まり，逆に中央には粒径の小さいものが集まることが多い。また，表面付近のものは乾いていながら，内部のものは湿っていることが多い。このような場合，山の縁，頂上，中間などそれぞれの箇所から平均的に骨材を採取する必要がある。細骨材の場合，試料採取管を用いると便利である。

(b) 貯蔵槽から採取する場合

びんの流出口から出てくる骨材の全断面から採取する。採取時間を変え，数回に分けて採取するとよい。

(c) ベルトコンベアから採取する場合

ベルトコンベアを一時停止させ，流れている骨材の全断面から採取する。やはり採取時間を変え，数回に分けて採取するとよい。

(d) 貨車やトラックなどから採取する場合

骨材を降ろす際に，種々の位置，種々の高さか

ら採取するとよい。

(2) 採取された骨材の縮分

(1)で採取された骨材を各試験に用いる試料として縮分する際には，前者と後者の構成をできる限り同等にしなければならない。その方法として，JIS A 1158試験に用いる骨材の縮分方法が規定されている。この中で示されている四分法による方法と試料分取器による方法を以下に紹介する。なお，両者を組み合わせて用いることも合理的とされている。

(a) 四分法による方法

図3-1に四分法による骨材の縮分の流れを示す。具体的には，以下のように進める。

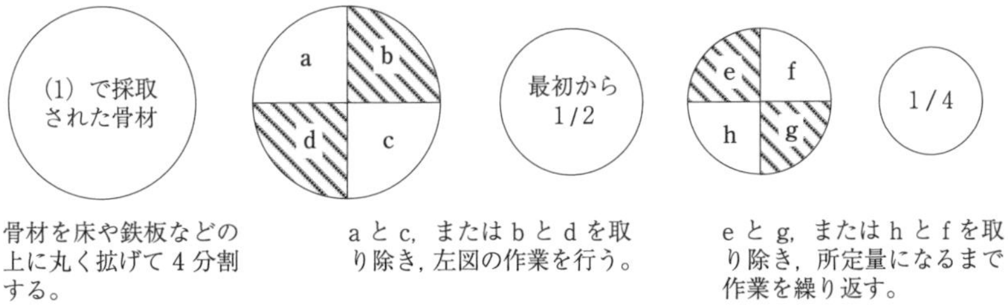

① 骨材を平らで清浄な床や鉄板などの上に置く。
② 骨材をスコップで2回以上切り返してよく混ぜる。
③ ②の骨材をスコップで一杯ずつ同じ位置に積み上げ，円すい状（山形）にする。
④ 円すい状の骨材の頂点をスコップで押し拡げて一様な厚さの円状にする。この際の円の直径は厚さの4～8倍程度とする。
⑤ ④で円状にした骨材を写真3-1のようにスコップで4分割する。
⑥ 対角に位置する2つの扇形分の骨材をスコップで取り除く。
⑦ 残った2つの扇形分の骨材が所定量になるまで，②～⑥までの作業を繰り返す。

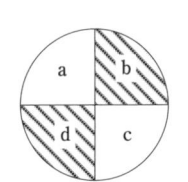

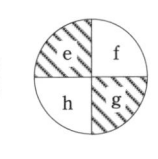

(b) 試料分取器による方法

① 骨材の種類や最大寸法に応じた試料分取器（写真3-2）を準備する。
② 容器（写真3-2で手にもっているもの）内に骨材を入れ，均等にならしておく。
③ 写真3-2のように，骨材を骨材投入容器内に入れる。
④ 骨材投入容器内から排出される骨材を左右に置いた受容器で受ける。
⑤ 1つの受容器で受けた骨材が所定量になるまで，②～④の作業を繰り返す。

図3-1 四分法

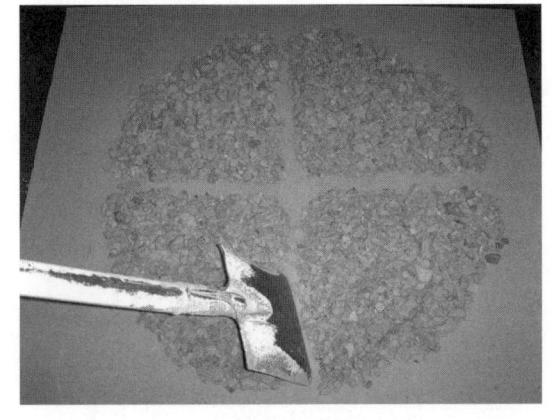

写真3-1

写真3-2

3.2 骨材のふるい分け試験（JIS A 1102-2014）

3.2.1 試験の目的

① 骨材の粒度，粗粒率，粗骨材の最大寸法など[注1]を求める。
② コンクリート用骨材[注2]としての適否を判断する資料を得る。または，混合骨材とする際の適当な混合割合を決定する資料を得る。
③ 骨材の品質管理に必要となる。

注1）これらの値は，コンクリートの配合（調合）設計に用いられる。
注2）構造用軽量骨材を含む。

3.2.2 使用機器

① はかり（細骨材用のはかりは目量0.1 g，粗骨材用のはかりは目量1 gまたはこれより小さいもの）
② ふるい（JIS Z 8801-1に規定される公称目開きが75 μm，150 μm，300 μm，600 μmおよび1.18 mm，2.36 mm，4.75 mm，9.5 mm，16 mm，19 mm，26.5 mm，31.5 mm，37.5 mm，53 mm，63 mm，75 mm，106 mmの金属製網ふるい[注3]。他の寸法のふるいは，JIS Z 8801-1から選ぶ）
③ ふたおよび受皿（ふるいの上部と下部にしっかりとはまるもの）
④ 乾燥器（排気口のあるもので，105±5℃に保持できるもの）
⑤ ふるい振とう機（**写真3-3**参照），試料分取器（**写真3-2**参照）
⑥ その他，鉄板，スコップ，平皿バット，ふるい掃除用のはけ，など

注3）これらのふるいを，それぞれ0.075 mm，0.15 mm，0.3 mm，0.6 mmおよび1.2 mm，2.5 mm，5 mm，10 mm，15 mm，20 mm，25 mm，30 mm，40 mm，50 mm，60 mm，80 mm，100 mmふるいと呼ぶことができる。

3.2.3 試料の準備

① 代表的な骨材を採取し，JIS A 1158試験に用いる骨材の方法（p.23参照）にもとづいて，ほぼ所定量になるまで縮分する[注4]。
② 縮分した試料を平皿バットに入れ，乾燥器内にて，105±5℃で一定質量となるまで乾燥する[注5]。乾燥後，試料を室温まで冷却する。
③ 試料の最小乾燥質量は，粗骨材の場合，使用する骨材の最大寸法（mm）[注6]の0.2倍をkg表示した量とする。細骨材の場合，1.2 mmふるいを質量比で95％以上通過するものについては100 gとし，1.2 mmふるいに質量比で5％以上とどまるものについては500 gとする[注6),7)]。

注4）所定量にごく近い量にまで縮分すると，この後の乾燥により所定量を下回ってしまうことがある。骨材の水分状態を見ながら，所定量よりも若干多めの量を確保しておくとよい。
注5）骨材の中には急激に加熱すると破壊するものがあるので，徐々に加熱するとよい。
注6）粗骨材の最大寸法や細骨材の粒度が全く不明の場合には，少量の試料をとり，粗骨材の場合には予想される最大寸法に当たる目のふるいを用いて，細骨材の場合には1.2 mmふるいを用いて，おおまかにふるい分けを行い，試料の量を決めるとよい。
注7）試料量を，例えば500.0 gなどの切れのよい数字に無理に整えることは，試料の平均的な粒度を変えることにもつながるので，むしろ好ましくない。最低乾燥質量以上の試料量を確保できれば，それをそのまま試験に供する方がよい。

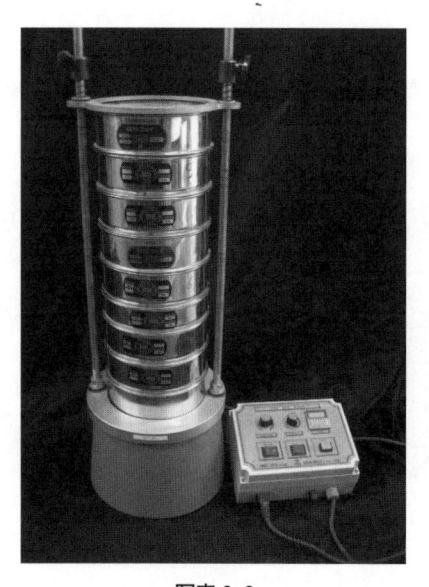

写真3-3

3.2.4 試験方法および試験結果の計算

(1) 試験方法

試験方法は，図3-2による。

注8) 細骨材の場合は0.1gまで，粗骨材の場合は1gまで測定する。

注9) 細骨材の場合は，例えば0.075, 0.15, 0.3, 0.6, 1.2, 2.5, 5, 10 mmのふるいを1組とする。粗骨材の場合は粒径により適宜選べばよいが，例えば30～5 mm程度の粒径と見込まれる場合には，2.5, 5, 10, 15, 20, 25, 30, 40 mmのふるいを1組とすればよい。

注10) ふるい網に破れや目の開きがないか点検する。ふるい目に詰まっている粒は事前に取り除いておく。

注11) 振とう機を用いた場合，粉砕される可能性があると判断される骨材については，振とう機を用いてふるい分けを行ってはならない。

注12) ふるい分け作業は，ふるいに上下動および水平動を与えて試料を揺り動かし，試料が絶えずふるい面上を均等に転がるようにする（手で行う場合には，ふるいを水平に揺り動かしながら，片方の手にふるいを軽くぶつけて振動を与えるのがよい）。

注13) 1分間の通過量が全試料質量の0.1％以下になったことを確かめるためには，平皿バットの上で時間を定めてふるい分けを行い，バット上に落ちた試料の質量をはかればよい。

注14) ふるい目に詰まった粒は，破砕しないように注意しながら押し戻し，ふるいにとどまった試料と見なす。押し戻す際には，ワイヤブラシなどを用い，ふるい網の外側から軽くこすったり押したりするとよい。どのような骨材でも，ふるいを無理に通過させてはならない。ただし，大きめの粒のうち，手で向きを変えることなどによりふるい目を通過するものは，これを通過させる。

注15) 5mmより小さいふるいでは，ふるい作業が終わった時点で，各ふるいにとどまるものの質量が次の値を超えてはならない。

$$m_r = \frac{A\sqrt{d}}{300}$$

ここに，m_r：連続する各ふるいの間にとどまるものの質量（g）
A：ふるいの面積（mm²）
d：ふるいの呼び寸法（mm）

各ふるいのうちどれかが，この量を超える場合には，次の2つの方法のうち1つを行う。

(a) その部分の試料を，規定した最大質量より小さくなるように分け，これらを次々にふるい分ける。

(b) 5 mmのふるいを通過する試料を試料分取器または四分法によって縮分し，縮分した試料についてふるい分けを行う。

注16) 連続する各ふるいの間にとどまった試料の質量を，

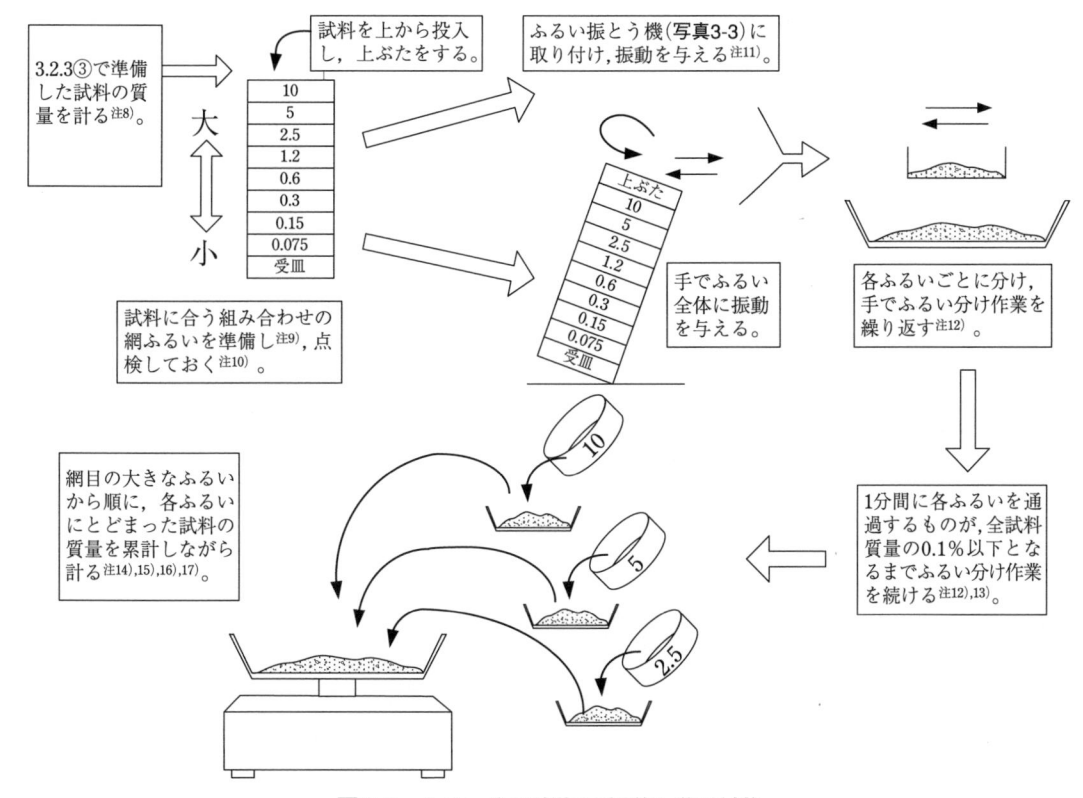

図3-2 ふるい分け試験の手順例（細骨材）

細骨材の場合 0.1 g まで，粗骨材の場合 1 g まで測定する。ただし，これらの値は，各ふるいにとどまる試料の質量から算出する方が適当である。すなわち，用いたふるいのうち，最もふるい目の粗いものにとどまった試料の質量を測定し，これに次に粗いふるい目のものにとどまった試料を加えて累積質量を測定する。以上の操作を最後のふるいまで繰り返して，質量の総和を測定するとともに，連続する各ふるいの間にとどまった試料の質量を算出する。

注 17）連続する各ふるいの間にとどまった試料の質量の総和は，ふるい分け前に測定した試料の質量と 1 % 以上異なってはならない。

(2) 試験結果の計算

① 連続する各ふるいの間にとどまる質量百分率（ふるい分け後の全試料質量に対する質量百分率（%）を計算し，四捨五入して整数に丸める[注18]）

② 各ふるいにとどまる質量百分率[注19),20)]（対象とするふるいとそれよりふるい目が大きいふるいの連続する各ふるいの間にとどまる質量百分率（%）の累計を，そのふるいにとどまる質量百分率とする）

③ 各ふるいを通過する質量百分率（100 % から各ふるいにとどまる質量百分率（%）を減じた値とする）

④ 粗粒率（80 mm，40 mm，20 mm，10 mm，5 mm，2.5 mm，1.2 mm および 0.6 mm，0.3 mm，0.15 mm の各ふるいにとどまる質量百分率の和を 100 で除した値）

⑤ 粗骨材の最大寸法（各ふるいを通過する質量百分率が少なくとも 90 % を超えるふるいのうち，最小寸法のふるい目の呼び寸法にあたる）

注 18）連続する各ふるいの間にとどまる質量百分率（%）の総和が 100 % とならない場合には，最も大きい質量百分率を加減して調整する。

注 19）この結果を粒度曲線で表すと，コンクリート用骨材としての適否や混合骨材とする場合の割合を判断しやすくなる。

注 20）粒度曲線とは，横軸にふるい目の呼び寸法の対数をとり，縦軸に各ふるいにとどまる質量百分率または各ふるいを通過する質量百分率をとったものである。これに細骨材・粗骨材の粒度の標準値（表 3-3，表 3-4 参照）をプロットし，これらの標準値に囲まれる範囲内に測定した試料の粒度曲線が収まっているかを確認することで，コンクリート用骨材としての適否を判断できる。

表 3-3 細骨材の粒度の標準

ふるいの呼び寸法(mm)	10	5	2.5	1.2	0.6	0.3	0.15
ふるいを通るものの質量百分率（%）	100	90〜100	80〜100	50〜90	25〜65	10〜35	2〜10[1)]

1）砕砂あるいはスラグ細骨材を単独に使用する場合には質量百分率を 2〜15 % にしてよい。混合使用する場合で，0.15 mm 通過分の大半が砕砂あるいはスラグ細骨材である場合には 15 % としてよい。

2）連続した 2 つのふるいの間の量は 45 % を超えないのが望ましい。

表 3-4 粗骨材の粒度の標準

ふるいの呼び寸法 (mm)		ふるいを通るものの質量百分率（%）								
		50	40	30	25	20	15	13	10	5	2.5
粗骨材の最大寸法 (mm)	40	100	95〜100	—	—	35〜70	—	—	10〜30	0〜5	—
	25	—	—	100	95〜100	—	30〜70	—	0〜10	0〜5	—
	20	—	—	—	100	90〜100	—	—	20〜55	0〜10	0〜5
	10	—	—	—	—	—	—	100	90〜100	0〜15	0〜5

3.2.5 試験結果例

表 3-5 に測定および計算結果例を，図 3-3 に細骨材・粗骨材の粒度曲線例を示す。

3.2.6 参考資料

① 骨材の粒度とは，骨材の大小粒が混合している程度をいう。適当な粒度をもつ骨材を用いれば，コンクリートにとって所要のワーカビリティーを得るための単位水量を少なくできることから，良質のコンクリートを経済的につくることができる。

② 2012 年度制定コンクリート標準示方書［施工編］では，細骨材の粒度の標準は表 3-3 のように，粗骨材の粒度の標準は表 3-4 のように示されている。

③ 細骨材の粗粒率は一般に 2.3〜3.4 程度，粗骨材の粗粒率は最大寸法により異なるが，6.0〜8.0 の間にあるものが多い。なお，粗粒率が同じでも粒度が異なる場合がある。

④ 2012 年度制定コンクリート標準示方書［施工編］では，細骨材・粗骨材ともに，混合骨材とする場合には，それぞれ混合する以前の骨材の粒度が標準の範囲に収まっていなくとも，混合したものの粒度が標準の範囲に収まっていればよいとされている。

表 3-5 ふるい分け試験の測定および計算結果例

ふるいの呼び寸法	粗骨材						細骨材					
	連続する各ふるいの間にとどまる質量		各ふるいにとどまる質量		各ふるいを通過する質量		連続する各ふるいの間にとどまる質量		各ふるいにとどまる質量		各ふるいを通過する質量	
(mm)	(g)	(%)	(g)	(%)	(g)	(%)	(g)	(%)	(g)	(%)	(g)	(%)
*40	0	0	0	0	6018	100						
30	123	2	123	2	5895	98						
25	453	8	576	10	5442	90						
*20	1536	26	2112	35	3906	65						
15	1056	18	3168	53	2850	47						
*10	1530	25	4698	78	1320	22	0	0	0	0	503.2	0
*5	1173	19	5871	98	147	2	21.5	4	21.5	4	481.7	96
*2.5	147	2	6018	100	0	0	29.5	6	51.0	10	452.2	90
*1.2		0		100		0	45.5	9	96.5	19	406.7	81
*0.6		0		100		0	138.0	27	234.5	47	268.7	53
*0.3		0		100		0	159.5	32	394.0	78	109.2	22
*0.15		0		100		0	81.0	16	475.0	94	28.2	6
0.075		0		100		0	28.2	6	503.2	100	0.0	0
受皿							0.0	0	503.2	100	0.0	0
合計	6018	100					503.2	100				
粗粒率	(100+100+100+100+100+98+78+35+0+0)/100＝7.11						(94+78+47+19+10+4+0+0+0+0)/100＝2.52					
最大寸法	25 mm（90％以上通過する最小のふるい目の呼び寸法）						―					

*印のふるいは，粗粒率の計算に用いられるもの．

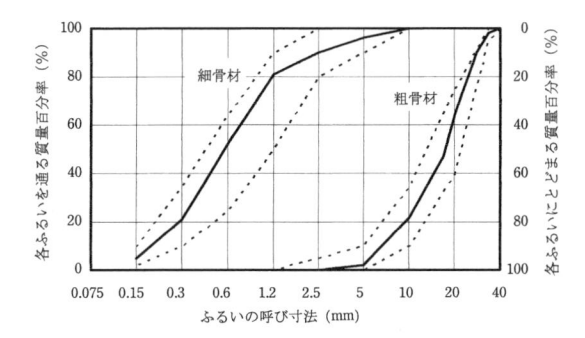

図 3-3 細骨材・粗骨材の粒度曲線の一例

3.3 細骨材の密度および吸水率試験（JIS A 1109-2006）

構造用軽量細骨材を絶対乾燥状態から24時間吸水させて試験する場合には，JIS A 1134による。

3.3.1 試験の目的

① 細骨材の強度や耐久性，風化の程度を判定する目安を得る[注1]。
② コンクリートの配合設計に必要となる細骨材の表面乾燥飽水状態（表乾状態）[注2),3)]での密度を求める。
③ コンクリートの示方配合を現場配合に変更する際，水量や骨材量の補正を行うが，この補正分を計算する際に必要となる細骨材の吸水率を求める。

注1）一般に，密度が小さく，吸水率が高い骨材ほど，強度や耐久性に劣ると推察される。
注2）骨材の含水状態は，図3-4に示す4状態に区分される。以下，それぞれの状態について説明を加える。

　絶乾状態：正式には絶対乾燥状態という。骨材粒の内部の空隙に含まれていた水がすべて乾燥した状態。一般には，乾燥器の中で105℃の定温で定質量になるまで乾燥させた状態を指す。
　気乾状態：正式には空気中乾燥状態という。骨材粒の表面は乾燥し，内部の空隙に含まれていた水も一部乾燥している状態。一般には，空気中に放置して自然乾燥させた状態を指す。
　表乾状態：正式には表面乾燥飽水状態という。骨材粒の表面は乾燥しているが，内部の空隙は水で完全に飽和されている状態。自然条件下ではほとんどありえなく，人為的な調整を加えることで実現される。
　湿潤状態：正式にも湿潤状態という。骨材粒の表面に水が付着しており，内部の空隙中も完全に水で飽和されている状態を指す。

注3）コンクリートの配合設計では，飽水し，体積の安定した骨材がコンクリート中に占める絶対容積の値が必要になる。そのため，表乾状態での密度が必要とされる。

3.3.2 使用機器（写真3-4参照）

① はかり（ひょう量2kg以上で，目量が0.1gまたはこれより小さいもの）
② ピクノメータ（フラスコまたは他の適切な容器のこと。非吸水性の材料でできており，試料を容易に投入できるもの。また，試料の容積を±0.1％以内の精度で測定できるもの。さらに，キャリブレーションされた容量（通常500mL）を示す印までの容積は，試料を収容するのに必要な容積の1.5倍以上で3倍を超えないもの）
③ フローコーンおよび突き棒（細骨材が表乾状態にあることを確認するために用いる。いずれも非吸水性の材料でできているもの。フローコーンは，寸法が上面内径40±3mm，底面内径90±3mm，高さ75±3mmで，厚さが4mm以上のもの。突き棒は，質量が340±15gで，一端が直径23±3mmの円形断面をもつもの）
④ 乾燥器（排気口のあるもので，105±5℃に保持できるもの）
⑤ その他，デシケータ，ピペット，漏斗，平皿バット，ドライヤー，噴霧器など

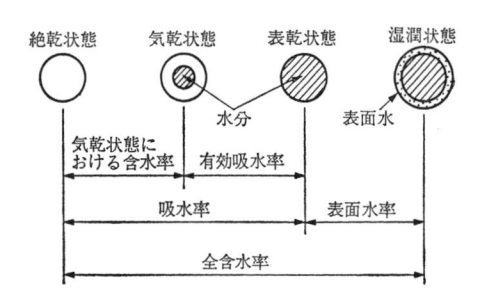

図3-4 骨材の含水状態

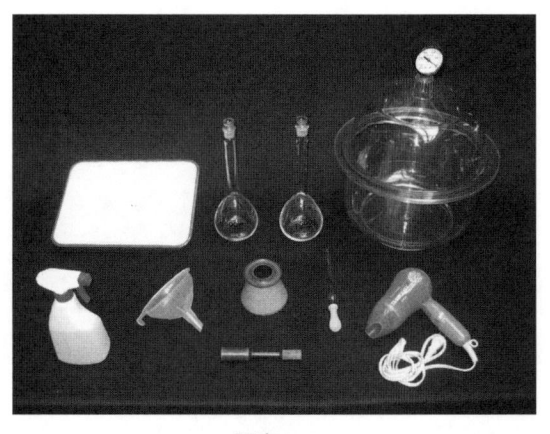

写真3-4

3.3.3 試料の準備

① 代表的な骨材を採取し，JIS A 1158 試験に用いる骨材の縮分方法（p.23 参照）にもとづいて，所定量の約 2 kg が得られるまで縮分する。それをさらに四分法または試料分取器によって，約 1 kg ずつに二分する。

② 約 1 kg ずつに分けた試料を 24 時間吸水させる。この際，水温を少なくとも 20 時間以上は 20±5°C 以内に保つ。

③ 吸水させた試料の水を切り，試料を平皿バットの上に薄く広げ，暖かい風を静かに送りながら乾燥させる。均等に乾燥させるために，時々かき混ぜるとよい[注4]。

④ 試料の表面がいくぶん湿っている状態にて，試料をフローコーンに注ぎ込むように緩く詰めていく。全部詰め終えれば，上面を平らにならす。続いて，試料の上面から突き棒で 25 回軽く突く。この際，試料には突き棒の重さのみを作用させるようにし，できる限り手の力を作用させてはならない。また，突き固めによって生じる空間を再度試料で満たしてはならない。突き固めが終われば，フローコーンを静かに鉛直に引き上げる。

⑤ 試料の形がコーンの形のままであれば，その試料はまだ湿潤状態にあると判断し，③に戻って作業を繰り返す[注5],[注6]。作業を繰り返すうちに，はじめて試料の形がスランプした（さっと崩れた）とき，試料は表乾状態にあると判断する（**写真 3-5** 参照）。

⑥ 表乾状態と判断された試料を二分し，それぞれを密度試験および吸水率試験の 1 回分の試料とする[注7]。

注4）吸水後の試料を乾燥させるには，ドライヤーや扇風機，赤外線ランプなどを用いる。

注5）試料の形がコーンの形のままであっても，間接的にかすかな衝撃を与えることにより，スランプするようであれば，その状態を表乾状態として判断してよい。

注6）最初にフローコーンを引き上げたときに試料の形がスランプしたなら，それは表乾状態を通り過ぎて気乾状態に達していると判断される。この場合，噴霧器などで少量の水をふりかけ，よく混合し，湿った布で覆いをして 30 分ほど置いた後，③に戻って作業を繰り返す。

注7）試料が表乾状態になれば，それ以降の乾燥を防ぐために，速やかに密度試験および吸水率試験用の試料質量をはかるべきである。

3.3.4 試験方法および試験結果の計算

(1) 試験方法

試験の方法は，**図 3-5** による。なお，密度試験，吸水率試験ともに 2 回ずつ行う。

注8）このようにしておけば，ピクノメータを割るおそれが少なくなる。また，追加する水は，試料から気泡を追い出す際にピクノメータからこぼれないように，印より若干少なめにしておくとよい。

注9）試料によっては，水面に気泡が残り，正確な水位を判定しづらいことがある。このような場合には，さらに 24 時間程度放置するとよい。

注10）水槽につける前後のピクノメータ内の水温の差（t_1 と t_2 の差）が，1°C を超えてはならない。

注11）定質量になったかどうかは，時間をおいて計量しながら確認する必要があるが，一般に 24 時間おけば十分である。

湿潤状態　　表乾状態　　気乾状態

写真 3-5

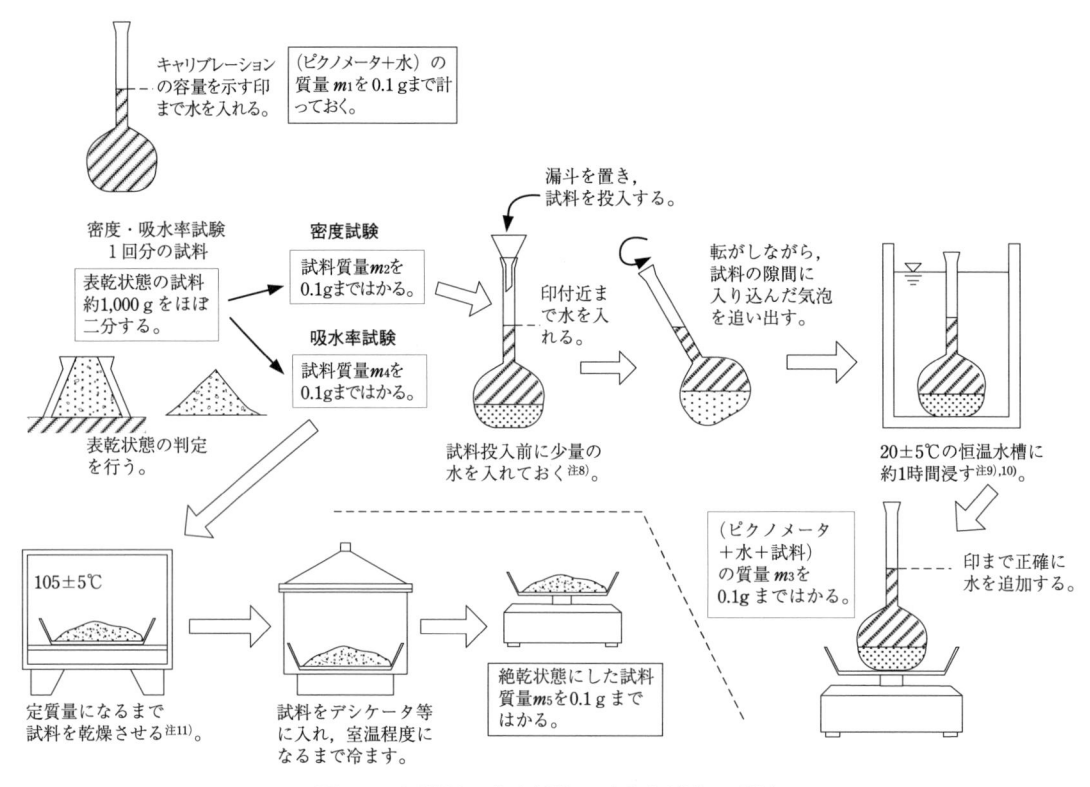

図 3-5　細骨材の密度試験・吸水率試験の手順

(2) 試験結果の計算

① 細骨材の表乾密度，絶乾密度および吸水率は，次の式によって算出し，それぞれの結果を四捨五入により小数点以下 2 けたに丸める。

$$d_S = \frac{m_2 \times \rho_w}{m_1 + m_2 - m_3} \tag{3.1}$$

ここに，d_S：表乾密度（g/cm³）
　　　　m_1：印まで水を満たしたピクノメータの全質量（g）
　　　　m_2：密度試験用の表乾試料の質量（g）
　　　　m_3：試料と印まで水を満たしたピクノメータの全質量（g）
　　　　ρ_w：試験水温における水の密度（g/cm³）[注12]

$$d_d = d_S \times \frac{m_5}{m_4} \tag{3.2}$$

ここに，d_d：絶乾密度（g/cm³）
　　　　m_4：吸水率試験用の表乾試料の質量（g）
　　　　m_5：絶乾後の吸水率試験用の試料の質量（g）

$$Q = \frac{m_4 - m_5}{m_5} \times 100 \tag{3.3}$$

ここに，Q：吸水率（質量百分率）（％）

② 密度，吸水率ともに，2 回の試験結果を算出する[注13]。2 回の試験結果の平均値を四捨五入によって小数点以下 2 けたに丸め，その試料の密度および吸水率の値とする。

注12）水の密度は，15℃で 0.991（g/cm³），20℃で 0.9982（g/cm³），25℃で 0.9970（g/cm³）である。

注13）それぞれの回の試験結果は，平均値からの偏差が，密度の場合は 0.01 g/cm³ 以下，吸水率の場合は 0.05％以下でなければならない。

3.3.5　試験結果例

細骨材の密度および吸水率試験の結果例を**表 3-6** に示す。

表3-6 細骨材の密度および吸水率試験の結果例

試験日				
試験日の状態	室温(℃)	湿度(%)	水温(℃)	乾燥温度(℃)
試料				

試料番号	No.1	No.2
ピクノメータ番号	6	7
ピクノメータ+水の質量 m_1(g)	664.3	664.6
密度試験用の表乾試料の質量 m_2(g)	500.5	500.0
ピクノメータ+試料+水の質量 m_3(g)	971.2	971.9
表乾密度=$m_2 \times \rho_w/(m_1+m_2-m_3)$ (g/cm³)	2.58	2.59
表乾密度の平均値 d_s(g/cm³)	2.585≒2.59	
平均値からの偏差(g/cm³)	0.005<0.01(許容範囲内)	
吸水率試験用の表乾試料の質量 m_4(g)	500.7	500.1
絶乾後の吸水率試験用の試料の質量 m_5(g)	490.3	489.4
吸水率=$\{(m_4-m_5)/m_5\}\times 100$(%)	2.12	2.19
吸水率の平均値 Q(%)	2.155≒2.16	
平均値からの偏差(%)	0.035<0.05(許容範囲内)	
絶乾密度=$d_s \times (m_5/m_4)$	2.54	2.53
絶乾密度の平均値 d_d(g/cm³)	2.535≒2.54	
平均値からの偏差(g/cm³)	0.005<0.01(許容範囲内)	

3.4 粗骨材の密度および吸水率試験（JIS A 1110-2006）

構造用軽量細骨材を絶対乾燥状態から24時間吸水させて試験する場合には，JIS A 1135による。

3.4.1 試験の目的[注1)]

① 粗骨材の強度や耐久性，風化の程度を判定する目安を得る。
② コンクリートの配合設計に必要となる粗骨材の表面乾燥飽水状態（表乾状態）での密度を求める。
③ コンクリートの示方配合を現場配合に変更する際，水量や骨材量の補正を行うが，この補正分を計算する際に必要となる粗骨材の吸水率を求める。

注1) 試験の目的は細骨材の場合と変わらない。よって，これに関する注意点も共通する。

3.4.2 使用機器（写真3-6参照）

① はかり（試料質量の0.02％以下の目量をもつもの。また，皿の中心から，直径3mm以下の金属線でかごをつるし，これを水中に浸すことができる構造をもつもの）
② 金網かご（直径約200 mm，高さ約200 mm，目開き3mm以下の金網製のもの）
③ 水槽（金網かご全体を浸せる大きさをもち，上部にて水位を一定に保つ装置をつけているもの）
④ 乾燥器（排気口のあるもので，105±5℃に保持できるもの）
⑤ その他，デシケータ，平皿バット，吸水性の良い布など

3.4.3 試料の準備

① 代表的な骨材を採取し，公称目開き4.75 mmの金属性網ふるい（呼び名5mmふるい）にとどまるものを，JIS A 1158試験に用いる骨材の縮分方法（p.23参照）にもとづいて，ほぼ所定量となるまで縮分する。
② 普通骨材の場合，1回の試験に使用する試料の最小質量は，粗骨材の最大寸法（mm表示）の0.1倍をkg表示した量とする[注2)]。
③ 試料を水で十分に洗って，粒の表面についているごみや微粒分などを取り除く。その後，20±5.0℃の水中にて24時間吸水させる。
④ 試料を水中から取り出し，水を切った後，吸水性の良い布の上にあける。布の上で試料を転がして，目で見える水膜を拭い去る[注3)]。この状態を表乾状態とする（写真3-7参照）。
⑤ ④の試料を密度および吸水率試験1回分の試料とする[注4)]。

写真3-6

写真3-7

注2) 軽量骨材の場合，次の式によって，おおよその試料質量を決定する。

$$m_{min} = \frac{d_{max} \times D_e}{25}$$

ここに，　m_{min}：試料の最小質量（kg）
　　　　　d_{max}：粗骨材の最大寸法（mm）
　　　　　D_e：粗骨材の推定密度（g/cm³）

注3) 布の大きさにもよるが，通常，数回に分けてこの作業を行う。作業を繰り返しているうちに布の吸水性が低下してくるので，適宜布を交換しながら行うとよい。

注4) 試験は2回行うことになるので，最小質量以上の試料を2回分準備するとよい。

3.4.4　試験方法および試験結果の計算

(1)　試験方法

試験の方法は，図3-6による。なお，密度試験，吸水率試験ともに2回ずつ行う。

注5) 水の温度は20±5.0℃とする。水槽中の水位を常に一定に保つために，水を溢流口からオーバーフローさせるとよい。また，骨材表面や粒の間の気泡を追い出すために，水中にて試料の入った金網かごを数回上下に動かすとよい。

注6) 吸水率の試験に用いる試料には，金網かごの目から水槽中に落ちた試料も拾って加えなければならない。

注7) 水を切った後，吸水性の良い布などで拭いてもよいが，その際には，骨材粒を失わないように注意しなければならない。

注8) 定質量になったかどうかは，時間をおいて計量しながら確認する必要があるが，一般に24時間おけば十分である。

(2)　試験結果の計算

① 粗骨材の表乾密度，絶乾密度および吸水率は，次の式によって算出し，それぞれの結果を四捨五入により小数点以下2けたに丸める。

$$D_S = \frac{m_1 \times \rho_w}{m_1 - m_2 + m_3} \qquad (3.4)$$

ここに，D_S：表乾密度（g/cm³）
　　　　m_1：表乾状態とした試料の質量（g）
　　　　m_2：試料と金網かごの水中での見かけの質量（g）
　　　　m_3：金網かごの水中での見かけの質量（g）
　　　　ρ_w：試験水温における水の密度（g/cm³）[注9]

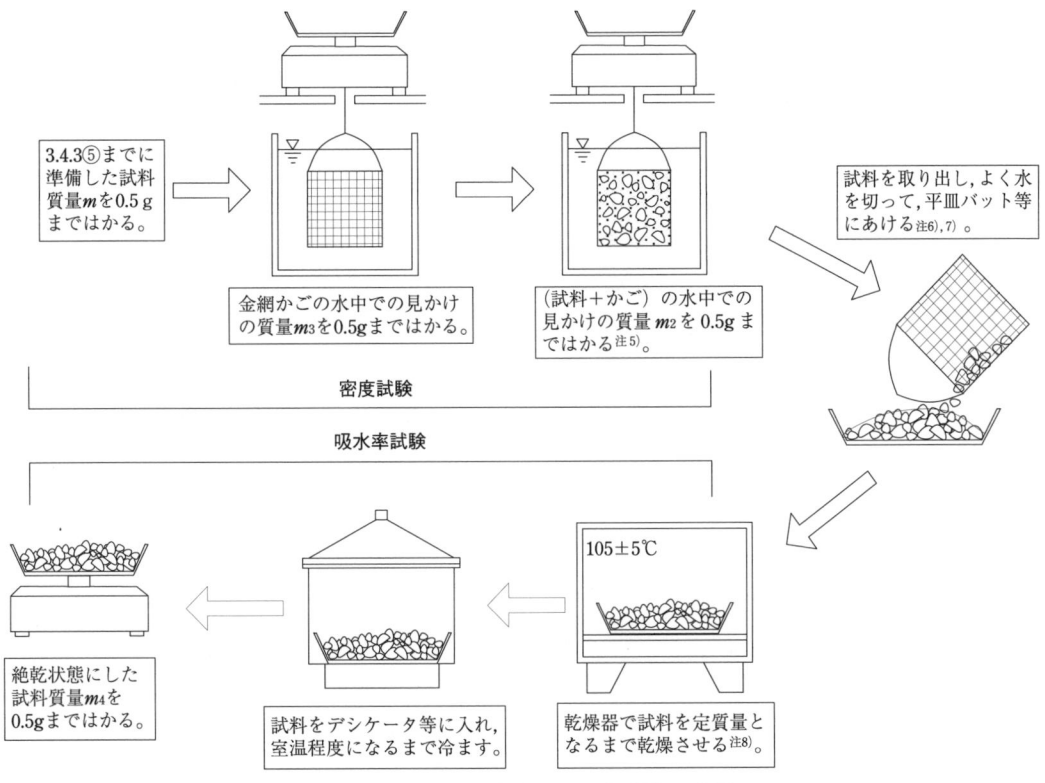

図 3-6　粗骨材の密度・吸水率試験の手順

$$D_d = \frac{m_4 \times \rho_w}{m_1 - m_2 + m_3} \qquad (3.5)$$

ここに，D_d：絶乾密度（g/cm³）
　　　　m_4：絶乾状態とした試料の質量（g）

$$Q = \frac{m_1 - m_4}{m_4} \times 100 \qquad (3.6)$$

ここに，Q：吸水率（質量百分率）（%）

② 密度，吸水率ともに，2回の試験結果を算出する[注10]。2回の試験結果の平均値を四捨五入によって小数点以下2けたに丸め，その試料の密度および吸水率の値とする。

注9）水の密度は，15℃で0.991（g/cm³），20℃で0.9982（g/cm³），25℃で0.9970（g/cm³）である。

注10）それぞれの回の試験結果は，平均値からの偏差が，密度の場合は0.01g/cm³以下，吸水率の場合は0.03%以下でなければならない。

3.4.5 試験結果例

粗骨材の密度および吸水率試験の結果例を**表3-7**に示す。

3.4.6 参考資料

（1）骨材の密度には，真密度と見かけ密度がある。真密度とは，骨材内部の空隙を含まない石質だけの密度をいい，骨材を微粉砕して求めることができる。これに対して，見かけ密度とは骨材内部の空隙も含めたものを骨材の全容積として求めた密度である。

（2）普通骨材の密度は岩石の種類によって若干異なる。砂岩で2.4～2.5（g/cm³），花崗岩，安山岩などの火山岩で2.6～2.8（g/cm³），一般には2.4～2.8（g/cm³）程度と考えてよい。一方，吸水率は骨材内部の空隙の程度などに影響を受ける。河川産の骨材の吸水率は，粗骨材で0.5～2%，細骨材で1～3%程度と考えてよい。

（3）レディーミクストコンクリートに用いる細骨材（砂）は，絶乾密度2.5g/cm³以上，吸水率3.5%以下，粗骨材（砂利）は，絶乾密度2.5g/cm³以上，吸水率3.0%以下であるJIS規定が設けられている。

表3-7 粗骨材の密度および吸水率試験の結果例

試験日				
試験日の状態	室温(℃)	湿度(%)	水温(℃)	乾燥温度(℃)
試料				

試料番号	No.1	No.2
表乾状態とした試料の質量 m_1(g)	2000.5	2000
試料と金網かごの水中での見かけの質量 m_2(g)	1699.5	1692.0
金網かごの水中での見かけの質量 m_3(g)	452.5	448.5
表乾密度 $= m_1 \times \rho_w/(m_1-m_2+m_3)$ (g/cm³)	2.65	2.64
表乾密度の平均値 D_s(g/cm³)	2.645≒2.65	
平均値からの偏差(g/cm³)	0.005<0.01(許容範囲内)	
絶乾状態とした試料の質量 m_4(g)	1977.5	1978.0
吸水率＝{$(m_1-m_4)/m_4$}×100(%)	1.16	1.11
吸水率の平均値 Q(%)	1.13	
平均値からの偏差(%)	0.02<0.03(許容範囲内)	
絶乾密度 $= m_4 \times \rho_w/(m_1-m_2+m_3)$ (g/cm³)	2.62	2.61
絶乾密度の平均値 D_d(g/cm³)	2.615≒2.62	
平均値からの偏差(g/cm³)	0.005<0.01(許容範囲内)	

3.5 細骨材の表面水率試験（JIS A 1111・JIS A 1125）

3.5.1 試験の目的

① 細骨材の表面水率とは，細骨材の表面についている水の割合であって，細骨材に含まれるすべての水から細骨材粒子の内部の水を差し引いたものの表面乾燥飽水状態（表乾状態）の細骨材質量に対する百分率である。

② 細骨材の表面水率を求める試験には，JIS A 1111^{-2001}（細骨材の表面水率試験方法），JIS A 1125^{-2007}（骨材の含水率試験方法及び含水率に基づく表面水率の試験方法）などいくつかの方法がある。JIS A 1125 は，細・粗骨材について，空気中乾燥状態（気乾状態）から湿潤状態までの広い範囲の含水率を得ることができる。

③ 細骨材の表面水率は，コンクリートの示方配合から現場配合への換算（調整）で必要となる。コンクリートの示方配合は，骨材が表乾状態であるとして設計する。したがって，湿潤状態や気乾状態の骨材を使用すると，単位水量が変動するため，練混ぜ水の調整が必要となる。一般に，表面水率は粒径の大きなものよりも小さなものの方が高くなるので，粗骨材に比べて細骨材の表面水率の管理は，コンクリートの製造時に重要となる。

3.5.2 使用器具

(1) JIS A 1111 による場合
① チャップマンフラスコ（20℃で検定したもので，目盛が 0.5 mL 以下まで読めるもの）
② はかり（ひょう量が試料質量以上で，目量が試料質量の 0.1 % 以下のもの）
③ ピペット（10～30 mL 程度のもの）
④ 試料バット

(2) JIS A 1125 による場合
① 乾燥器具（次のいずれかとする）
　a) 排気口のあるもので槽内を 105±5℃ に保てる電気乾燥器
　b) 赤外線ランプ，電気ヒータまたはガスヒータ
② はかり（ひょう量が試料質量以上で，目量が試料質量の 0.1 % 以下のもの）
③ 試料バット（耐熱性のもの）
④ さじまたはへら（耐熱性のもの）

3.5.3 試料

試験は2回行うものとし，標準的な目安として乾燥後の質量が1kgとなるように，代表的な試料を採取する（軽量骨材の場合はこの量の1/2とする）。採取した試料は，できるだけ含水率の変化がないように二分する（1回の試験で500g程度の試料を使う）。なお，試料は，チャップマンフラスコでの測定ができる範囲内で，多いほど正確な結果が得られる。

3.5.4 試験方法

試験中は，容器とその内容物の温度を15～25℃の範囲で，できるだけ一定に保つように注意する。

(1) JIS A 1111 による場合

試験は，質量法または容積法のいずれかによる。

(a) 質量法
① 採取した細骨材の代表的試料の質量 m_1 (g) を 0.1 g まではかる。
② 水をフラスコのマークまたは目盛まで入れて，フラスコと水の質量 m_2 (g) を 0.1 g まではかる。
③ フラスコの中の水を捨て，試料を覆うのに十分な水を入れる（200～300 mL 程度）。次に，①で計量した試料 m_1 をフラスコの中に入れる。
④ 試料をすべて入れ終わったら，マークの近くまで水を注ぎ足し，フラスコを揺り動かしたり回転を与えたりしながら，内部の空気を十分に追い出す。空気の泡が出なくなったら静置し，メニスカスが見えたらマークまで水を入れる。
⑤ フラスコ，試料および水の合計質量 m_3 (g) を 0.1 g まではかる。
⑥ ①～⑤より，試料で置き換えられた水の質量

m (g) を次式から求める。
$m = m_1 + m_2 - m_3$

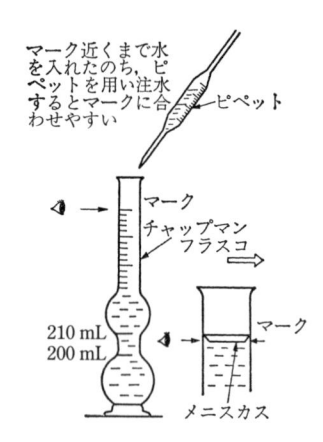

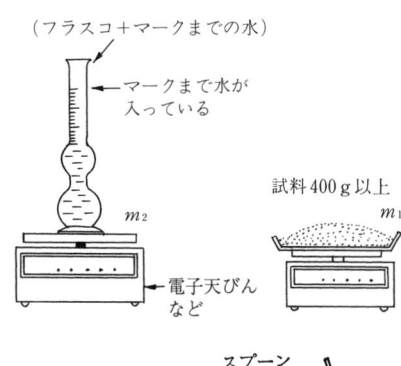

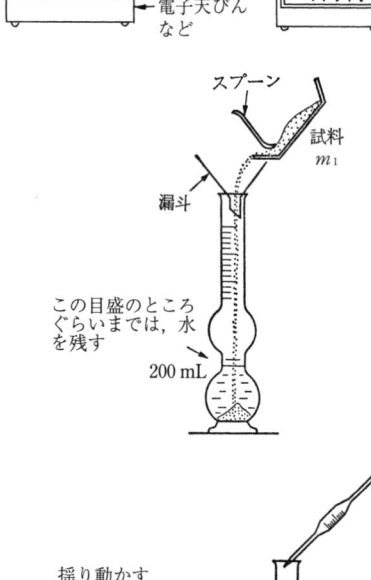

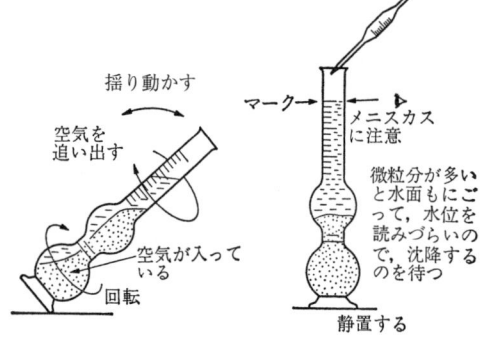

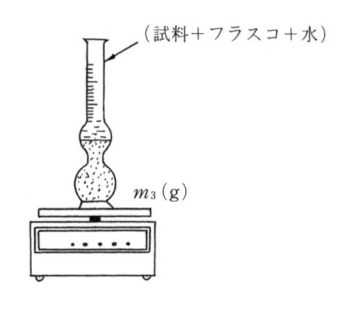

(b) 容積法

① 採取した細骨材の代表的試料の質量 m_1 (g) を 0.1 g まではかる。

② フラスコに試料を覆うのに十分な水を入れ，水の容積を目盛 V_1 (mL) で読む。

③ ①で計量した試料 m_1 をフラスコ中に入れる。

④ 試料をすべて入れ終わったら，フラスコを揺り動かしたり回転を与えたりしながら，内部の空気を十分に追い出す。空気泡が出なくなったら，しばらく静置する。

⑤ メニスカスが見えるようになったら，試料および水の合計容積を目盛 V_2 (mL) で読む。

⑥ ①〜⑤より，試料で置き換えられた水量 V

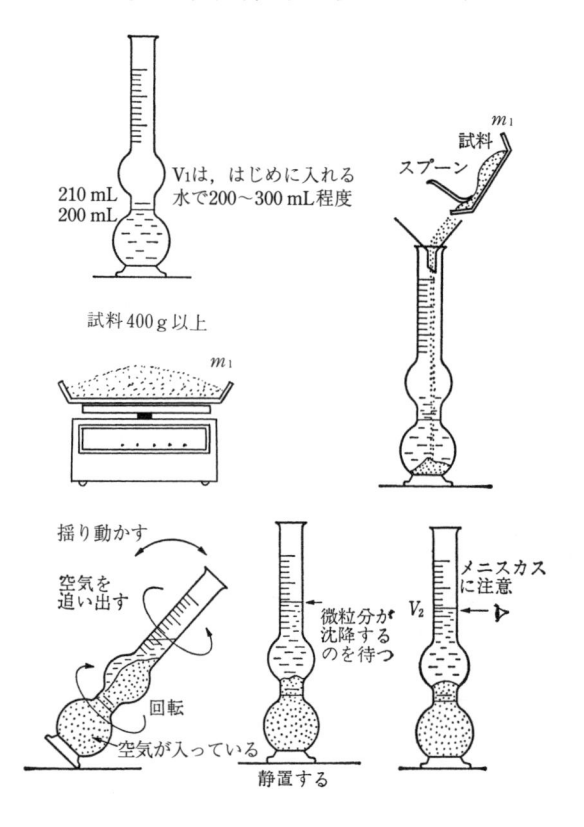

(mL) を次式から求める。
$$V = V_2 - V_1$$

(2) **JIS A 1125 による場合**
① 採取した細骨材の代表的試料の質量 m_1 (g) を 0.1 g まではかる。
② 試料を一定質量となるまで乾燥させる。乾燥器を用いる場合は，槽内の温度を 105±5°C に保つ。ヒータやランプを用いる場合は，試料が均一に熱せられて乾燥するように，耐熱性のさじやへらで時々かき混ぜる。
③ 乾燥した試料は，室温になるまで冷却した後に質量 m_D (g) を 0.1 g まではかる。
④ ①～③より。試料の含水率 Z (%) を次式から求め，JIS Z 8401 によって小数点以下2けたに丸める。

$$Z = \frac{含水量\,(g)}{乾燥後の試料の質量\,(g)} \times 100$$
$$= \frac{m_1 - m_D}{m_D} \times 100 \tag{3.7}$$

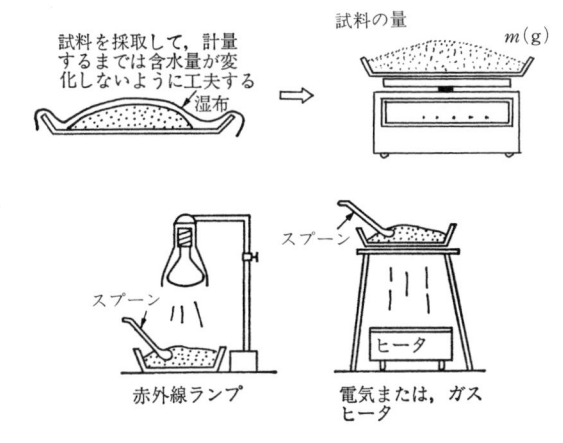

3.5.5 試験結果の整理と報告

細骨材の表面水率 H (%) は，次式より算出する。

試験は，採取した同一試料について2回行い，その平均値をとり，JIS Z 8401 によって小数点以下1けたに丸める。なお，表面水率および含水率の測定値は，平均値との偏差が 0.3% 以下でなければならない。

(1) **JIS A 1111 による場合**

$$H = \frac{表面水量\,(g)}{試料の表乾状態における質量\,(g)} \times 100$$

$$= \frac{m - m_S}{m_1 - m} \times 100 \tag{3.8}$$

ただし，$m_S = m_1 /$ 表乾比重
ここに，表乾比重：JIS A 1109 または JIS A 1134 により得られた表乾密度 (g/cm³)
m_1：試料の質量 (g)
m：試料で置き換えられた水の質量 (g)，なお，容積法による場合は，水の密度を近似的に 1 g/cm³ として，$m = 1 \times V$ を用いる。

報告では，試験日，試料の種類，産地（人工骨材の場合は名称），試験方法（質量法と容積法）および表面水率のほか，必要に応じて，試料の採取場所および採取日などを記載する（**表** 3-8 参照）。

(2) **JIS A 1125 による場合**

$$H = (Z - Q) \times \frac{1}{1 + Q/100} \tag{3.9}$$

ここに，Q：JIS A 1109 または JIS A 1134 によって得られた吸水率 (%)。
Z：試料の含水率 (%)

報告では，試験日，試料の種類，産地（人工骨材の場合は名称），含水率，表面水率および吸水率のほか，必要に応じて，試料の採取場所および採取日，使用した乾燥用器具などを記載する（**表** 3-9 参照）。

3.5.6 参考資料

① 骨材の表面水率の目安を**表** 3-10 に示す。
② JIS A 1111 の質量法による表面水率の測定では，上面をすり合わせ仕上げした容量 500 mL 程度のガラス製容器（**図** 3-7 参照，軽量骨材の場合は容積 700 mL 以上）またはピクノメータが多く用いられる。フラスコを使用する場合，水に沈めた試料内部の空気を追い出すために揺り動かすと，水が濁って水面にできるメニスカスを確認するのに時間を要するが，このガラス容器を用いると，水面がガラス板で固定されるため，測定時間が短縮できる。この容器は，細骨材の密度試験（JIS A 1109）にも利用できるとともに，水に浮く軽量骨材でも使用で

表3-8 細骨材の表面水率試験（JIS A 1111）のデータシート（一例）

実験名	細骨材の表面水率試験　JIS A 1111					
試験日	○○年○○月○○日○○曜　天候○○　室温○○℃　湿度○○%					
試料	○○川産　川砂					
試料番号	質量法			容積法		
	No.1	No.2	No.3	No.4	No.5	No.6
試料の質量 m_1 (g)	500.0	500.0	500.0	500.0	500.0	500.0
フラスコ＋水の質量 m_2 (g)	956.0	951.5	956.3			
フラスコ＋水＋試料の質量 m_3 (g)	1246.7	1244.4	1247.1			
試料で置換した水の質量 $m=m_1+m_2-m_3$ (g)	209.3	207.1	209.2			
水の容積 V_1 (mL)				200.0	200.0	200.0
水＋試料の容積 V_2 (mL)				409.0	410.5	409.5
試料で置換した水の容積 $V=V_2-V_1$ (=m) (mL, g)				209.0	210.5	209.5
試料の表乾比重（JIS A 1109 で求めた表乾密度）	2.57			2.57		
$m_S=m_1/$表乾比重 (g)	194.6	194.6	194.6	194.6	194.6	194.6
表面水率 $H=(m-m_S)/(m_1-m)\times 100$ (%)	5.1 (5.057)	×4.3 (4.268)	5.0 (5.021)	4.9 (4.948)	×5.5 (5.492)	5.1 (5.129)
平均値からの偏差 (%)	+0.1		0.0	−0.1		+0.1
表面水率の平均値 (%)	(5.057+5.021)/2≒5.0			(4.948+5.129)/2≒5.0		
備考	質量法，容積法ともに，No.2 は，平均値からの偏差が 0.3% 超過で除外					

表3-9 細骨材の表面水率試験（JIS A 1125）に関するデータシート（一例）

実験名		細骨材の表面水率試験　JIS A 1125		
試験日		○○年○○月○○日○○曜　天候○○　室温○○℃　湿度○○%		
試料		○○川産　川砂（細骨材）		
試料番号		細骨材		
		No.1	No.2	No.3
乾燥前の試料の質量 m (g)		550.0	550.0	550.0
乾燥後の試料の質量 m_D (g)		524.3	527.7	525.0
含水率 $Z=(m-m_D)/m_D\times 100$ (%)		4.90 (4.902)	×4.23 (4.226)	4.76 (4.762)
含水率の標準偏差 (%)		+0.07		−0.07
含水率の平均値 (%)		(4.902+4.762)/2≒4.83		
吸水率 Q (%)	細骨材（JIS A 1109，JIS A 1134 による）	2.30		
	粗骨材（JIS A 1110，JIS A 1136 による）			
表面水率 $H=(Z-Q)\times 1/(1+Q/100)$ (%)		2.5 (2.543)	×1.9 (1.883)	2.4 (2.407)
平均値からの偏差 (%)		0.0		−0.1
表面水率の平均値 (%)		(2.543+2.407)/2≒2.5		
備考	No.2 は，平均値からの偏差が 0.3% 超過で除外			

表3-10 骨材の表面水率の目安[1]

骨材の状態	表面水率(%)
湿った砂利または砕石	1.5〜2
非常に濡れた砂（握ると手のひらが濡れる）	5〜8
普通に濡れた砂（握ると形を保ち，手のひらにわずかに水分がつく）	2〜4
湿った砂（握っても形が崩れ，手のひらにわずかな湿りを感じる）	0.5〜2

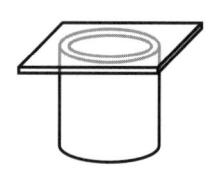

注）同程度の表面水率と見える場合でも，粗い砂ほど表面水は少ない。

図3-7 ガラス製容器

きる。

③ 品質の安定したコンクリートを製造するには，骨材の粒度や表面水率に変動のないことが望ましい。骨材の表面水率が一定でないと，練混ぜ水の調整が随時必要となるので，コンクリートの製造時には，適当な容量で排水機能を有する設備で骨材を貯蔵しなければならない。

④ JIS A 1125で，電気乾燥器以外の乾燥器を使用する場合，試料の粒径が大きいと内部まで熱が伝わりにくいため，必要によっては粒子を砕くことがある。また，加熱によって変質や爆裂の恐れがある試料には，高温となる乾燥器は使用できない。

⑤ 赤外線ランプと天びんを組み合わせた赤外線水分計（図3-8参照）は，JIS A 1125の原理を利用したもので，短時間（10分程度）で含水率を得ることができる。最近は，様々な材料の含水率が測定できるように，電子天びんを組み込んだ水分計を利用することが多い。

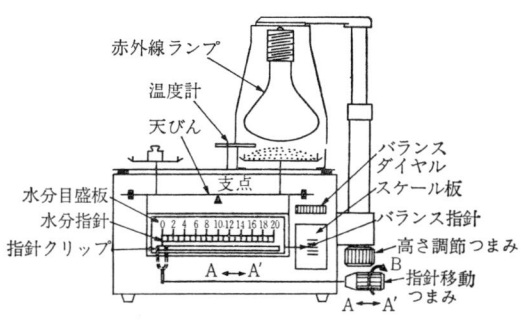

図3-8 赤外線水分計

⑥ 骨材の表面水率については，生コン工場などでの管理を円滑化するため，全国生コンクリート工業組合連合会（全生工組連）が，ZKT-106（細骨材の表面水率試験方法）やZKT-108（粗骨材の表面水率試験方法（簡易法））などの規格を制定している。全生工組連は，JIS A 1802（コンクリート生産工程管理用試験方法（遠心力による細骨材の表面水率試験方法））やJIS A 1803（コンクリート生産工程管理用試験方法（粗骨材の表面水率試験方法））などの原案作成も行っている。

⑦ 簡易法であるZKT-106（細骨材の表面水率試験方法）では，次の手順で表面水率を求める（図3-9参照）。

a) グラフ用紙で，縦軸に表乾状態の砂の質量（g），上の横軸に試料の容積（mL）および下の横軸に水の容積（mL）を描く。

b) 表乾状態の試料を用意し，メスシリンダ（1000 mL）の一定目盛（400 mL）まで水を入れた後で試料を400 g入れて揺り動かして内部の空気を追い出し，静置して水中での試料上面の目盛 A_1（235 mL）と上昇した水面の目盛 B_1（548 mL）を読みとり，グラフの縦軸400 gの水平線上に記入する。

c) 表乾状態の試料500 gおよび600 gとでも同様に行い，それぞれの読み（A_2 および B_2，A_3 および B_3）を記入し，S線とW線を描く。

d) 表面水率を求める試料（A）を，同様に水400 mLを入れたメスシリンダに任意量入れ（質量ははからなくてもよい），試料上面の目

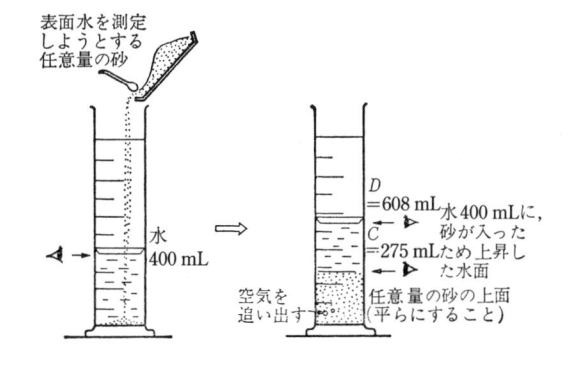

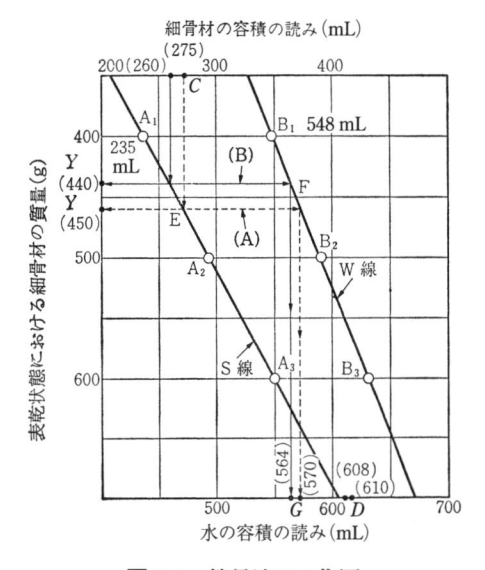

図3-9 簡易法での作図

盛 C（275 mL）と水面の目盛 D（608 mL）を読みとる。

e) グラフの上の横軸上に記入した点 C から垂線を下ろしてS線との交点をEとし，この点から水平線を引いて得られる縦軸との交点 Y（450 g）が表乾状態の試料質量となる。また，この水平線とW線との交点Fから垂線を下ろして下の横軸との交点 G（570 mL）を求めれば，次式より試料の表面水率 H（％）が得られる。

$$H = \frac{(D-G)}{Y} \times 100 = \frac{(608-570)}{450} \times 100 = 8.4$$

f) 同様に，表面水率を求める試料（B）についてもグラフに示した。この方法を使うと，同じ産地で同じ粒度の骨材であれば，グラフを一度作成しておけば，メスシリンダだけで表面水率が測定できる。

3.6 骨材の単位容積質量および実積率試験（JIS A 1104）

3.6.1 試験の目的

① 単位容積質量は，コンクリートの質量配合を容積配合に直す場合，骨材の容積を質量に，また質量を容積に換算する場合，舗装用コンクリートの単位粗骨材容積を決定する場合などに必要である。

② 実積率は骨材の粒形判定に用いられ，さらに空隙率の計算により，骨材の良否の目安ともなる。

3.6.2 試料の準備

代表的な試料を採取し，四分法または試料分取器によってほぼ所定量（**表 3-11** 参照）に縮分する。**表 3-11** に示した量の試料をさらに二分し，それぞれについて試験を行う。試料は絶乾状態とするか，含水率が1％以下と見込まれる気乾状態（1日以上まんべんなく日光に当てたような状態）とする。

注）試料の含水率が1％を超える気乾状態であっても試験を行うことはできるが，この場合には試験終了後の試料の含水率試験（JIS A 1125）を行わなければならない。場合によっては試料の量が不足することもあるので上記の状態で試験を行うのがよい。

表 3-11 縮分後の試料の量の目安

骨材の最大寸法(mm)	試料の量(L)
10 以下および細骨材	6
10 を超え 40 以下	30
40 を超え 80 以下	90

3.6.3 使用機器

① はかり（試料質量の0.2％以下の感量のもの）
② 単位容積質量測定容器（容器は骨材の最大寸法に応じて**表 3-12**に示すものから選ぶ）
③ 突き棒（直径16 mm，長さ500〜600 mm の丸鋼で先端を半球状にしたもの）
④ ハンドスコップ
⑤ 乾燥器（100〜110℃に保てるもの）

写真 3-8 容器，突き棒，ハンドスコップなど

表 3-12 単位容積質量測定容器と突き回数

粗骨材の最大寸法(mm)	容積(L)	内高/内径	1層当りの突き回数
5以下（細骨材）	1〜2	0.8〜1.5	20
10以下	2〜3		20
10を超え40以下	10		30
40を超え80以下	30		50

3.6.4 試験方法

(1) 容器の容積の測定

あらかじめ質量を測定した容器に水を満たし，その質量を正確にはかって容器の容積を算出する。この場合ガラス板でふたをしてはかると正確な値が得られる。

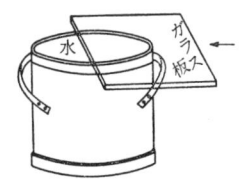

ガラス板の下側に空気が入らないように注意する。ガラス板についた水滴はよくふきとってから質量をはかる。
ガラス板の質量もはかることを忘れない

(2) 試料の詰め方

(a) 棒突きの場合

容器をほぼ水平な床の上に置き，まず試料を容器の1/3まで入れ，上面を指で平らにならし，骨材の最大寸法に応じて**表 3-12**に示す回数を突き棒で均等に突く。次に，容器の2/3まで試料を入れ，同様にして同じ回数突く。最後に容器からあ

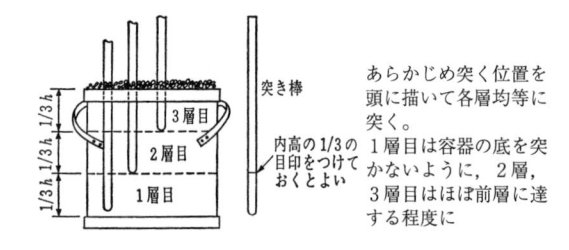

ふれるまで試料を入れ，同様に同じ回数突く。
(b) ジッギングの場合

骨材の最大寸法が大となると棒突き作業が困難になる，また軽量骨材の場合には棒突き作業によって骨材が破損する恐れがあるため，ジッギングを行う。

容器をコンクリート床のような強固で水平な床の上に置き，試料を容器の1/3まで入れ容器の片側を約5cm持ち上げて床をたたくように落下させる。次に，容器の反対側を持ち上げて落下させ，交互に各側25回，全体で50回落下させる。次に，容器の2/3まで試料を入れ，同様な作業を行う。最後にあふれるまで試料を入れ，同様な作業を繰り返して試料を締める。

この際，落下する高さが変化すると締める程度が変化するので，落下高を一定にするよう注意する。

(3) 骨材の表面のならし方

細骨材の場合は，余分な試料を突き棒を定規としてかきとる。

粗骨材の場合は，余分な骨材粒を指で取り除きながら容器の上面からの骨材粒の突起が，上面からのへこみと同じ程度にする。

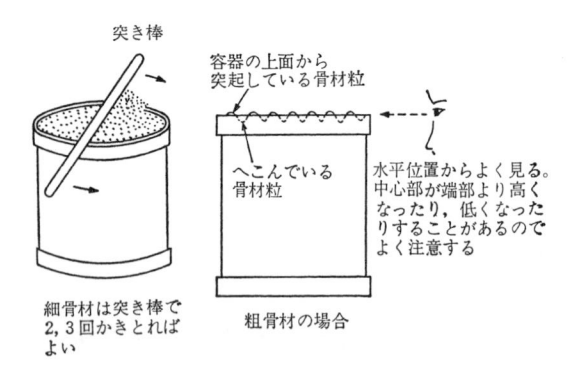

(4) 容器中の試料の質量の測定
(5) 試料の密度，吸水率の測定

質量を測定した試料について，3.3および3.4節に述べた手順に従って密度および吸水率を測定する。

3.6.5 試験結果例

(1) 単位容積質量の計算

骨材の単位容積質量（T）は次式により計算し，四捨五入によって有効数字3けたまでに丸める。

$$T = \frac{m_1}{V} \tag{3.10}$$

ここに，T：骨材の単位容積質量（kg/L）
　　　　V：容器の容積（L）
　　　　m_1：容器中の試料の質量（kg）

注）含水率が1%を超える気乾状態の試料を用いて含水率の測定を行った場合には，次式により計算する。

$$T = \frac{m_1}{V} \times \frac{m_D}{m_2}$$

ここに，m_2：含水率測定に用いた試料の乾燥前の質量（kg）
　　　　m_D：含水率測定に用いた試料の乾燥後の質量（kg）

(2) 実積率の計算

骨材の実積率（G）は次式により計算し，四捨五入によって有効数字3けたまでに丸める。

$$G = \frac{T}{d_D} \times 100 \quad または \quad G = \frac{T}{d_S} \times (100 + Q) \tag{3.11}$$

ここに，G：骨材の実積率（%）
　　　　T：(1)で求めた骨材の単位容積質量（kg/L）
　　　　d_D：骨材の絶乾密度（g/cm³）
　　　　Q：骨材の吸水率（%）
　　　　d_S：骨材の表乾密度（g/cm³）

(3) 精度

同時に採取した試料について2回試験を行い，2回の平均値をとるが，単位容積質量の平均値からの差が0.01 kg/Lを超える場合には，試料採取から再度試験を行う。

試験結果の報告例を表3-13に示す。

3.6.6 参考資料

① 骨材の単位容積質量および実積率の値は，おおむね表3-14に示す範囲である。

② 砕石，砕砂の粒形判定には実積率が用いら

表3-13 試験結果の報告例

骨材の単位容積質量および実積率試験						
試 験 日		年　月　日	室温　（℃）	湿度　（％）		天候
試　　料		川砂（粗骨材の場合は大きさも記入する）				
試料の詰め方		棒突き法				
測定番号				1		2
① 容器の寸法（mm）				内径140，内高130		
② 容器の容積 V（L）				2.001		
③ 試料と容器の質量（kg）				4.602		4.616
④ 容器の質量（kg）				1.351		1.351
⑤ 試料の質量 m_1 ③－④（kg）				3.251		3.265
⑥	単位容積質量	T ⑤/②（kg/L）		1.625		1.632
⑦		許容差（kg/L）		0.02		
⑧		誤差（kg/L）		0.007		
⑨		平均値（kg/L）		1.63		
⑩ 表乾密度 d_s（g/cm³）				2.58		2.58
⑪ 吸水率 Q（％）				1.88		1.86
⑫	実積率	G ⑥×(100＋⑪)/⑩（％）		64.17		64.43
⑬		平均値（％）		64.3		

表3-14 骨材の単位容積質量および実積率の範囲

骨材の種類		単位容積質量（kg/l）	実積率（％）
普通骨材	細骨材	1.50～1.85	53～73
	粗骨材	1.55～2.00	45～70
軽量骨材	細骨材	0.80～1.20	48～72
	粗骨材	0.65～0.90	50～70

れ，JIS A 5005によれば，砕石は55％以上，砕砂は53％以上が要求されている。

③ 骨材の空隙率（％）は，（100－実積率（％））で求められる。粗骨材の空隙率はプレパックドコンクリートの配合設計を行う場合に必要である。

3.7 細骨材の有機不純物試験（JIS A 1105）

3.7.1 試験の目的

骨材中に有機不純物（主として腐食土）が含有されていると，モルタルやコンクリートの強度，耐久性，安定性などに有害となる。有機不純物が水酸化ナトリウムによって褐色に着色反応を示すことを利用して，標準色液との比色試験により細骨材中の有機不純物の有害量の概略を調べ，細骨材の使用の可否を判定する一助とするものである。

3.7.2 試料の準備

細骨材約 500 g。四分法または試料分取器によって縮分された代表的試料であること。なお，軽量骨材の場合は約 300 g でよい。試料は気乾状態とする。

3.7.3 使用機器

① はかり（ひょう量 2 kg 以上，感量 0.1 g 以下のものおよびひょう量 200 g 以上，感量 0.01 g 以下のもの）
② 有栓メスシリンダ（容量 500 mL，無色のもの，2本）
③ ビーカー（容量約 200 mL のもの 2 個と約 400 mL のもの 1 個）
④ ピペット（10 mL 程度のもの）
⑤ ひょう量びん（容量 50 mL 程度のもの）
⑥ その他，スプーン，布ぎれなど

3.7.4 使用試薬

① タンニン酸
② 水酸化ナトリウム
③ エチルアルコール
いずれも JIS K に規定される特級を使用する。

3.7.5 試験方法

(1) 標準色液のつくり方

(a) 2％タンニン酸溶液

エチルアルコール 10 g に水 90 g を加え，10％アルコール溶液をつくる。このアルコール溶液 9.8 g にタンニン酸 0.2 g を加え，2％タンニン酸溶液をつくる。

これでタンニン酸溶液約 10 mL ができる。試験に使用する 1 回の量は 2.5 mL であるから，誤差を少なくすることも考えてこの程度の量をつくる。

(b) 3％水酸化ナトリウム溶液

水 291 g を正確にビーカーにはかりとる。これに水酸化ナトリウム 9 g を加え溶解する。

これで約 300 mL の 3％水酸化ナトリウム溶液が得られ，標準色液と試料とに用いる 1 回分として十分な量が得られる。

水酸化ナトリウムのひょう量にはひょう量びんを用いないと吸湿し誤差が大となるので注意する。

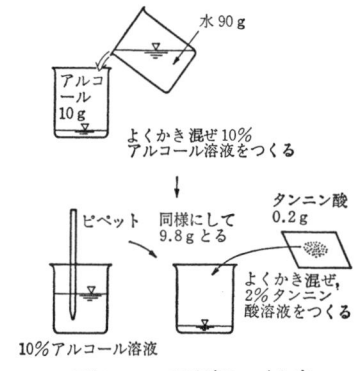

2％タンニン酸溶液のつくり方

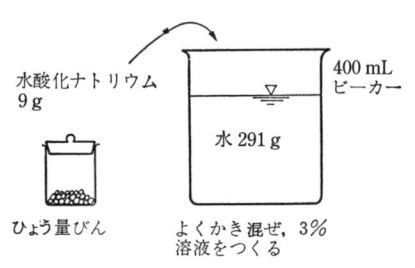

水酸化ナトリウム 3％ 溶液のつくり方

(c) 標準色液

3％水酸化ナトリウム溶液 97.5 mL を有栓メスシリンダにとり，これに2％タンニン酸溶液 2.5 mL を加え，直ちに栓をしてよくふり混ぜ，24 時間静置する。これを標準色液とする。

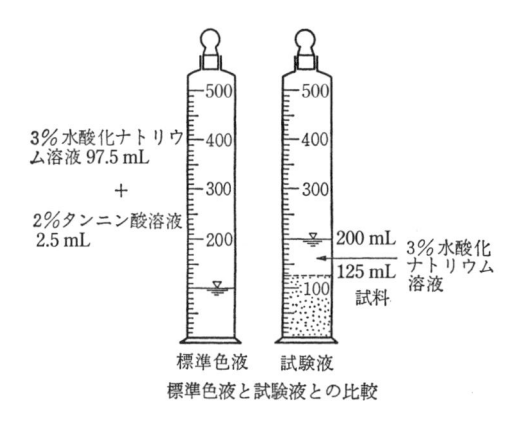

標準色液と試験液との比較

(2) 試験液

試料（細骨材）を残りの1本の有栓メスシリンダの 125 mL の目盛まで入れる。これに3％水酸化ナトリウム溶液を 200 mL の目盛まで加え，栓をして入念に撹拌する。その後 24 時間静置する。

標準色液と試験液との色調の経時変化の誤差を避けるため，両液はほぼ同時刻に水酸化ナトリウム溶液を加えて作製する。

3.7.6 試験結果例

標準色液と試験液との色の濃さを比較し，標準液の色より淡ければ合格とし，その細骨材は使用可能である。

色の比較はメスシリンダの後ろ側に白紙を置いて，後ろ側にあるものの色による誤認を避けるようにする。

結果の報告例を表 3-15 に示す。

3.7.7 参考資料

① 試験液の色が，無色，淡黄色，濃黄色の場合にはその細骨材は合格と考えてよい。赤黄色，淡赤褐色，暗赤褐色の場合には標準色液の色より濃いと判定してよい。

② 有機不純物試験で不合格となった細骨材については，3.8 節で述べる「有機不純物を含む細骨材のモルタルの圧縮強度による試験方法」を行って使用の可否を判定する。ただし，試験液の色が暗赤褐色の場合には，この試験を行ってもほとんど使用できない。

表 3-15 結果の報告例

細骨材の有機不純物試験					
試　験　日	年　月　日	室温　（℃）	湿度　（％）	天候	
試　　料	細骨材の種類	川　砂			
	外観および産地*					
	採取位置および日時					
結　　果	標準色より淡い				

注）* 人工軽量骨材の場合は名称（商品名でもよい）を記入する。

3.8 有機不純物を含む細骨材のモルタルの圧縮強度による試験 （JIS A 1142）

3.8.1 試験の目的

有機不純物試験で試験液の色が標準色液よりも濃くなった細骨材について，その細骨材を用いたモルタルと，その細骨材を3％水酸化ナトリウム溶液で洗ったものを用いたモルタルとの圧縮強度を比較し，その細骨材の使用の可否を判定する。

3.8.2 試料の準備

① 細骨材約25 kg。代表的な試料であって，四分法または試料分取器で縮分したものであること。
② 試料の約1/3を3％水酸化ナトリウム溶液（3.7.5項参照）で洗う。ただし，残りの2/3は水酸化ナトリウムによる洗浄が終わるまで，吸水させておく。
　試料約8.3 kgを10 L程度の容器に入れ，試料を覆うのに十分な量の水酸化ナトリウム溶液を加え，十分に撹拌し，約1時間静置した後，溶液を流す。さらに，水酸化ナトリウムの残留によるアルカリ性が認められなくなるまで（リトマス試験紙などを用いて確認する）流水で洗う。水酸化ナトリウム溶液や洗い水を流すとき，目の細かい布などを用いて，試料の微粒分が失われないように注意する。
③ 全試料を表乾状態にする（3.3節参照）。

3.8.3 使用機器

① はかり（ひょう量2 kg以上，感量0.5 g）
② メスシリンダ（容量500 mL）
③ モルタルミキサ（2.5節参照）
④ 表面乾燥飽水状態試験用フローコーンおよび突き棒
⑤ モルタルのフロー試験用器具
⑥ 鋼製円柱形型枠（内径50±0.25 mm，高さ100±1 mmのもの16個）
⑦ 突き棒（直径9 mmの鋼または金属性の丸棒で，先端が半球状のもの）
⑧ 円筒形鋼製容器（内径82±0.5 mm，高さ95±0.5 mm）
⑨ 鋼製定規（幅20 mm程度，厚さ2 mm程度，長さ150 mm程度）
⑩ キャッピング用ガラス板（16枚）
⑪ その他，容量10 L程度の容器，さじ，目の細かい布など

3.8.4 使用材料

① 普通ポルトランドセメント約10 kg（JIS R 5210に適合するもの）
② 3％水酸化ナトリウム溶液約5 L（3.7.5項参照）
③ リトマス試験紙またはフェノールフタレイン

3.8.5 試験方法

(1) モルタルの配合の決め方

モルタルミキサの練り鉢に水400 gを入れ，セメント800 gを加えて低速で30秒間練り混ぜる。練混ぜを続けながら次の30秒間で，水酸化ナトリウム溶液で洗っていない細骨材2300 g（表乾状態）を徐々に投入する。引き続いて30秒間練り混ぜた後90秒間休止し，休止の最初の15秒間に，さじで練り鉢およびパドルに付着したモルタルをかき落とす。休止が終わったら再び高速で60秒間練り混ぜる。
　このモルタルのフロー値を測定（2.5節参照）する。フロー値が185より小さければ細骨材を100 g程度少なくし，195より大きければ同程度多くする。同じ作業を繰り返して，フロー値が190±5になるときの細骨材の量を求め，モルタルの配合を決定する。川砂の場合は2000～2500 gの範囲で求まる。
　水酸化ナトリウム溶液で洗った細骨材を用いたモルタルの場合にも，上記で決定した細骨材の量を用いる。

(2) モルタルのフローおよび空気量の測定

各試料の場合とも練混ぜ直後のモルタルのフローおよび空気量を測定する。

(a) フロー試験（2.5節参照）

(b) 空気量の測定（JIS A 5002 および JIS A 1116）

内径 82 mm，高さ 95 mm の円筒形鋼製容器にモルタルを詰め，容器中のモルタルの質量を容器の容積で割って，モルタルの単位容積質量 M（kg/m³）を算出する。モルタルの空気量 A（%）は，単位容積質量から次式より求める。

$$A(\%) = \frac{T-M}{T} \times 100 \qquad (3.12)$$

ここで，T は空気がまったくないものとして計算したモルタルの単位容積質量（kg/m³）で次のように計算する。

まず，(1)で決定したモルタルの各材料の質量の総和 M_1(g) を求める。

次に，各材料の質量（g）をそれぞれの密度の1000倍の値で割って容積を算出し，その和 V_1 を求めると，

$$T(\text{kg/m}^3) = \frac{M_1}{V_1} \qquad (3.13)$$

なお，フロー試験に用いた部分を単位容積質量試験に再使用しない。また，フロー試験および単位容積質量試験を行ったモルタルは供試体の成形には使用しない。

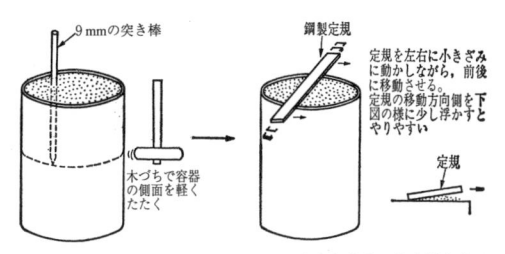

モルタルの単位容積質量の求め方

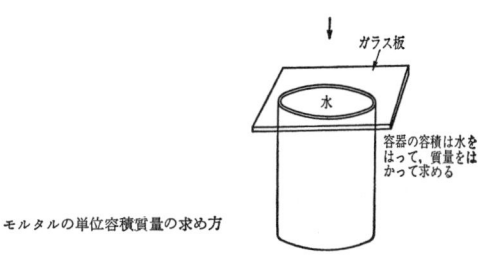

(3) 供試体の成形

1バッチ（1練り）のモルタルから4個の供試体をつくり，各試料2バッチ練り，合計16個の供試体をつくる。

練混ぜ直後のモルタルを内径 50 mm，高さ 100 mm の円柱形型枠に2層に分けて入れ，突き棒で各層25回均等に突く。型枠にモルタルを詰め終えてから適当な時期にキャッピングを行い，24時間以上48時間以内に型枠をはずし，試験のときまで養生する（4.6節参照）。

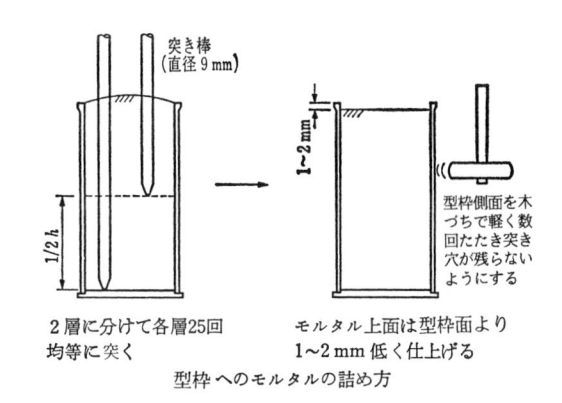

型枠へのモルタルの詰め方

(4) 圧縮強度試験

材齢7日および28日に達した供試体の圧縮強度試験（4.6節参照）を行う。試験に供する供試体数は各試料，各材齢について4個とし，4個の平均値をもって1回の試験値とする。

3.8.6 試験結果例

次式によって，各材齢における圧縮強度百分率（K）を，小数点以下1けたを四捨五入により丸めて整数で示す。

$$K = \frac{C_2}{C_1} \times 100 \qquad (3.14)$$

ここに，K：圧縮強度百分率（%）

C_1：各材齢における水酸化ナトリウム溶液で洗った試料を用いたモルタルの圧縮強度（N/mm²）

C_2：各材齢における水酸化ナトリウム溶液で洗わない試料を用いたモルタルの圧縮強度（N/mm²）

結果は表3-16のような様式で報告する。

表 3-16 結果の報告例

モルタルの圧縮強度による砂の試験					
供 試 体 成 形 日	年 月 日	室温 (℃)		湿度 (%)	天候
圧 縮 強 度 試 験 日	年 月 日	室温 (℃)		湿度 (%)	天候
試 料	山砂（○○町産）				
セ メ ン ト の 種 類	普通ポルトランドセメント				
区 分	水酸化ナトリウム溶液で洗っていない砂を用いたモルタル				水酸化ナトリウム溶液で洗った砂を用いたモルタル	
セ メ ン ト 質 量 (g)	800				800	
水 の 質 量 (g)	400				400	
砂 の 質 量 (g)	2075				2075	
フ ロ ー 値	189				191	
単 位 容 積 質 量 (kg/m³)	2190				2200	
空 気 量 (%)	2.7				2.2	
材 齢 (日)		7	28	7	28
供 試 体 質 量 (g)	1	435	440	442	445
	2	437	439	443	444
	3	438	437	445	443
	4	436	438	442	448
供試体寸法 直径 (mm)	1	50.0	50.1	50.1	50.0
	2	50.1	49.9	50.0	50.1
	3	50.0	50.0	50.0	50.0
	4	50.0	50.0	50.1	50.0
供試体寸法 高さ (mm)	1	100.4	100.6	100.5	100.4
	2	100.5	100.6	100.4	100.3
	3	100.6	100.4	101.0	100.4
	4	100.5	100.7	100.4	100.5
破 壊 荷 重 (kN)	1	49.3	82.4	58.1	94.1
	2	52.2	89.8	52.7	85.5
	3	54.8	82.1	53.2	93.8
	4	52.4	78.6	57.3	86.8
圧 縮 強 度 (N/mm²)	1	25.2	41.8	29.5	48.0
	2	26.5	45.8	26.9	43.4
	3	28.0	41.9	27.1	47.9
	4	26.7	40.1	29.1	44.3
	平均	① 26.6	② 42.4	③ 28.2	④ 45.9
材 齢 (日)		7		28	
圧 縮 強 度 百 分 率 (%)		$\frac{①}{③}\times100$　94		$\frac{②}{④}\times100$　92	

3.8.7 参考資料

① 各材齢における強度比が 90 % 以上あれば，その砂を責任技術者の承認を得て工事に用いてよい。
② 試験に用いる砂が洗剤，油脂，フミン酸などで汚染されていると，モルタル中の空気量が変動するので，空気量によって汚染されているかどうかを判断する指標とする。
③ 有機不純物試験で不合格になった細骨材でも，本試験により使用可能となり得るのは，その有機不純物がコンクリート（特にセメントの水和反応）に有害となる程度が少ない種類のものであるからである。
④ 水洗いその他によって，有害な有機不純物をある程度除去することができる。

3.9 細骨材中の塩化物イオン含有量試験（滴定法）（案）（JSCE-C 502）

3.9.1 試験の目的

細骨材（特に海砂）に塩化物が有害量含まれると，コンクリート構造物中の鋼材（鉄筋，PC鋼材など）の発錆を助長し，構造物の耐久性に悪い影響を及ぼす．この試験によって，細骨材中に含まれる塩素イオン（Cl^-）量を求める．

3.9.2 試料の準備

細骨材約10 kg．野積みされている細骨材から試料を採取する場合には，表面は雨水や散水によって塩化物が少なくなっていることがあるので，深部より3カ所以上からほぼ等量採取し均一になるように混ぜる．

3.9.3 使用機器

① はかり（ひょう量1 kg以上，感量0.1 g以下）2組
② バット（砂10 kg程度を採取できる容量のもの）2枚
③ ビーカーまたは広口びん（500 mL）2個
④ 三角フラスコ（100 mL）2個
⑤ ピペット（25 mLおよび50 mL）
⑥ 駒込ピペット（2 mLおよび10 mL）
⑦ メスシリンダ（200 mL）
⑧ ビュレット（25 mL，褐色のもの）
⑨ ガラス棒（撹拌用）
⑩ 乾燥炉（100～110℃に保てるもの）

3.9.4 使用試薬

① 0.1 mol/Lおよび0.01 mol/L硝酸銀溶液
　　硝酸銀溶液は0.1 mol/Lおよび0.01 mol/Lに調整されたものを用いる（市販品が容易に入手できる）．ラベルに記載してある濃度係数fを確かめる．この溶液は日光により分解して濃度が変化するので，褐色びんに入れ冷暗所（冷蔵庫など）で保存する．
② フルオレセインナトリウム溶液
　　フルオレセインナトリウム0.2 gを100 mL精製水に溶解して作製する．
③ 精製水約2 l
④ 2％デキストリン溶液
　　デキストリン2 gを適量の精製水で練り，100 mLの沸騰水に入れて約1分間煮沸し，常温に冷やしたものを用いる．

3.9.5 試験方法

① 採取した試料10 kgをよくかき混ぜ，約200 gを0.1 gまで質量をはかったビーカー（または広口びん）に入れる．このとき，同じものを2つ用意する．
② 分取した試料を100～110℃の乾燥炉に入れて，恒量となるまで乾燥し，放冷したのち，0.1 gまで正確に質量をはかり，ビーカーの質量を差し引いて，絶乾状態の試料の質量（W_D）

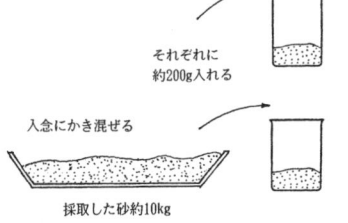

写真3-9　砂の塩化物含有量測定装置の一例

とする。

③ 試料に 200 mL の精製水を加え，ガラス棒でよく撹拌する。広口びんの場合には数回転倒してよく振る。ふたをして（ビーカーの場合はラップフィルムなどを用いる）24 時間静置する。これを 2 組作る。

④ 再度，前の要領で撹拌し，細骨材の塩分を十分に溶出させて試験液を作り，これを約 5 分間静置する。

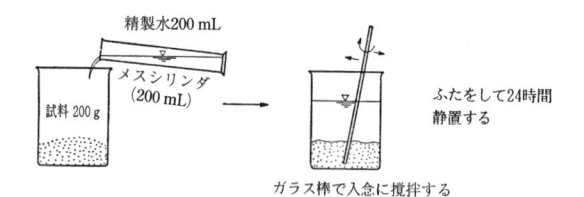

⑤ ビーカー（または広口びん）の中の試験液から上澄み液 50 mL または 25 mL（表 3-17）をピペットを用いて 100 mL の三角フラスコに入れる。

表 3-17 試験溶液の分取量

海砂の塩化物イオン含有率（%）	分取量（ml）
0.05 未満	50
0.05 以上	25

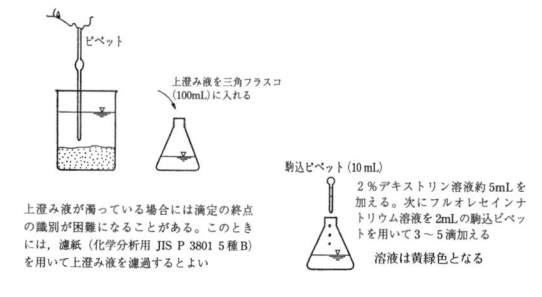

⑥ これに駒込ピペットを用いて指示薬としてのデキストリン溶液約 5 mL およびフルオレセインナトリウム溶液を 3〜5 滴加える。

⑦ 三角フラスコを強く揺すりながら 0.1 mol/L 硝酸銀溶液をビュレットから慎重に滴下する。

⑧ 試験液の色が黄緑色から黄色を経て黄橙色になったところの滴定量 C_1 を求める。

⑨ ①〜③で作った 2 個の試験液について，それぞれ試験を行う。

⑩ ⑤で分取した試験溶液とほぼ同じ量の精製水を三角フラスコに取り，0.01 mol/L の硝酸銀溶液を用いて，⑥〜⑧の操作を行い，このときの硝酸銀溶液の滴下量 C_2 を求める。

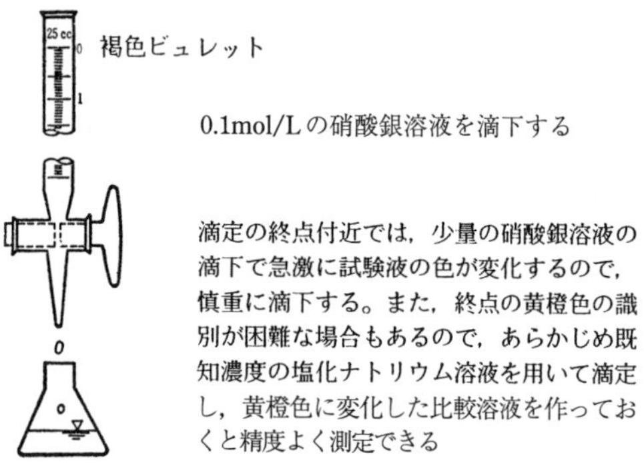

⑪ 硝酸銀の滴定量 C（$C_1 - 0.1 C_2$）を求める。

3.9.6 試験結果例

細骨材の絶乾質量に対する塩素イオン（Cl$^-$）含有率（%）は次式を用いて算出し，四捨五入により小数点以下 3 けたまで求める。

塩素イオン含有率（%）= 1.42（または 2.84）× C × f/W_D

ここに，C：試験液の滴定に要した 0.1 規定硝酸銀溶液の量（mL）
　　　　f：硝酸銀溶液の濃度係数
　　　　W_D：絶乾状態の試料の質量（g）

ただし，硝酸銀溶液の濃度係数が $f = 0.995$ 〜1.005 の範囲であれば試験結果にほとんど影響を及ぼさないので，濃度係数を無視してよい。

注）上式中の係数（1.42）は，0.1 規定硝酸銀溶液 1 mL に対する塩素イオン（Cl$^-$）量であって，次のようにして算出した。

細骨材の塩化物をすべて塩化ナトリウム（NaCl）と仮定すると，硝酸銀（AgNO$_3$）との反応は，
$$NaCl + AgNO_3 = AgCl + NaNO_3$$
すなわち，NaCl 1 mol（58.44 g）と AgNO$_3$ 1 mol（169.89 g）とが反応する。0.1 規定硝酸銀 1 mL 中には 0.016989 g の硝酸銀が含有されているので，これと反応する NaCl は 0.005844 g であり，塩素イオン（Cl$^-$）量（a）は原子量より 0.003545 g となる。

試験液量を b（mL），加えた精製水量を b'（mL）とすると，硝酸銀 1 mL に対する試験液中の全塩素イオン量は $a × b'/b$（g）であるので，$a = 0.003545$ g，$b = 50$ mL，$b' = 200$ mL を代入して，0.01418 となる。有効数字のけた数を 3 けたに丸めて，百分率（%）に直すと 1.42 を得る。同様にして $b = 25$ mL の場合は 2.84 を得る。

以上，2 回以上の試験を行って，その平均値で細骨材中の塩素イオンの含有量を決定する。ただ

表 3-18 結果の報告例

細骨材の塩化物イオン含有量試験（ファヤンス法）		
試 験 日　　年　月　日　室温（℃）　湿度（%）　天候		
試　料	産　　　　　地	
	貯　蔵　状　態	
	採　取　位　置	
	洗　浄　の　状　態	
測　定　番　号	1	2
① ビーカーの質量（g）	182.1	180.5
② 乾燥後のビーカーと試料の質量（g）	380.2	381.8
③ 絶乾の試料の質量 W_D(g) ②－①	198.1	201.3
④ 0.1規定硝酸銀溶液を入れたときのビュレットの最初の読み（mL）	0.0	0.1
⑤ 試験溶液が黄橙色になったときのビュレットの読み（mL）	7.7	7.9
⑥ 滴下量（mL）C_1 ⑤－④	7.7	7.8
⑦ 精製水を試験したときの硝酸銀溶液の滴下量 C_2（mL）	1.0	1.0
⑧ 試験液に要した硝酸銀溶液の量 C（mL）⑥－0.1×⑦	7.6	7.7
⑨ 硝酸銀溶液の濃度係数 f	0.998	0.998
塩素イオン含有量（%） 1.42×⑧×⑨÷③	0.054	0.054
平　均　値　（%）	0.054	

し，精製水の硝酸銀溶液の滴定量は1回の値を用いてよい。

表 3-18 に結果の報告例を示す。

3.9.7 参考資料

① 海砂の塩化物含有量（NaCl 換算，砂の絶乾質量比）は，一般に 0.10～0.30 %（塩素イオン量では 0.06～0.18 %）程度である。海浜砂の塩化物含有量については，図 3-10 に示すような報告がある。

② コンクリート中の塩化物量の規準は，外部から塩化物の影響を受けない場合にフレッシュコンクリート中の塩素イオン質量が 0.30 kg/m³ 以下であることが示されており，PC 鋼材を用いる場合はさらに小さくするのがよい。

レディーミクストコンクリート（JIS A 5308）ではこれらの規準に対応することも考慮して，通常の場合は塩素イオン質量を，荷卸し地点で，0.30 kg/m³ 以下とし，購入者の承認を受けた場合は 0.60 kg/m³ 以下としている。

③ フレッシュコンクリート中の塩化物は各材料に含まれる塩素イオンの合計である。塩素イオンを含む材料には，海砂，セメント，水，混和材料などがあるが，混和材料は無塩化タイプのものが利用できるようになってきている。

普通ポルトランドセメントの塩素イオンの含有量の最大値は 0.015 % といわれており，水道水中の塩素イオン量の限度は 200 ppm である。土木学会コンクリート標準示方書では，細骨材中の塩素イオン含有量を NaCl 換算で 0.04 % 以下としている。

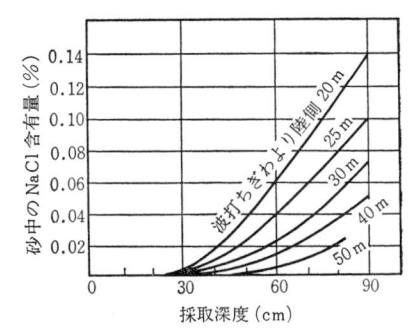

図 3-10 波打ちぎわからの距離と採取深度と塩化物（NaCl）の含有量（%）[2]

④　細骨材中の塩化物含有量が多いときは，水洗いその他（無塩砂との混合など）によって目標の値以下とする。

⑤　塩化物含有量試験方法は，JSCE-C 502 に塩化物イオン選択性電極を用いた電位差滴定法も規定されている。その他試験紙法，電気伝導法，イオンクロマトグラフィーなどがある。

⑥　海岸近くの構造物では，コンクリート表面に飛塩粒子が付着し，塩化物イオンがコンクリート内部へ拡散し，塩化物イオン濃度が上昇する。その程度は付着する飛塩粒子の塩化物イオン濃度，コンクリート内部への塩化物イオン拡散係数を用いて表すことができる。この拡散係数を小さくするためには水セメント比の小さいコンクリートを入念に施工し，コンクリートの組織を緻密にすることが大切である。実構造物の調査結果では，海岸線より少し内陸部に入った地域で鉄筋の発錆による被害が多いが，これは飛塩粒子が飛行中に乾燥し塩分濃度が上昇するためといわれている。また雨水の影響の少ない桁の裏側でも同様な結果となっている。

⑦　鉄筋自体における防錆対策として，表面をコーティングした亜鉛メッキ鉄筋，エポキシ塗装鉄筋がある。

3.10 骨材中に含まれる粘土塊量の試験（JIS A 1137）

3.10.1 試験の目的

① 骨材中に含まれる粘土塊量とは、骨材中に含まれる粘土塊の量であって、骨材の全質量に対する比率で表される。

② 骨材中に含まれる粘土塊量を求める試験は、JIS A 1137−2005（骨材中に含まれる粘土塊量の試験方法）で規格化されている。この試験では、JIS A 1103−2003（骨材の微粒分量試験方法）による試験を行った後の試料を使うこととなっている。

③ 粘土塊量には、2007年度制定土木学会コンクリート標準示方書（施工編）で、細骨材1.0％以下、粗骨材0.25％以下の品質規定がある。

④ コンクリート用骨材は、清浄、堅硬、耐久的かつ化学的あるいは物理的に安定し、有機不純物、塩化物などを有害量含まないものでなければならない。粘土は、砂の表面に密着しているとセメントペーストとの付着を妨げ、塊として存在すると乾湿や凍結融解の繰り返しにより塊自体の破壊、コンクリート表面の欠損などを生じる。したがって、コンクリートの強度、耐久性、美観などに有害なものといえる。

3.10.2 使用機器

① はかり（細骨材用は目量0.1g、粗骨材用は目量1g、またはこれらより小さい目量のもの）

② ふるい（JIS Z 8801-1に規定されている公称目開き600μm、1.18、2.36および4.75mmの金属製網ふるい；それぞれ、0.6、1.2、2.5および5mmの公称網ふるい）

③ 乾燥器（排気口があり、105±5℃を保持できるもの）

④ 試料バット（耐熱性のもの）

3.10.3 試料

JIS A 1103による試験を行った後の骨材を全量用い、四分法あるいは試料分取器で二分し、片方を1回の試料とする。微粒分が多く、試料が足りない場合は、全量で1回の試験を行う。

ただし、粘土塊量が細骨材で1.0％、粗骨材で0.2％を超える場合は再試験を行う。分取した試料は、105±5℃で一定質量まで乾燥させた後、室温まで冷却する（JIS A 1103による試験直後に本試験を行う場合は、乾燥しなくてもよい）。細骨材は1.2mm網ふるいにとどまるもの、粗骨材は5mm網ふるいにとどまるものを試料とし、細骨材の試料は25gを下回ってはならない（1.2mm網ふるいにとどまる量が5％未満となる試料は、試験を省略できる）。

JIS A 1103を行わずに試験を行う場合が、JIS A 1137の附属書1で規定されている。細骨材は1.2mm網ふるいにとどまるもの、粗骨材は5mm網ふるいにとどまるものを試料とし、細骨材は600g以上、粗骨材は絶乾状態で、表3-19に示す量以上とする。試験では、この試料を二分して片方を1回の試料とする。

表3-19 試料の質量

最大寸法（mm）	試料の質量（kg）
10 または 15	2
20 または 25	5
30 または 40	10
40 を超える場合	20

3.10.4 試験方法

① 試料の絶乾質量 m_{D1} を正確にはかる（細骨材は0.1gまで、粗骨材は1gまではかる）。乾燥で粘土塊が崩れて細粒または粉末になったものも含めてはかる。

② 試料を容器の底に薄く平らに広げて、これを覆うまで水を加える。

③ 24時間吸水させた後、余分な水を除いて骨材粒を指で押しながら粘土塊をつぶす（粗骨材の場合、最大寸法に応じていくつかの粒群にふるい分けておくと、作業がしやすい）。

④ すべての粘土塊をつぶし終えたら、細骨材は網ふるい0.6mm、粗骨材は2.5mm網ふるい

の上で水洗いする（指で押して細かく砕けるものを粘土塊とする）。

⑤ ふるいにとどまった骨材粒は，105±5℃で一定質量になるまで乾燥させ，室温まで冷やした後でその質量 m_{D2} を正確にはかる。

絶乾試料を室温まで冷やして計量する
m_{D1}

薄く広げた試料を覆うまで水を加えて24時間吸水させる

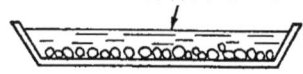

容器に水を注ぎながら，試料の入ったふるいを水につけて揺り動かす。濁った水は捨て，水が透明になるまで試料を洗う

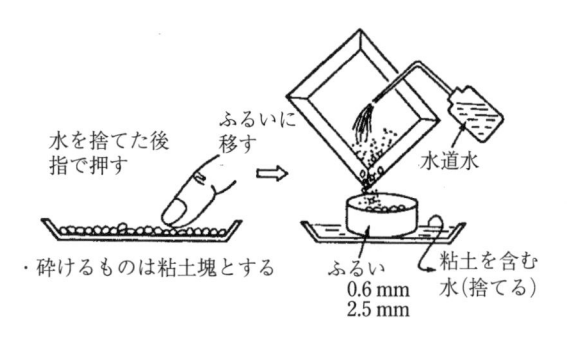

水を捨てた後指で押す　ふるいに移す　水道水
・砕けるものは粘土塊とする
ふるい 0.6 mm 2.5 mm
粘土を含む水（捨てる）

ふるいにとどまった試料を容器に移して 105±5℃で乾燥させ，室温まで冷やして計量する
m_{D2}

3.10.5 試験結果の整理と報告

骨材中に含まれる粘土塊 C （%）は，次式によって算出し，小数点以下2けたに丸める。ただし，一試料について試験を2回行った場合は，その平均値をとり，JIS Z 8401によって小数点以下2けたに丸める。この場合の各測定値は，平均値との偏差が0.2%以下でなければならない。

$$C = \frac{m_{D1} - m_{D2}}{m_{D1}} \times 100$$

ここに，m_{D1}：水洗い前の試料の絶乾質量(g)
　　　　m_{D2}：水洗い後の試料の絶乾質量(g)

報告では，試験日，試料の種類，産地（人工骨材の場合は名称）および粘土塊量のほか，必要に応じて，試料の状況（JIS A 1103を行わなかった場合，細骨材で1.2 mmふるいに留まる量が5%未満となり試験を省略した場合，細骨材中に粘土塊が散在していても1.2 mm網ふるいに留まらずに試料とならなかった場合，粗骨材の表面に粘土分が付着していて測定値に影響が出た場合など）を記載する（**表3-20**参照）。

表3-20　骨材中に含まれる粘土塊量の試験に関するデータシート（一例）

実験名	骨材中に含まれる粘土塊量の試験方法　JIS A 1137			
試験日	○○年○○月○○日○○曜　天候○○　室温○○℃　湿度○○%			
試料	細骨材：○○川産　川砂　粗骨材：△△産　陸砂利			
試料番号	細骨材		粗骨材	
	No. 1	No. 2	No. 1	No. 2
水洗い前の試料の絶乾質量 m_{D1} (g)	485.3		3,052	3,046
水洗い後の試料の絶乾質量 m_{D2} (g)	481.6		3,045	3,038
粘土塊量 $C=(m_{D1}-m_{D2})/m_{D1}\times 100$ (%)	0.76 (0.7624)		0.23 (0.2293)	0.26 (0.2626)
平均値からの偏差 (%)	0.00		−0.03	+0.03
粘土塊量の平均値 (%)	0.76		(0.229+0.263)/2≒0.25	
備考	細骨材は，JIS A 1103（骨材の微粒分量試験方法）で得られた全試料が485.3 gのため，試験は1回とした。			

3.10.6 参考資料

① 粘土は，粒径が0.005 mm以下の土粒子をいう。粘土のほかに，シルトやロームの微粒分が多く含有したコンクリートは，単位水量が増加し，ブリーディングとともにこれらの物質が

コンクリート上面に浮き出てレイタンスを形成するため、強度や耐久性だけでなく、打継目の処理に注意を要する。なお、セメント分の少ない貧配合のコンクリートでは、少量の粘土が骨材粒子に付着せずに均等に分散すると、材料分離抑制効果や微粉末効果によって、品質が良くなることもある[2]。

② 粘土塊に関する規定として、3.10.1②に示したもの以外に、JIS A 5308-2003（レディーミクストコンクリート）の附属書1（規定）レディーミクストコンクリート用骨材に記載があり、粘土塊量について、砂利0.25％以下、砂1.0％以下と定められている。なお、構造用軽量骨材（JIS A 5002）では、人工軽量骨材1.0％以下、天然軽量骨材2.0％以下という粘土塊量の規定はあるが、砕石・砕砂（JIS A 5005）、スラグ骨材（JIS A 5011）、再生骨材H（JIS A 5021）、溶融スラグ骨材（JIS A 5031）などの人工骨材には粘土塊量の規定がない。

③ 陸砂・砂利、山砂・砂利などには相当量の泥分や粘土塊が含まれている可能性があるので、微粒分量試験（JIS A 1103）とともにこの粘土塊量の試験は重要となる。

3.11 ロサンゼルス試験機による粗骨材のすりへり試験（JIS A 1121）

3.11.1 試験の目的

① 回転するドラム中で，骨材に摩擦または衝撃を与えた場合の所定回転数における骨材のすりへり損失量をすりへり減量という。すりへり減量は，骨材の耐摩耗性の判定に利用され，骨材の全質量に対する比率で表される。

② 粗骨材のすりへり減量を求める試験は，JIS A 1121-2001（ロサンゼルス試験機による粗骨材のすりへり試験方法）が規格化されている。

③ 粗骨材のすりへり減量については，2007年度制定土木学会コンクリート標準示方書（施工編）で，35％以下の品質規定がある。また，構造用軽量骨材を除く，砕石や再生粗骨材などのJISにもすりへり減量に関する規定がある。

④ コンクリート用粗骨材は，清浄，堅硬，耐久的かつ化学的あるいは物理的に安定し，有機不純物，塩化物などを有害量含まないものでなければならず，耐火性が要求されることがある。すりへり減量は，骨材の堅硬の程度を判断する指標の一つであり，車輪や流水などの摩耗作用を受けるコンクリートの耐摩耗性を高めるには，すりへり抵抗性の高い骨材を使用する。

3.11.2 使用機器

① ロサンゼルス試験機（図3-11のように，内径710±5 mm，内側長さ510±5 mmの両端を閉じた鋼製円筒を，水平回転できるように軸受けに取り付けたもので，円筒容器の中には幅89±2 mmの棚を取り付ける）

② 球（鋼製で，使用する数と総質量は表3-21に示す粒度区分に応じた表3-22のとおりとし，球の平均直径は約46.8 mmで1個の質量は390〜445 gで，JIS B 1501（玉軸受用鋼球）に規定される鋼球の呼び1″13/16（46.0375 mm）および1″7/8（47.6250 mm）を組み合わせて表3-22に示す全質量を得る）

③ はかり（ひょう量10 kg以上，目量1 gまたはこれよりよいもの）

④ ふるい（JIS Z 8801-1に規定されている公称

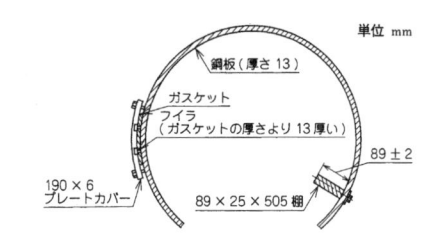

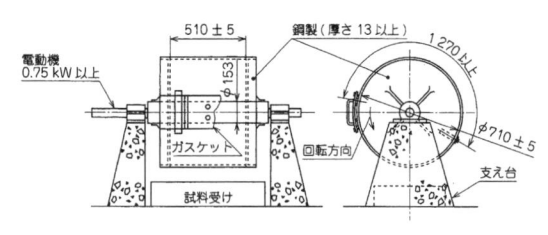

図3-11 ロサンゼルス試験機[3]

表3-21 試料の質量

粒度区分	粒径の範囲 (mm)	試料の質量 (g)	試料の全質量 (g)
A	40〜25 25〜20 20〜15 15〜10	1 250±25 1 250±25 1 250±10 1 250±10	5 000±10
B	25〜20 20〜15	2 500±10 2 500±10	5 000±10
C	15〜10 10〜 5	2 500±10 2 500±10	5 000±10
D	5〜2.5	5 000±10	5 000±10
E	80〜60 60〜50 50〜40	2 500±50 2 500±50 5 000±50	10 000±100
F	50〜40 40〜25	5 000±50 5 000±25	10 000±75
G	40〜25 25〜20	5 000±25 5 000±25	10 000±50
H	20〜10	5 000±10	5 000±10

表3-22 球の数および全質量

粒度区分	球の数	球の全質量 (g)
A	12	5 000±25
B	11	4 580±25
C	8	3 330±25
D	6	2 500±25
E	12	5 000±25
F	12	5 000±25
G	12	5 000±25
H	10	4 160±25

目開き1.18, 2.36, 4.75, 9.5, 16, 19, 26.5, 37.5, 53, 63および75 mmの金属製網ふるい；それぞれ0.6, 1.2, 2.5, 5, 10, 15, 20, 25, 40, 50, 60および80 mmの公称網ふるい)

⑤ 乾燥器（排気口があり，105±5℃を保持できるもの）

⑥ 試料バット（耐熱性のもの）

3.11.3 試料

① 試料は，代表的なものを採取して合理的な方法で縮分し（四分法），2.5, 5, 10, 15, 20, 25, 40, 50, 60および80 mm網ふるいでふるい分ける（試料の粒度に応じた網ふるいを使用）。

② 表3-21に示す粒度区分のうち，試料の粒度に最も近い粒度区分を選び，それに該当する粒径の範囲の骨材を水洗いした後，105±5℃の温度で一定質量となるまで乾燥する。

③ 乾燥させた骨材（絶乾試料）を該当する粒度区分の試料の質量に適合するように1 gまではかり取る。

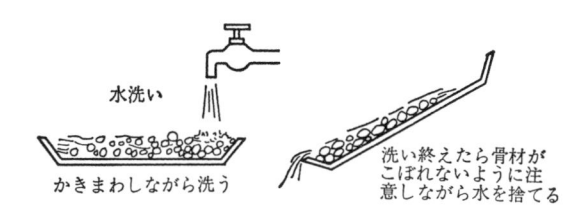

3.11.4 試験方法

① 試料の全質量（m_1）が，表3-21に適合することを確認する。

② 試料の粒度区分に応じて，表3-22から適合する鋼球を選び，これを試料の全量とともに，試験機の円筒に入れる。

③ 円筒にふたを取り付け，毎分30〜33回の回転数で，A，B，C，DおよびHの粒度区分は500回，E，FおよびGの粒度区分は1000回，回転させる。

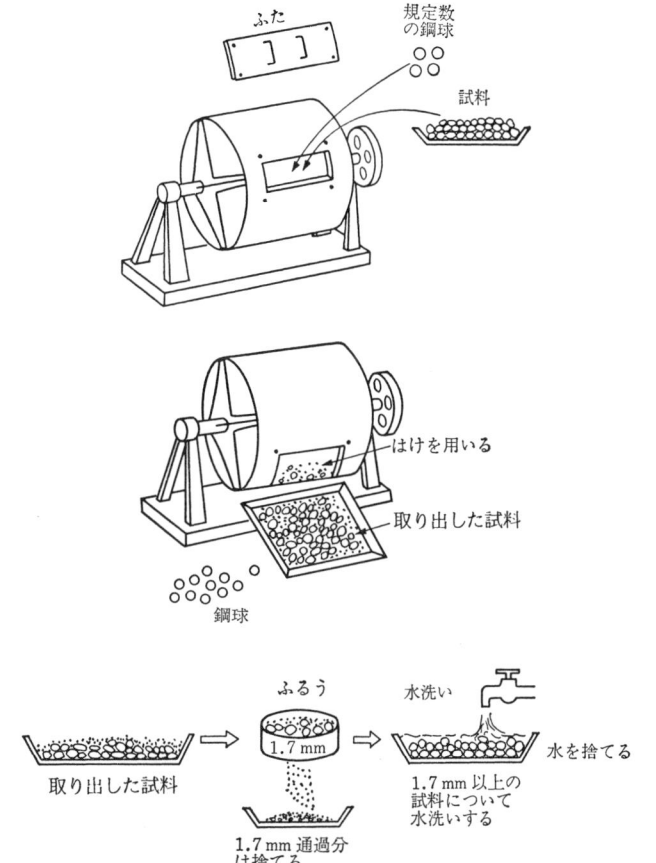

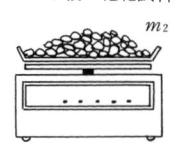

④ 試料を試験機から取り出して1.7 mm網ふるいでよくふるい，ふるいに残った試料を水洗いする（湿式でふるってもよい）。

⑤ 水洗いした試料は，105±5℃の温度で一定質量となるまで乾燥させた後，その質量m_2を1 gまではかる。

3.11.5 試験結果の整理と報告

骨材のすりへり減量R（％）は，次式によって算出し，JIS Z 8401によって小数点以下1けたに丸める。

表 3-23 粗骨材のすりへり試験のデータシート（一例）

実験名	ロサンゼルス試験機による粗骨材のすりへり試験　JIS A 1121				
試験日	○○年○○月○○日○○曜　天候○○　室温○○℃　湿度○○%				
試料	○○産　硬質砂岩　砕石				
試料の粒径範囲（mm）	ふるい分けた試料の質量（g）	ふるい分けた試料の質量百分率(%)	粒度区分	試験前の試料の質量 m_1（g）	試験前の試料の質量百分率（%）
80〜60	0	0		0	0
60〜50	0	0		0	0
50〜40	0	0		0	0
40〜25	202	2		0	0
25〜20	4985	46	B	2504	50
20〜15	5095	47		2501	50
15〜10	508	5		0	0
10〜5	25	0		0	0
5〜2.5	5	0		0	0
2.5〜	0	0		0	0
合計	10820	100		5005	100
球の数（個）と全質量（g）	11（個）				4575（g）
試験機の回転数（回）	500				
1.7 mm ふるいに残った試料質量 m_2（g）	3837				
すりへり損失質量 $m_1 - m_2$（g）	1168				
すりへり減量 $R=(m_1-m_2)/m_1×100$（%）	23.3				
備考					

$$R = \frac{m_1 - m_2}{m_1} \times 100$$

ここに，m_1：試験前の試料の質量（g）
　　　　m_2：試験後に 1.7 mm 網ふるいに残った試料の質量（g）

報告では，試験日，骨材の粒度分布，適用した粒度区分，球の数と全質量およびすりへり減量のほか，必要に応じて，試料の種類，外観，産地（人工骨材の場合は名称），採取場所，採取日などを記載する（**表 3-23 参照**）。

3.11.6 参考資料

① 岩石を立方体に近い粒形に割ったものをロサンゼルス試験機による方法で試験した場合のすりへり減量は，同じ岩石から作った砕石で試験した値の 85 % 程度といわれている[4]。

② 粗骨材のすりへり減量に関する規定としては，3.11.1②に示したもの以外に，JIS A 5308-2003（レディーミクストコンクリート）の附属書 1（規定）レディーミクストコンクリート用骨材に，砂利で 35 % 以下の品質規定がある。なお，砕石・砕砂（JIS A 5005）で 40 % 以下，再生粗骨材H（JIS A 5021）で 35 % 以下という規定はあるが，構造用軽量骨材（JIS A 5002），スラグ骨材（JIS A 5011），溶融スラグ骨材（JIS A 5031）などの人工骨材についての規定はない。

③ 土木学会コンクリート標準示方書維持管理編では，2007 年制定版からコンクリートの劣化機構として新たに「すり減り」が加わり，骨材のすりへり減量は，コンクリートの耐久性に影響を及ぼす指標として重視されている。

④ 車輪や流水による摩耗作用を受ける舗装用コンクリートやダムコンクリートでは，すりへり抵抗性が重要な品質として位置付けられている。土木学会コンクリート標準示方書ダムコンクリート編や舗装編では，すりへり減量の標準を舗装 35 % 以下，ダム 40 % 以下と定めているが，タイヤチェーンなどによるすりへり作用を受ける積雪寒冷地の舗装では 25 % 以下が望ましいとされている。

⑤ JIS A 1120^{-1954}（ドバル試験機による粗骨材のすりへり試験方法）が制定されている。この試験は，ロサンゼルス試験機による本試験と比べ，試験時間が長くなり，試験結果とコンクリートのすりへり抵抗性との相関が劣るといわれており，1963年にJISの確認作業が行われたが，それ以降JISの見直しはされていない。この方法では，30°の角度に取り付けた円筒（内径20 cm，深さ34 cm）に試料と鋼球を入れて回転させ（30〜33 rpm，10000回），すりへり減量を求める。

⑥ ロサンゼルス試験機による方法は，一般に構造用軽量骨材には適用しないが，粒径の範囲が2.5〜5 mmの細骨材には適用できる。

⑦ 粗骨材のすりへり減量とコンクリートのすりへり減量との関係は，ほぼ直線比例関係にある。多孔質で吸水率の高い骨材は，すりへり減量が大きい。

〔第3章 参考文献〕

1) 岡田清ほか：土木材料学，国民科学社，1976．
2) 笠井芳夫・池田尚治：コンクリートの試験方法（上），技術書院，1993．
3) 日本規格協会：JIS A 1121^{-2001}ロサンゼルス試験機による粗骨材のすりへり試験方法，日本規格協会，2001．
4) 笠井芳夫・池田尚治：コンクリートの試験方法（上），技術書院，1993．

第4章
コンクリート

4.1 コンクリートの品質

4.1.1 基本事項

① コンクリートは所要の強度，耐久性，さらに経済性の3つの条件を同時に満足するものでなければならない。このようなコンクリートを作るためには，材料，配合（建築分野では調合と呼ぶ）を適切に選定し，練混ぜ・運搬・打込み・締固め・仕上げ・養生などの施工を適切に行い，これらの全工程が釣合いのとれていることが肝要である。コンクリートの性質は，まだ固まらないコンクリート（フレッシュコンクリート）と硬化コンクリートの性質に分類される。
② フレッシュコンクリートに要求される性質は，運搬・打込み・締固め・仕上げが容易で，しかも材料が分離したり，過度のブリーディング水が生じたりすることなく，適当な軟らかさと組成を持っていることである。
③ 硬化後のコンクリートは，強度・耐久性・水密性など，まだ固まらない状態における性質とは大きく異なる性質を要求される。

4.1.2 フレッシュコンクリートの試験

フレッシュコンクリートの性質を調べる主な試験方法は，**表 4-1** に示すとおりである。

4.1.3 硬化したコンクリートの試験

(1) 強度試験の種類と関連規格

硬化コンクリートの強度は**表 4-2** に示すように，載荷応力の状態によって圧縮，引張り，せん断，ねじり，支圧，付着，疲労，多軸強度などに分けられるが，これらのうち最も重要視されるのは圧縮強度である。これは，圧縮強度がほかの強度に比べて非常に大きいこと，圧縮強度からほか

表 4-1 フレッシュコンクリートの主な試験方法

測定対象	試 験 方 法	規 格
ワーカビリティー	※コンクリートのスランプ試験方法 コンクリートのスランプフロー試験方法 舗装用コンクリートの振動台式コンシステンシー試験方法	JIS A 1101 JIS A 1150 JSCE-F 501
空 気 量	フレッシュコンクリートの単位容積重量試験方法および空気量の重量による試験方法 フレッシュコンクリートの空気量の容積による試験方法 ※フレッシュコンクリートの空気量の圧力による試験方法	JIS A 1116 JIS A 1118 JIS A 1128
配 合 分 析	フレッシュコンクリートの洗い分析試験方法 フレッシュコンクリート中の水の塩化物イオン濃度試験方法	JIS A 1112 JIS A 1144
材 料 分 離	コンクリートのブリーディング試験方法	JIS A 1123
凝 結	コンクリートの凝結時間試験方法	JIS A 1147
試 料 作 製	フレッシュコンクリートの試料採取方法 試験室におけるコンクリートの作り方	JIS A 1115 JIS A 1138

※印の試験方法は本書で説明しているもの

表 4-2 コンクリートの強度試験方法と関連 JIS 規格

試験の種類		JIS 規格
圧縮強度試験	※コンクリートの圧縮強度試験方法	JIS A 1108
	はりの折片によるコンクリートの圧縮強度試験方法	JIS A 1114
	コンクリートからのコアーおよびはりの切取り方法ならびに強度試験方法	JIS A 1107
引張強度試験	※コンクリートの割裂引張強度試験方法, 直接引張強度試験方法	JIS A 1113
曲げ強度試験	※コンクリートの曲げ強度試験方法	JIS A 1106
多軸強度試験	二軸圧縮試験, 三軸圧縮, 圧縮・引張り, 軸圧・ねじり, 軸圧・曲げ	
せん断強度試験	一面および二面せん断	
支圧強度試験		
付着強度試験	引抜き試験による鉄筋とコンクリートの付着強度試験方法	JSCE-G 503
疲労強度試験	片振り, 両振り	
ねじり強度試験		

※印の試験方法は本書で説明しているもの

の強度の概略を推定できること, RC 構造物の設計ではコンクリートに主として圧縮強度を期待していることなどによる。

(2) その他の試験

硬化したコンクリート強度以外の試験は, 目的に応じて多種多様に行われる。今後, 新しい試験が必要となることも考えられるが, 今までのところ表 4-3 に示すような試験がある。

4.2 コンクリート用混和材料

4.2.1 基本事項

① 混和材料とは, セメント, 水, 骨材以外の材料で, 打込みを行う前までに必要に応じてセメントペースト, モルタル, コンクリートに添加し, フレッシュセメントペースト, モルタル, またはコンクリートの性質を改善するものである。

表 4-3 強度試験以外の試験

区分	試験の種類		規格
コンクリートの弾性的性質	※弾性係数		JIS A 1149
	ポアソン比		
	※動弾性係数		JIS A 1127
	クリープ		
	マイクロクラック		
物理化学的性質	単位容積質量		
	長さ変化		JIS A 1129
	水密性（透水性）		
	熱的性質		
	電気的性質		
	耐火性		
	耐久性	凍結融解	JIS A 1148
		化学抵抗性	
		中性化	
		アルカリ骨材反応	JCI-AAR-3

※印の試験方法は本書で説明しているもの

② 混和材料の効果は，セメントや骨材の品質，配合，温度などにより著しく異なることから，使用にあたっては試験または調査によってこれを確かめなければならない。
③ 土木学会コンクリート標準示方書では，混和材料を便宜的に混和材と混和剤に大別している。

4.2.2 分 類

(1) 混和材
混和材料のうち使用量が比較的多くて，それ自体の容積がコンクリートの配合計算に関係するもの。
① ポゾラン活性が利用できるもの……フライアッシュ，シリカフューム，火山灰，けい酸白土，けい藻土
② 主として潜在水硬性が利用できるもの……高炉スラグ微粉末
③ 硬化過程において膨張を起こさせるもの……膨張材
④ オートクレーブ養生によって高強度を生じさせるもの……けい酸質微粉末
⑤ 着色させるもの……着色材
⑥ その他……高強度用混和材，ポリマー，増量材等

(2) 混和剤
混和材料のうち，使用量が比較的少なくて，コンクリートの配合計算において無視されるもの。
① ワーカビリティー，耐凍害性などを改善させるもの……AE剤，AE減水剤
② ワーカビリティーを向上させ，所要の単位水量および単位セメント量を減少させるもの……減水剤，AE減水剤
③ 大きな減水効果が得られ，強度を著しく高めることも可能となるもの……高性能減水剤
④ 所要の単位水量を著しく減少させ，耐凍害性も改善させるもの……高性能AE減水剤
⑤ 配合や硬化後の品質を変えることなく，流動性を大幅に改善させるもの……流動化剤
⑥ 粘性を増大させ，水中においても材料分離を生じにくくさせるもの……水中不分離混和剤
⑦ 凝結，硬化時間を調節するもの……促進剤，急結剤，遅延剤，超遅延剤
⑧ 泡の作用により充填性を改善したり重量を調節するもの……起泡剤，発泡剤
⑨ 増粘または凝集作用により，材料分離を抑制させるもの……ポンプ圧送剤
⑩ 流動性を改善し，適当な膨張性を与えて充填性と強度を改善するもの……プレパックドコンクリート用混和剤，高強度プレパックドコンクリート用混和剤，間隙充填モルタル用混和剤
⑪ 塩化物による鉄筋の腐食を抑制させるもの……鉄筋コンクリート用防錆剤
⑫ その他……防水剤，保水剤，防凍・耐寒剤，乾燥収縮低減剤，水和熱抑制剤，粉じん低減剤等

4.2.3 コンクリート用フライアッシュ
(JIS A 6201-1999(2004確認))

フライアッシュは，火力発電所その他における微粉炭の燃焼時に副産物として生成される微細な球形粒子である。微粉炭の品質および燃焼方法，フライアッシュ採取設備などによってその品質が相違するので，重要な工事にフライアッシュを用いる場合には，その品質ならびに品質の均一性について十分な試験を行う必要がある。**表 4-4** は JIS A 6201 に設けられている品質規格である。

4.2.4 コンクリート用シリカフューム
(JIS A 6207-2006)

シリカフュームは金属シリコン，フェロシリコンを製造する際に発生する非結晶質 SiO_2 を主成分とする球形の超微粒子で，その大きさはフライアッシュよりもはるかに小さい。**表 4-5** は JIS A 6207 に設けられている品質規格である。

4.2.5 コンクリート用高炉スラグ微粉末
(JIS A 6206-1997(2002確認))

製鋼の過程において高炉上部に溶融状態で存在する高炉スラグを水で急冷した水砕スラグを乾燥，粉砕したものまたはこれにせっこうを添加したものが高炉スラグ微粉末である。**表 4-6** は JIS A 6206 に設けられている品質規格である。

表 4-4 フライアッシュの品質

項目	種類	フライアッシュⅠ種	フライアッシュⅡ種	フライアッシュⅢ種	フライアッシュⅣ種
二酸化けい素	(%)	45.0 以上			
湿分	(%)	1.0 以上			
強熱減量*1	(%)	3.0 以下	5.0 以下	8.0 以下	5.0 以下
密度	(g/cm³)	19.5 以上			
粉末度*2	45μmふるい残分*3 (%)	10 以下	40 以下	40 以下	70 以下
	比表面積 (cm²/g)	5000 以上	2500 以上	2500 以上	1500 以上
フロー値比	(%)	105 以上	95 以上	85 以上	75 以上
活性度指数(%)	材齢 28 日	90 以上	80 以上	80 以上	60 以上
	材齢 91 日	100 以上	90 以上	90 以上	70 以上

注＊1 強熱減量に代えて，未燃炭素含有率の測定を JIS M 8819 または JIS R 1603 に規定する方法で行い，その結果に対し強熱減量の規定値を適用してもよい。
　＊2 粉末度は，網ふるい法またはブレーン法による。
　＊3 粉末度を網ふるい法による場合は，ブレーン法による比表面積の試験結果を参考結果として併記する。

表 4-5 シリカフュームの品質

項目		品質規格
二酸化けい素	(%)	85 以上
酸化マグネシウム	(%)	5.0 以下
三酸化硫黄	(%)	3.0 以下
遊離酸化カルシウム	(%)	1.0 以下
遊離けい素	(%)	0.4 以下
塩化物イオン	(%)	0.10 以下
強熱減量	(%)	5.0 以下
湿分*1	(%)	3.0 以下
比表面積（BET 法）	(m²/g)	15 以上
密度	(g/cm²)	＊2
活性度指数	材齢 7 日	95 以上
	材齢 28 日	105 以上

注＊1 粉体シリカフュームおよび粒体シリカフュームに適用する。
　＊2 密度は，試験値とする。

表 4-6 高炉スラグ微粉末の品質

品質	種類	高炉スラグ微粉末 4000	高炉スラグ微粉末 6000	高炉スラグ微粉末 8000
密度	(g/cm³)	2.80 以上	2.80 以上	2.80 以上
比表面積	(cm²/g)	3000 以上 5000 未満	5000 以上 7000 未満	7000 以上 10000 未満
活性度指数 (%)	材齢 7 日	55 以上＊	75 以上	95 以上
	材齢 28 日	75 以上	95 以上	105 以上
	材齢 91 日	95 以上	105 以上	105 以上
フロー値比	(%)	95 以上	90 以上	85 以上
酸化マグネシウム	(%)	10.0 以下	10.0 以下	10.0 以下
三酸化硫黄	(%)	4.0 以下	4.0 以下	4.0 以下
強熱減量	(%)	3.0 以下	3.0 以下	3.0 以下
塩化物イオン	(%)	0.02 以下	0.02 以下	0.02 以下

注＊　この値は，受渡当事者間の協定によって変更してもよい。

4.2.6 コンクリート用化学混和剤
（JIS A 6204-2006）

(1) 混和剤の種類および品質規格

表 4-7 は JIS A 6204 に規定されるコンクリート用化学混和剤の種類を性能によって示したものである。

また，混和剤からコンクリートに供給される塩化物イオン量の多少によってⅠ種（塩化物量 0.02 kg/m³ 以下），Ⅱ種（塩化物量 0.02 を超え 0.20 kg/m³ 以下），Ⅲ種（塩化物量 0.20 を超え 0.60 kg/m³ 以下）に分類する。

全アルカリ量は 0.30 kg/m³ 以下でなければならない。

(2) 混和剤の使用量

一般に混和剤の添加量は使用セメントに対する質量％で表される。AE 剤，AE 減水剤では剤の添加量に比例して空気量はほぼ直線的に増加するが，その程度は製品の種類や骨材の形状，粒表度，配合等によって相違する。所要の空気量を得るための添加量は，メーカーの推奨する使用量を参考にして，試験を行って決定する。

また減水剤の使用量は増加分に比例して効果が顕著になるというものでなく，むしろ逆に悪影響

第 4 章　コンクリート

表 4-7　化学混和剤の性能

項目	AE 剤	高性能減水剤	硬化促進剤	減水剤 標準形	減水剤 遅延形	減水剤 促進形	AE 減水剤 標準形	AE 減水剤 遅延形	AE 減水剤 促進形	高性能 AE 減水剤 標準形	高性能 AE 減水剤 遅延形	流動化剤 標準形	流動化剤 遅延形
減水率 (%)	6 以上	12 以上	—	4 以上	4 以上	4 以上	10 以上	10 以上	8 以上	18 以上	18 以上	—	—
ブリーディング量の比 (%)	—	—	—	—	100 以下	—	—	70 以下	70 以下	60 以下	70 以下	—	—
ブリーディング量の差 (cm^3/cm^2)	—	—	—	—	—	—	—	—	—	—	—	0.1 以下	0.2 以下
凝結時間の差分 始発	−60~+60	+90 以下	—	−60~+90	+60~+210	+30 以下	−60~+90	+60~+210	+30 以下	−60~+90	+60~+210	−60~+90	−60~+210
凝結時間の差分 終結	−60~+60	+90 以下	—	−60~+90	0~+210	0 以下	−60~+90	0~+210	0 以下	−60~+90	0~+210	−60~+90	0~+210
圧縮強度比 % 材齢1日	—	—	120 以上	—	—	—	—	—	—	—	—	—	—
材齢2日（5°C）	—	—	130 以上	—	—	—	—	—	—	—	—	—	—
材齢7日	95 以上	115 以上	90 以上	110 以上	110 以上	115 以上	110 以上	110 以上	115 以上	125 以上	125 以上	90 以上	90 以上
材齢28日	90 以上	110 以上	—	110 以上	110 以上	110 以上	110 以上	110 以上	110 以上	115 以上	115 以上	90 以上	90 以上
長さ変化比 (%)	120 以下	110 以下	130 以下	120 以下	120 以下	120 以下	120 以下	120 以下	120 以下	110 以下	110 以下	120 以下	120 以下
凍結融解に対する抵抗性（相対動弾性係数 %）	60 以上	—	—	—	—	—	60 以上	60 以上	60 以上	60 以上	60 以上	60 以上	60 以上
経時変化量 スランプ (cm)	—	—	—	—	—	—	—	—	—	6.0 以下	6.0 以下	4.0 以上	4.0 以下
空気量 (%)	—	—	—	—	—	—	—	—	—	±1.5 以内	±1.5 以内	±1.0 以内	±1.0 以内

が表れることが多いので，メーカーの推奨量を厳守するよう十分注意を払う必要がある。

(3) 混和剤の品質試験

混和剤の品質試験にあたっては，これを用いた場合のコンクリートの諸性質と基準コンクリートの諸性質により，表4-7の規定に適合し，使用目的に応じる効果が得られているかどうかを検討する。

4.2.7 その他の混和材料規格

① コンクリート用膨張材……表4-8（JIS A 6202-1997(2002確認)）
② 鉄筋コンクリート用防せい剤……表4-9（JIS A 6205-2003）
③ コンクリート用水中不分離性混和剤……表4-10（JSCE）

表4-8 コンクリート用膨張材

項目			規定値
化学成分	酸化マグネシウム	(%)	5.0以下
	強熱減量	(%)	3.0以下
	全アルカリ	(%)	0.75以下
	塩化物イオン	(%)	0.05以下
物理的性質	比表面積	(cm²/g)	2 000以上
	1.2 mm ふるい残分 *1	(%)	0.5以下
	凝結	始発 (min)	60以後
		終結 (h)	10以内
	膨張性 (%)（長さ変化率）	材齢 7日	0.025以上
		材齢 28日	−0.015以上
	圧縮強さ N/mm²	材齢 3日	12.5以上
		材齢 7日	22.5以上
		材齢 28日	42.5以上

注）*1 1.2 mm ふるいは，JIS Z 8801に規定する呼び寸法1.18 mmの網ふるいである。

表4-9 防錆剤の品質

項目		規定	試験方法
腐食の状況（目視）		腐食が認められないこと	5.1による
防せい率 %		95以上	5.2による
コンクリートの凝結時間の差 (min)	始発	−60 ～ +60	5.3による
	終結	−60 ～ +60	
コンクリートの圧縮強度比 (%)	材齢 7日	90以上	
	材齢 28日	90以上	

表4-10 水中不分離性混和剤の性能規定

品質項目	種類	標準形	遅延形
ブリーディング率（%）		0.01以下*1	0.01以下*1
空気量（%）		4.5以下	4.5以下
スランプフローの経時低下量（cm）	30分後	3.0以下	—
	2時間後	—	3.0以下
水中分離度	懸濁物質量（mg/L）	50以下	50以下
	pH	12.0以下	12.0以下
凝結時間（時間）	始発	5以上	18以上
	終結	24以内	48以内
水中作製供試体の圧縮強度（N/mm²）	材齢 7日	15.0以上	15.0以上
	材齢 28日	25.0以上	25.0以上
水中気中強度比*2（%）	材齢 7日	80以上	80以上
	材齢 28日	80以上	80以上

注）*1 この値は，ブリーディング試験結果の表示の最小値であって，実質的にはブリーディングが認められないことを意味する。
*2 気中作製供試体の圧縮強度に対する水中作製供試体の圧縮強度の比率。

4.3 配合（調合）設計方法

4.3.1 配合（調合）設計の基本方針

コンクリートの配合（調合）設計とは，均質，所要の強度，耐久性，水密性，ひび割れ抵抗性，鋼材を保護する性能および作業に適するワーカビリティーをもったコンクリートが，経済的に得られるように，セメント，水，骨材および混和材料の配合を定めることである。

コンクリートの配合は，設計者等により示された目標とするコンクリートの性能を保証するものであればよいのであるが，一般的に配合の選定には次の条件を満足する必要がある。

① 作業が可能な範囲で単位水量はできるだけ少なくする。
② 打込みに支障のない範囲で，粗骨材はできるだけ最大寸法の大きいものを用いる。
③ 所要の強度，耐久性，ひび割れ抵抗性，および鋼材保護性能を備える。
④ 水密性が要求される場合は水密な配合とする。

4.3.2 配合（調合）設計の順序と方法

コンクリートの配合（調合）設計は，目標性能を達成するための配合条件の設定および暫定配合の設定を行い，試し練りを行い，確認・修正を行うものであり，原則として図4-1に示す順序で行う。なお，本書は主として土木学会コンクリート標準示方書[1)～3)]および舗装標準示方書[4)]の方法に準じる。

注1) 実際に使用するコンクリート材料の配合設計に必要な物理的性質を十分に調査し，その結果を用いて試験配合を選定する。

注2) 示方書または責任技術者によって指示される配合で，一般にコンクリート1m³を作るときに用いる材料の量すなわち単位量で示し，骨材は表面乾燥飽水状態であり，細骨材はすべて5mmふるいを通るもの，粗骨材はすべて5mmふるいにとどまるものとした配合である。

注3) 実際に現場で1バッチずつ計量する量を示したもので，示方配合が得られるように細骨材中の5mmふるいにとどまる量，粗骨材中の5mmふるい通過量，表面水などの補正を行った配合である。

4.3.3 使用機器

① ミキサ（容量が50～100L程度の重力式か強制練り（硬練りコンクリート用）ミキサ）
② はかり，材料容器，練り板，角スコ，スランプ試験器一式，エアメータ式
③ 強度試験用型枠，養生装置，強度試験装置

4.3.4 材料の準備

① セメントの密度，骨材の密度，吸水率，粒度および単位容積質量などの試験を行う。
② 粗骨材は5mmふるい上で水洗いし，十分に吸水させたものを乾いた布でぬぐい，表面乾燥飽水（表乾）状態にする。なお，粗骨材は各粒度別にしておき，使用にあたって所定の割合に再配合し，粒度の変動を避けるのがよい。
③ 細骨材は5mmふるいにとどまる粒を除去し，表乾状態にする。

4.3.5 暫定の配合（調合）設計

ここではコンクリートの目標性能として，スランプ，圧縮強度および耐久性を考えることとする。まず，設定した配合条件に基づき，試し練りの基準となる暫定の配合を設定する。

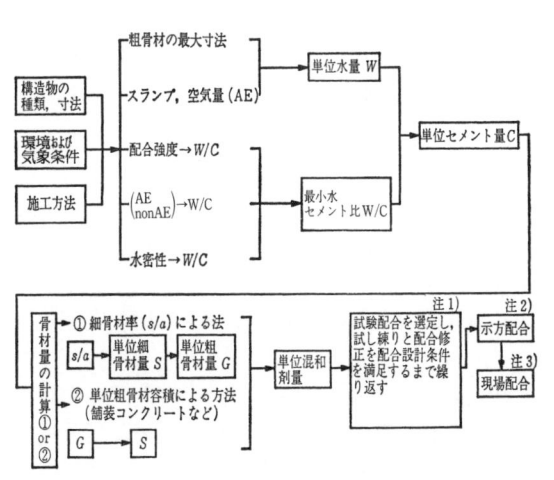

図4-1 配合（調合）設計の手順

(1) 粗骨材最大寸法の選定

粗骨材最大寸法の制限および標準値は，表 4-11 に示すとおりである。

表 4-11　粗骨材の最大寸法の標準値[1),4),5)]

構造条件	粗骨材の最大寸法
最小断面寸法が 1000 mm 以上かつ，鋼材の最小あきおよびかぶりの 3/4＞40 mm の場合	40 mm
上記以外の場合	20 mm または 25 mm
舗装用コンクリート	40 mm 以下
ダムコンクリート	150 mm 程度以下

(2) スランプの選定

コンクリートのスランプは実施工を考えた場合，運搬や時間経過，ポンプ圧送に伴うスランプの低下などは非常に重要な項目であるが，本書は土木材料実験指導書という性格上スランプロスについては特に考慮しないこととする。

コンクリートのスランプは，作業に適する範囲内でできるだけ小さくなるように，また材料分離を生じないように設定する。柱およびはり部材の場合を例に，打込みの最小スランプの目安を示すと表 4-12，表 4-13 のようである。

表 4-12　柱部材における打込みの最小スランプの目安 (cm)[1)]

かぶり近傍の有効換算鋼材量	鋼材の最小あき	締固め作業高さ		
		3 m 未満	3 m 以上～5 m 未満	5 m 以上
700 kg/m³ 未満	50 mm 以上	5	7	12
	50 mm 以上	7	9	15
700 kg/m³ 以上	50 mm 以上	7	9	15
	50 mm 以上	9	12	15

表 4-13　はり部材における打込みの最小スランプの目安 (cm)[1)]

鋼材の最小あき	締固め作業高さ		
	0.5 m 未満	0.5 m 以上～1.5 m 未満	1.5 m 以上
150 mm 以上	5	6	8
100 mm 以上～150 mm 未満	6	8	10
80 mm 以上～100 mm 未満	8	10	12
60 mm 以上～80 mm 未満	10	12	14
60 mm 未満	12	14	16

(3) 水セメント比の選定

力学的性能，耐久性，水密性およびその他の性能を考慮して選定したそれぞれの水セメント比のうち最小のものにする。

(a) 強度をもとにして水セメント比を定める場合

適切と思われる範囲内で3種以上異なったセメント水比 C/W（配合強度に相当する C/W がほぼ中央にくるような範囲とする）を用いたコンクリートについて試験し，C/W-f'_c 線をつくる。一般構造物の場合には f'_c は材齢 28 日のコンクリートの圧縮強度[注4)]である。AE コンクリートの場合は，所要の空気量のコンクリートで供試体を作る。各 C/W に対する f'_c の値は配合試験における誤差を小さくするため，2 バッチ以上のコンクリートから作った供試体における平均値をとるのが望ましい。混和材として，結合材の効果も期待できるものを用いる場合には，W/C の分母をセメントの質量と混和材の質量との和としてもよい。AE コンクリートの場合には，C/W と f'_c との関係は空気量によって相違するが，空気量が一定の場合には，C/W と f'_c の関係はほぼ直線式で表すことができる。

注4) ダムコンクリートの場合は上述した C/W-f'_c 線の f'_c について，材齢 91 日のコンクリートの圧縮強度となり，舗装用コンクリートの場合は一般に材齢 28 日の曲げ強度となる。

コンクリートの強度 f'_c とセメント水比 C/W との関係は次式で示される。

$$f'_c = A \cdot C/W + B$$

ここに，A, B：実験定数であり，最小自乗法で定める。

配合に用いる水セメント比は，基準とした材齢における圧縮強度 f'_c とセメント水比 C/W との関係式において，配合強度 f'_{cr} に相当するセメント水比の値の逆数とする。この f'_{cr} は設計基準強度 f'_{ck} に適当な係数 α を乗じて割増したものとする。

$$f'_{cr} = \alpha f'_{ck}$$

ここで，α は現場で予想されるコンクリート強度の変動係数（V）に応じて求めた割増係数。この α は，図 4-2 の曲線より求めた値以上とする。

(b) 耐久性をもとにして水セメント比を定める場合

コンクリートは構造物が設計供用期間において所要の性能を発揮するためには，必要な耐久性を有しなければならない。耐久性は，ある作用のも

図 4-2 配合設計に用いる割増係数の標準[1),4),5)]

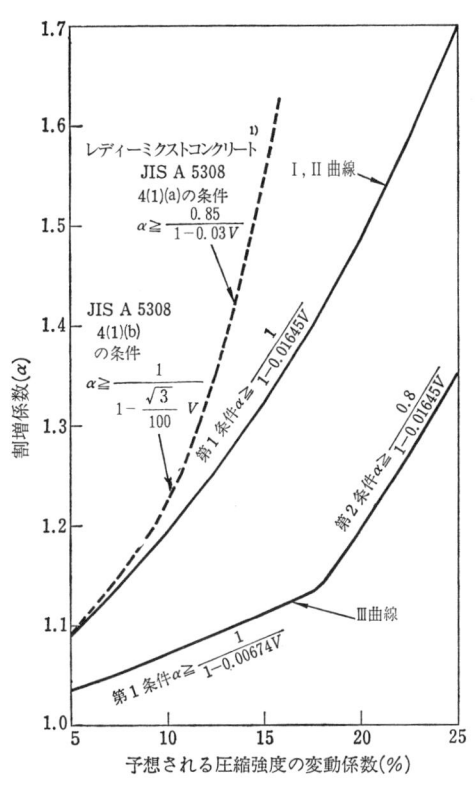

曲線	第1条件		第2条件		備考
	最低強度	確率	最低強度	確率	
I	f'_{ck}	1/20	—	—	一般構造物
II	f'_{ck}	1/20	—	—	舗装コンクリート
III	f'_{ck}	1/4	$0.8f'_{ck}$	1/20	ダムコンクリート

(グラフ中の式)
レディーミクストコンクリート JIS A 5308 4(1)(a)の条件 $\alpha \geqq \dfrac{0.85}{1-0.03V}$

JIS A 5308 4(1)(b)の条件 $\alpha \geqq \dfrac{1}{1-\dfrac{\sqrt{3}}{100}V}$

I,II曲線 第1条件 $\alpha \geqq \dfrac{1}{1-0.01645V}$

第2条件 $\alpha \geqq \dfrac{0.8}{1-0.01645V}$

III曲線 第1条件 $\alpha \geqq \dfrac{1}{1-0.00674V}$

とで構造物中の材料の経時的劣化により生じる性能の低下に対する抵抗性であり，その作用には中性化，塩害，凍害，化学的侵食，アルカリ骨材反応など多くの要因がある。

コンクリートの耐久性に及ぼす配合上の要因の中で水セメント比は最も重要なものであり，水セメント比が大きくなるとコンクリートの耐久性は低下することから，原則として65％以下とすることが定められているとともに，AEコンクリートとすることが定められている。なお，化学的侵食に対する抵抗性を確保するための最大水セメント比としては表4-14に示すように定められている。

海洋環境におけるコンクリートは，凍結融解作用や海水中に含まれる各種塩類による化学的作用などを受け経時的材料劣化，鋼材の腐食などを生じる恐れがある。このような作用に対して耐久性能を有するためには，水セメント比と単位セメント量および空気量が重要な役割を果たす。海洋コンクリートの耐久性から定まる標準的なAEコンクリートの水セメント比の最大値が表4-15に示されている。さらに，設計時にかぶりを考慮して，塩化物イオンの浸透抵抗性の照査から決定された水セメント比より小さくしなければならない。

表 4-14 化学的侵食に対する抵抗性を確保するための最大水セメント比[1)]

劣化環境	最大水セメント比（％）
SO_4 として 0.2％以上の硫酸塩を含む土や水に接する場合	50
凍結防止剤を用いる場合	45

表 4-15 海洋コンクリート構造物における耐久性から定まる AE コンクリートの最大の水セメント比[1)]（％）

施工条件 環境区分	一般の現場施工の場合	工場製品または材料の選定および施工において，工場製品と同等以上の品質が保証される場合
海上大気中	45	50
飛沫帯	45	45
海中	50	50

注）実績，研究成果等により確かめられたものについては最大の水セメント比を上表の値に5～10加えた値としてよい。

(4) 単位水量および細骨材率の選定

単位水量は，作業のできる範囲内でできるだけ少なくなるように，試験によってこれを定める。単位水量の上限は 175 kg/m³ を標準とする。なおこの上限を超える場合には，所要の耐久性を満足することを確認しなければならない。コンクリートの単位水量の推奨値として表4-16が示されている。なお，単位水量の推定には表4-17が利用できる。

なお，高流動コンクリートなどのスランプフロ

表 4-16 コンクリートの単位水量の推奨範囲[1)]

粗骨材の最大寸法	単位水量の範囲（kg/m³）
20～25 mm	155～175
40 mm	145～165

表 4-17 コンクリートの単位粗骨材かさ容積，細骨材率および単位水量の概略値[1]

粗骨材の最大寸法 (mm)	単位粗骨材容積 (m³/m³)	AE コンクリート				
		空気量 (%)	AE 剤を用いる場合		AE 減水剤を用いる場合	
			細骨材率 s/a (%)	単位水量 W (kg)	細骨材率 s/a (%)	単位水量 W (kg)
15	0.58	7.0	47	180	48	170
20	0.62	6.0	44	175	45	165
25	0.67	5.0	42	170	43	160
40	0.72	4.5	39	165	40	155

注)(1) この表に示す値は，全国の生コンクリート工業組合の標準配合などを参考にして決定した平均的な値で，骨材として普通の粒度の砂（粗粒率 2.80 程度）および砕石を用い，水セメント比 0.55 程度，スランプ約 8 cm のコンクリートに対するものである。
(2) 使用材料またはコンクリートの品質が(1)の条件と相違する場合には，上記の表の値を下記により補正する。

区　　分	s/a の補正 (%)	W の補正
砂の粗粒率が 0.1 だけ大きい(小さい)ごとに	0.5 だけ大きく(小さく)する	補正しない
スランプが 1 cm だけ大きい(小さい)ごとに	補正しない	1.2 % だけ大きく(小さく)する
空気量が 1 % だけ大きい(小さい)ごとに	0.5〜1 だけ小さく(大きく)する	3 % だけ小さく(大きく)する
水セメント比が 0.05 大きい(小さい)ごとに	1 だけ大きく(小さく)する	補正しない
s/a が 1 % 大きい(小さい)ごとに	—	1.5 kg だけ大きく(小さく)する
川砂利を用いる場合	3〜5 だけ小さくする	9〜15 kg だけ小さくする

なお，単位粗骨材容積による場合は，砂の粗粒率が 0.1 だけ大きい(小さい)ごとに単位粗骨材容積を 1 % だけ小さく(大きく)する。

ーで流動性を評価するコンクリートにおいても，上表の範囲を目安として単位水量を定めるのがよい。

細骨材率は，所要のワーカビリティーが得られる範囲内で単位水量が最小となるよう試験によって定める。一般に，細骨材率が小さくなるほど，同じスランプのコンクリートを得るのに必要な単位水量は少なくなる傾向にある。しかしながら，細骨材率の低下は粗々しさの増加と材料分離の傾向が強くなるため，適切な細骨材率を試験によって選定することが重要である。なお，高性能 AE 減水剤を用いたコンクリートの場合は通常の AE 減水剤を用いたコンクリートと比較して細骨材率を 1〜2 % 大きくすると良好な結果が得られることが多い。

舗装用コンクリートでは，細骨材率の代わりにコンクリート中に占める粗骨材の容積（単位粗骨材容積）が用いられ，表 4-18 を参考にする。なお，建築用コンクリートの配合設計（調合）では，単位粗骨材容積法を用いており，その場合の砂の粗粒率（FM）と単位粗骨材かさ容積との関係については表 4-19 を参考にしている。また，表 4-19 に対応して単位水量の標準値を示すと表 4-20 となる。

上述のように従来舗装用コンクリートや建築用コンクリートにおいて粗骨材容積法が用いられてきたが，近年はその他のコンクリートにおいても必要に応じてその方法が用いられているようである。これは，コンクリートは大きなスランプになるほど細骨材率の変化とワーカビリティーの良否との関係が不明確になりやすく，粗骨材の単位容積質量を定めた方がより適切に配合を選定できる場合があるためとされる。

(5) 単位セメント量

すでに単位水量と水セメント比が定まっているので，単位セメント量は，単位水量と W/C から求める。

単位セメント量は，鉄筋コンクリート部材では一般に 300 kg/m³ 以上，水中コンクリートでは一般の場合 370 kg/m³ 以上，場所打ち杭等の場

第 4 章　コンクリート

表 4-18　舗装用コンクリートの単位水量および単位粗骨材量の参考表[4]

この表の値は，粗粒率 FM＝2.80 の細骨材を用いた沈下度 30 秒（スランプ約 2.5 cm）の AE コンクリートで，ミキサから排出直後のものに適用する。

粗骨材の最大寸法 (mm)	砂利コンクリート		砕石コンクリート	
	単位粗骨材容積	単位水量（kg）	単位粗骨材容積	単位水量（kg）
40	0.76	115	0.73	130
30		120		135
25		125		140
20		125		140

上記と条件の異なる場合の補正		
条件の変化	単位粗骨材容積	単位水量
細骨材の粗粒率（FM）の増減に対して	単位粗骨材容積＝（上記単位粗骨材容積）×(1.37−0.133 FM)	補正しない
沈下度 10 秒の増減に対して	補正しない	2.5 kg の減増
空気量 1 ％の増減に対して		2.5 ％の減増

注)(1) 砂利に砕石が混入している場合の単位水量および単位粗骨材容積は，上記表の値が直線的に変化するものとして求める。
(2) 単位水量と沈下度との関係は（log 沈下度）～単位水量が直線関係にあって，沈下度 10 秒の変化に相当する単位水量の変化は，沈下度 30 秒程度の場合は 2.5 kg，沈下度 50 秒程度の場合は 1.5 kg，沈下度 80 秒程度の場合は 1 kg である。
(3) スランプ 6.5 cm の場合の単位水量は上記表の値より 8 kg 増加する。
(4) 単位水量とスランプとの関係は，スランプ 1 cm の変化に相当する単位水量の変化は，スランプ 8 cm 程度の場合は 1.5 kg，スランプ 5 cm 程度の場合は 2 kg，スランプ 2.5 cm 程度の場合は 4 kg，スランプ 1 cm 程度の場合は 7 kg である。
(5) 細骨材の FM 増減に伴う単位粗骨材容積の補正は，細骨材の FM が 2.2〜3.3 の範囲にある場合に適用される式を示した。
(6) 高炉スラグ粗骨材コンクリートの場合は表に示されている砕石コンクリートと同じとしてよい。
(7) 単位粗骨材容積は，コンクリート 1 m³ に用いる粗骨材のかさ容積で，次式で示される。

$$\text{単位粗骨材容積}＝\frac{\text{コンクリート 1 m}^3 \text{に用いる粗骨材の質量(kg/m}^3)}{\text{JIS A 1104 に示す方法で求めた粗骨材の単位容積質量(kg/m}^3)}$$

表 4-19　普通ポルトランドセメントを用いる砂・砂利コンクリートの単位粗骨材かさ容積の標準値（m³/m³）[6]

水セメント比(%)	スランプ(cm)	砂利の最大寸法 (mm) 25			20		
		砂の粗粒率 3.3 (5 mm)	2.8 (2.5 mm)	2.2 (1.2 mm)	3.3 (5 mm)	2.8 (2.5 mm)	2.2 (1.2 mm)
40〜60	8〜15 以下	0.64	0.69	0.74	0.62	0.67	0.72
	18	0.59	0.64	0.69	0.58	0.63	0.68
65	8〜15 以下	0.63	0.68	0.73	0.61	0.66	0.71
	18	0.58	0.63	0.68	0.57	0.62	0.67

注）表中にない値は，補間によって求める。

合 350 kg/m³ 以上，舗装コンクリートでは 280〜350 kg/m³ を標準とし，ダムコンクリートの場合，重力ダムの内部コンクリートでは 140〜160 kg/m³ 程度，RCD 用コンクリートでは 120〜130 kg/m³ 程度としている例が多い。さらにプレストレストコンクリートでは，プレテンション方式の場合 350 kg/m³ 以上，ポストテンション方式では 300 kg/m³ 以上とする。海洋鉄筋コンクリート構造物における耐久性から定まる単位セメント量は**表 4-21** の値以上とすることが望ましい。

高性能 AE 減水剤を用いたコンクリートの場合は，単位セメント量が少ないとワーカビリティの低下とともにスランプロスが大きくなる傾向があ

表 4-20 普通コンクリートの単位水量の標準値（普通ポルトランドセメントを用いる砂・砂利コンクリートの場合）(kg/m³)[6]

水セメント比(%)	砂利の最大寸法(mm)	25			20		
	砂の粗粒率	3.3 (5 mm)	2.8 (2.5 mm)	2.2 (1.2 mm)	3.3 (5 mm)	2.8 (2.5 mm)	2.2 (1.2 mm)
	スランプ(cm)						
40	8	170	171	176	172	173	180
	12	181	182	186	183	187	190
	15	192	193	195	194	197	202
	18	201	205	208	205	209	212
45	8	165	163	173	168	171	176
	12	176	179	183	179	183	186
	15	185	188	191	187	192	195
	18	196	199	201	201	203	205
50	8	162	167	171	165	170	174
	12	172	176	180	175	178	182
	15	180	183	186	184	187	190
	18	191	194	197	195	197	195
55	8	161	166	170	164	169	173
	12	171	174	178	173	177	180
	15	177	180	184	181	184	188
	18	188	191	194	192	195	198
60〜65	8	161	165	169	163	168	172
	12	169	173	176	172	175	179
	15	176	179	182	180	183	186
	18	186	189	192	190	193	196

注）(1) 表中にない値は，補間によって求める。
(2) 本表に用いた骨材の単位容積質量および実積率の値は以下の表のとおりである。

	単位容積質量 (kg/L)	実積率 (%)
砂利の最大寸法 25 mm	1.70	65.4
〃　　　　　　 20 mm	1.65	63.5
砂 の 粗 粒 率 3.3 (5 mm)	1.75	67.3
〃　　　　　 2.8 (2.5 mm)	1.70	65.4
〃　　　　　 2.2 (1.2 mm)	1.60	61.5

(3) 砂の粗粒率の欄の（　）内は，その粗粒率をもつ標準的な砂の"最大寸法"に相当するものである（以下同じ）。
(4) 本表は化学混和剤を用いないプレーンコンクリートの場合の値であり，単位水量が 200 kg/m³ を超えているものも示している。
(5) 単位水量が 185 kg/m³ を超える場合は，化学混和剤・流動化剤などを用いてできるだけ 185 kg/m³ 以下となるようにする。

表 4-21 耐久性から定まる海洋コンクリートの最小単位セメント量(kg/m³)[1]

粗骨材の最大寸法 環境区分	25 (mm)	40 (mm)
飛沫帯および海上大気中	330	300
海　　　　中	300	280

るので，単位セメント量は粗骨材最大寸法が20〜25 mm の場合は少なくとも 270 kg/m³ 以上，40 mm の場合には 250 kg/m³ 以上は確保し，300 kg/m³ 以上とするのが望ましい。また，近年はセメント以外にも粉体として，高炉スラグ微粉末，フライアッシュ，シリカヒューム，石灰石微粉末などが用いられている。これらの粉体量の総和が単位粉体量と呼ばれ，セメント量の推奨値と同じ程度の単位量が推奨されている。なお，新示方書ではコンクリートの充填性をコンクリートの「流動性」と「材料分離抵抗性」により決まるとしており，流動性をスランプで，また材料分離抵抗性を単位粉体量で評価することとしている（本来は水セメント比で評価するのが妥当とされるが，実務的に簡便な方法として単位粉体量が採用されている）。

(6) 空気量，AE剤量等

AEコンクリートの適当な空気量は，粗骨材の最大寸法，その他に応じてコンクリート容積の4〜7％を標準とし，**表 4-17** に示す値が標準である。軽量骨材コンクリートは普通コンクリートより1％大きい空気量を有するAEコンクリートとするのを標準とする。

舗装用コンクリートの場合は，一般の場合と同様に4〜7％を標準とし，ダムコンクリートの場合は**表 4-22** に示す値を標準とし，これを満足するには，25 mm ふるいでウェットスクリーニングを行った試料の空気量を4〜7％にする必要がある。海洋コンクリートは**表 4-23** に示す値を標準とする。なお，AE剤あるいは減水剤の使用量は目安としてメーカーの推奨値を用いるとよい。

表 4-22 有スランプAEコンクリートの空気量の標準

粗骨材の最大寸法(mm)	運搬，締固めを終了したときの空気量(%)
150	3.0±1.0
80	3.5±1.0
40	4.0±1.0

表 4-23 海洋コンクリートの空気量の標準値（％）[1]

環境条件およびその区分		粗骨材の最大寸法 (mm)	
		20 または 25	40
凍結融解作用を受ける恐れのある場合	(a) 海上大気中	5.0	4.5
	(b) 飛沫帯および干満帯	6.0	5.5

(7) 暫定の配合の計算

単位細骨材量および単位粗骨材量は，次のようにして求める。

単位骨材量の絶対容積（m³）
$$= 1 - \left\{ \frac{単位水量(kg)}{水の密度(kg/m^3)} + \frac{単位セメント量(kg)}{セメントの密度(kg/m^3)} + \frac{空気量(\%)}{100} \right\}$$
(4.1)

(a) 細骨材率（s/a）による場合

単位細骨材量（kg）
$=$ 細骨材の密度$(kg/m^3) \times$（4.1 式の値）$\times s/a$
(4.2)

単位粗骨材量（kg）
$=$ 粗骨材の密度$(kg/m^3) \times$（4.1式の値）$\times (1-s/a)$
(4.3)

(b) 単位粗骨材容積による場合

単位細骨材量（kg）
$=$ 細骨材の密度(kg/m^3)
$\times$（1−細骨材を除く全材料の絶対容積）
(4.4)

単位粗骨材量（kg）
$=$ 粗骨材の乾燥突固め単位容積質量(kg/m^3)
$\times$（**表 4-18** あるいは**表 4-20** で求めた粗骨材容積）
(4.5)

以上の単位骨材量の計算には，表面乾燥飽水状態における密度（kg/m³）を用いる。

4.3.6 試し練りの手順

① 1バッチの量を決定し，各材料を計量する。なお，AE剤あるいは減水剤を用いる場合には，水溶液中の水量を練混ぜに用いる水量から差し引くこと。

② 試し練りの前に捨てコンを練り混ぜ，ミキサ内部やコンクリートの練り板をモルタルで湿らせておく。捨てコンの配合は，試験練りに用いる配合と同一にする。

③ 全材料はミキサに同時に均一に入れることを原則とする。ミキサから排出したコンクリートは，練り板上でよく切り返して均一にする。

④ スランプおよび空気量などを測定する。

表 4-24 配合の表し方[4]

粗骨材の最大寸法 (mm)	スランプ (cm)	水セメント比[*1] W/C (%)	空気量 (%)	細骨材率 s/a (%)	単位量 (kg/m³)					
					水 W	セメント C	混和材[*2] F	細骨材 S	粗骨材 G	混和剤[*3] A
									mm〜mm	mm〜mm	

注）*1 標準として荷下ろしの目標スランプを表示する．必要に応じて，打込みの最小スランプや練上がりの目標スランプを併記する．
*2 ポゾラン反応性や潜在水硬性を有する混和材を使用するとき，水セメント比は水結合材比となる．
*3 材料分離抵抗性の目安として，セメントおよび混和材の送料として単位粉体量を併記するのがよい．
*4 複数の混和材を用いる場合は，必要に応じて，それぞれの種類ごとに分けて別欄に記述する．
*5 混和剤の単位量は，ml/m³ または g/m³ で表し，薄めたり溶かしたりしない原液の量を記述する．

4.3.7 配合（調合）の補正

計算した暫定の配合を用いて試験練りを行い，その結果スランプおよび空気量などが配合設計条件を満たさないときは，配合を補正し，再度試験練りを行い，所要の条件が得られるまでこれを繰り返す．配合補正にあたっては，**表 4-17** に示す修正値を用いる．

なお，AE 剤の量は得られた空気量の過不足に応じて比例調整する．

4.3.8 配合（調合）の決定

試し練りにより修正および確認された配合は**表 4-24**のように表す．

4.3.9 現場配合（調合）への換算

新示方書では，従来用いられてきた示方配合や現場配合という用語は，実態として，その内容にばらつきが存在することから定義されていない．使用に際して，骨材の粒度，含水状態などが配合の条件と異なる場合，現場で用いる配合に換算しなければならない．

[例] 現場における骨材の状態

表 4-25

	粒度	表面水量	含水率
細骨材	5 mm ふるいにとどまる量 x%	a%	—
粗骨材	5 mm ふるいを通過する量 y%	—	b%（気乾状態）

(1) 骨材粒度に対する補正

示方配合の単位細骨材量を S，単位粗骨材量を G とするとき，実際に計量する 1 m³ 当りの細骨材量 S' および粗骨材量 G' は，

$$S' = \frac{100S - y(S+G)}{100 - (x+y)} \text{ (kg)} \quad (4.6)$$

$$G' = \frac{100G - x(S+G)}{100 - (x+y)} \text{ (kg)} \quad (4.7)$$

(2) 骨材の含水状態による補正

(a) 表面水がある場合

細骨材に表面水が a% ある場合，細骨材は S''，水は W' だけ計算する．

$$S'' = S'\left(1 + \frac{a}{100}\right) \text{ (kg)} \quad (4.8)$$

$$W' = W - S'\frac{a}{100} \text{ (kg)} \quad (4.9)$$

ここで，W：示方配合の単位水量

(b) 気乾状態の場合

計量すべき粗骨材量 G'' および水量 W'' は，

$$G'' = G'\frac{\left(1 + \dfrac{b}{100}\right)}{\left(1 + \dfrac{c}{100}\right)} \text{ (kg)} \quad (4.10)$$

$$W'' = W + (G - G'') \text{ (kg)} \quad (4.11)$$

ここで，c：粗骨材の吸水率

これらの補正計算は，細骨材・粗骨材ともに適用できる．

4.3.10 コンクリートの配合（調合）設計例

気象条件のきびしい地方において鉄筋コンクリ

ート橋の桁に用いるコンクリートの配合を設計する。なお，ここでは，耐久性に関してはコンクリートの凍結融解抵抗性のみを考慮することとし，中性化および塩化物イオンの侵入に伴う鋼材腐食に関する耐久性の照査は省略する。

(1) 設計条件

設計基準強度 $f'_{ck}=24$ N/mm² （圧縮強度），スランプの範囲 12 cm，空気量 6.0 %，使用材料とその物理的性質は次のとおりである。

① セメント：普通ポルトランドセメント，密度 3.15 g/cm³（3150 kg/m³）

② 細骨材：表乾密度 2.61 g/cm³（2610 kg/m³），吸水率 1.8 %，FM 2.95，川砂

③ 粗骨材：表乾密度 2.65 g/cm³（2650 kg/m³），吸水率 2.6 %，最大寸法 20 mm，硬質砂岩砕石，使用に際して 20～13 mm と 13～5 mm を 50 %ずつ混合

④ AE剤：良質の AE 減水剤を用いる。標準使用量はセメント質量の 0.3 %

⑤ 水の密度 1.00 g/cm³（1000 kg/m³）

(2) 配合計算

(a) 配合強度

予想される変動係数を 15 %とすると，図 4-2 から割増し係数 $\alpha=1.33$ とする。したがって，配合強度は，

$$f'_{cr}=\alpha f'_{ck}=1.33\times 24=31.9 \text{ N/mm}^2$$

(b) 水セメント比の推定

これまでの実験で，AE コンクリートの圧縮強度 f'_c と C/W との関係が次のように得られているとした場合，これを参考にして大体の C/W を推定する。

$$f'_c=-15+20C/W$$

$f'_c=31.9$ N/mm² に対して $C/W=2.35$，したがって $W/C=0.426$ を得る。ここで，安全をみて $W/C=0.42$ とする。

コンクリートの凍結融解抵抗性をもととする最大水セメント比は，設計図書において，凍害に関する照査から，参考値として，$W/C=50\%$ が記載されているものである[3]。

よって，両者を比較して小さい方の，圧縮強度から定まる水セメント比を用いる。

(c) 単位水量，細骨材率

粗骨材の最大寸法 20 mm に対して表 4-18 を参考に，参考条件と配合条件の違いを補正することで W および s/a を定める（**表 4-26**）。

(d) 単位セメント量，単位細骨材量，単位 AE 剤量

単位セメント量 $C=\dfrac{172}{0.42}=410$ kg

骨材の絶対容積
$$=1-\left(\frac{172}{1000}+\frac{410}{3150}+\frac{6.0}{100}\right)$$
$$=1-0.362=0.638$$

単位細骨材量
$$S=2610\times 0.638\times 0.432=719 \text{ kg}$$

単位粗骨材量
$$G=2650\times 0.638\times (1-0.432)=960 \text{ kg}$$

単位 AE 剤量 $=410\times 0.003=1.23$ kg

以上から，計算上のコンクリートの配合が定まる（**表 4-27**）。

(e) 試験バッチに用いる材料の単位量

(f) 試験練り

イ) 第1バッチ

1 バッチ 30 l の試験練りをする。細骨材，粗骨材ともに表乾状態であり，細骨材は 5 mm ふるいをすべて通過し，粗骨材は 5 mm ふるいにすべてとどまるものを用いる。

試験練りの結果，スランプは 8 cm，空気量は

表 4-26

	参考条件 表 4-16	配合条件	$s/a=45\%$	$W=165$ kg
			s/a の補正量	W の補正量
砂の FM	2.80	2.95	$\dfrac{2.95-2.80}{0.1}\times 0.5=0.75\%$	補正しない
スランプ(cm)	8.0	12.0	補正しない	$\dfrac{12-8}{1}\times 1.2=4.8\%$
W/C (%)	55	42	$\dfrac{0.42-0.55}{0.05}\times 1=-2.6\%$	補正しない
砕石 (%)	砕石	砕石	補正しない	補正しない
調　整　値			$s/a=45+0.75-2.6$ $=43.15\fallingdotseq 43.2\%$	$W=165(1+0.048)$ $=172.92\fallingdotseq 172$

表 4-27

粗骨材の最大寸法 (mm)	スランプ (cm)	水セメント比 W/C (%)	空気量 (%)	細骨材率 s/a (%)	単位量 (kg/m³)				
					水 W	セメント C	細骨材 S	粗骨材 G		混和剤 A
								20 mm〜13 mm	13 mm〜5 mm	
20	12	42	6.0	43.2	172	410	719	480	480	1.23

表 4-28

粗骨材の最大寸法 (mm)	スランプ (cm)	水セメント比 W/C (%)	空気量 (%)	細骨材率 s/a (%)	単位量 (kg/m³)				
					水 W	セメント C	細骨材 S	粗骨材 G		混和剤 A
								20 mm〜13 mm	13 mm〜5 mm	
20	12	42	6.0	43.2	185	440	693	463	463	1.13

7.0 % であった。

スランプを 12 cm にするために，

$$\frac{12-8}{1} \times 1.2 = 4.8\%$$

の水量を増加する必要がある。

空気量を 6.0 % にするには，AE 剤量を比例調整して単位セメント量に対して 0.257 % とし，

$$\frac{6}{7} \times 0.3 = 0.257\%$$

$$\frac{7.0-6.0}{1} \times 3 = 3\%$$

の水量を増加する。したがって，単位水量を 7.8 % 増加させる。

$172 \times (1+0.078) = 185$ kg

単位セメント量，単位細骨材量，単位 AE 剤量の計算を再度行い，**表 4-28** を得る。

ロ) 第 2 バッチ

表 4-28 の配合でさらに 1 バッチ 30 L を練る。その結果，スランプ，空気量ともに配合条件を満足し，ワーカビリティーも良好であった。もし，条件を満足しないときは，さらにこの作業を繰り返すことになる。

(g) 水セメント比の決定

$W/C=45, 50, 55\%$ について試験し（**表 4-26** 参照），最小自乗法により C/W-f'_c 線を得る[注4]。その結果，

$$f'_c = -16.1 + 21.5 C/W$$

が得られた（**図 4-3**）。$f'_{cr} = 31.9$ N/mm² に対する C/W 値は 2.23，W/C 値は 0.45 となり，示方配合の W/C を決定する。

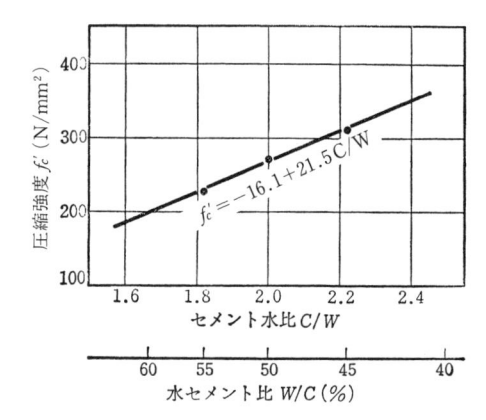

図 4-3 圧縮強度とセメント水比との関係

表 4-29

W/C (%)	C/W	s/a (%)	W (kg)	C (kg)
45	2.22	43.8	185	411
50	2.0	44.4	185	370
55	1.82	45.0	185	336

注 4) 最小自乗法の計算は 8.2 節で説明する。

(h) 示方配合

水セメント比を 45 % とすると，$W/C=42\%$ に対して $s/a=43.2\%$ であったので，s/a の補正値は $0.03/0.05 \times 1\% = 0.6\%$ だけ増加して 43.8 % となる。

単位セメント量　$C = \dfrac{185}{0.45} = 411$ kg

骨材の絶対容積

$$= 1 - \left(\frac{185}{1000} + \frac{411}{3150} + \frac{6.0}{100}\right) = 1 - 0.375$$

$$= 0.625$$

単位細骨材量
$$S = 2610 \times 0.625 \times 0.438 = 714 \text{ kg}$$
単位粗骨材量
$$G = 2650 \times 0.625 \times (1-0.438) = 931 \text{ kg}$$
単位 AE 剤量 $= 411 \times 0.00257 = 1.056$ kg

(i) 現場配合

現場の細骨材は 5 mm ふるいにとどまるものを 2％含み，粗骨材（それぞれの粒度の粗骨材）は 5 mm ふるいを通るものを 3％含んでいるとすると，式 (4.6) と式 (4.7) を用いて以下のように粒度の補正を行う。

$$S' = \frac{100 \times 714 - 3(714+931)}{100 - (2+3)} = 700 \text{ (kg)}$$

$$G' = \frac{100 \times 931 - 2(714+931)}{100 - (2+3)} = 945 \text{ (kg)}$$

したがって，粗骨材の 20 mm～13 mm と 13 mm～5 mm は 472.5 kg ずつとなる。さらに，細骨材は気乾状態で含水率が 0.7 ％，粗骨材は表面水量が 0.5 ％とすれば，

$$S'' = S' \frac{\left(1+\dfrac{0.7}{100}\right)}{\left(1+\dfrac{1.8}{100}\right)} = 692 \text{ (kg)}$$

細骨材の補正水量 $= S' - S'' = 700 - 692 = 8$ (kg)

$$G'' = G'\left(1 + \frac{0.5}{100}\right) = 950 \text{ (kg)}$$

粗骨材の補正水量 $= -G'' \dfrac{0.5}{100} = -4.75$ (kg)

合計補正水量 $= 8 - 4.75 = +3.25$ (kg)

以上の結果，現場で計量する単位量は**表 4-31** のとおりである。

表 4-30 示方配合

粗骨材の最大寸法 (mm)	スランプ (cm)	水セメント比 W/C (％)	空気量 (％)	細骨材率 s/a (％)	単　位　量 (kg/m³)				
					水 W	セメント C	細骨材 S	粗骨材 G		混和剤 A
								20 mm～13 mm	13 mm～5 mm	
20	12	45	6.0	43.8	185	411	714	465.5	465.5	1.056

表 4-31 現場で計量する単位量

単　位　量 (kg/m³)					
水 W	セメント C	細骨材 S	粗骨材 G		混和剤 A
			20 mm～13 mm	13 mm～5 mm	
188.25	411	692	475	475	1.056

4.4 コンクリートのスランプ試験（JIS A 1101）

4.4.1 試験の目的

① スランプ試験は，主としてフレッシュコンクリートのコンシステンシーを測定する代表的な方法であり，広く一般に用いられている。
② スランプ試験を正確に測定することにより，コンクリートのワーカビリティーの良否がかなり正確に判定できる。

4.4.2 使用機器

① スランプコーン（図4-4）
② 突き棒（直径 16 mm，長さ 50〜60 cm の丸鋼で先端を半球状としたもの）
③ スランプ測定器
④ ハンドスコップ　2個
⑤ 水密性平板

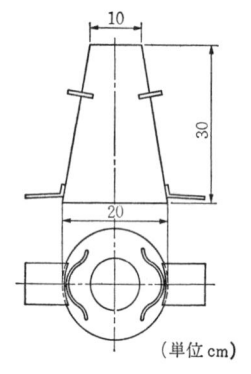

図4-4　スランプコーン

4.4.3 試験方法

(1) 試験手順

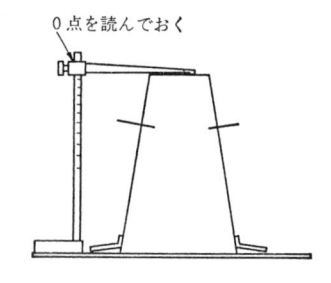

① スランプコーンの内面を湿布などで拭き，水平に設置した水密性平板の中央に置く。平板の水平の確認は水準器を用いることが望ましい。
　ペダルの上に乗り，スランプコーンが浮き上がらないように足でしっかり押さえる。
② 練混ぜの完了したコンクリートより試料を採取し，さらにショベルで均一になるよう練り混ぜる。
　試料をスランプコーンの容積の 1/3 ずつ詰める。このとき，ハンドスコップは 2 つ使うとよい。また，ハンドスコップはコーン上縁のまわりに沿わせて動かすと均等に入りやすい。 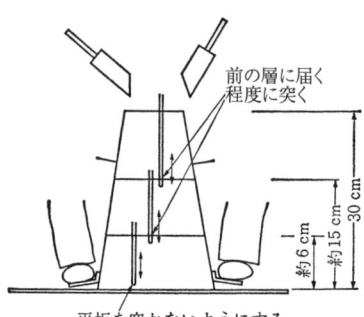
　各層は突き棒でならした後，周辺部から中央部へ 25 回ずつ突くようにする。材料分離の恐れがある場合は突き数を減らす。
　第3層を突き終わったら，上面をコーン上端に合わせてこてで平らにならす。
③ 水密性平板の上に乗らないようにペダルから下り，スランプコーンを鉛直に 2〜3 秒で引き上げる。スランプ測定器またはものさしでコンクリート中央部のさがりを 0.5 cm 単位ではかる。②から③の作業は 3 分以内とする。
④ スランプ測定後，タッピングを行ってプラスチシティーと材料分離の傾向を観察する。

4.4.4 参考資料

① スランプ試験の結果はコンクリートのワーカビリティーの判定をするほか，配合条件による影響や，混和材料の添加による減水率を求めたりする場合に用いる。
② スランプは，粗骨材の最大寸法，単位水量，温度などにより変化する。

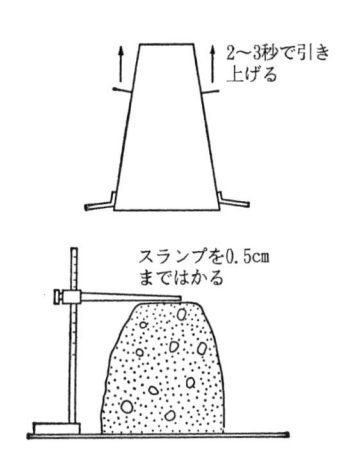

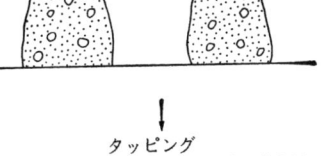

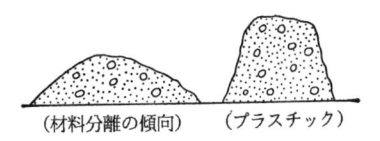

③ スランプ試験はスランプが 3〜18 cm 程度のコンクリートに適しており，この範囲外のコンクリートには他の試験方法を用いるのがよい。

④ 高流動コンクリートや水中不分離性コンクリートでは，直角2方向のスランプの広がり径の平均値を cm で読むスランプフロー値が用いられる。

4.5 フレッシュコンクリートの空気量試験

4.5.1 試験の目的

コンクリートの空気量は，施工時においてはワーカビリティーに影響し，硬化後は強度・耐久性に大きな影響を及ぼす。特に，AE コンクリートにおいては，十分な空気量の管理が必要である。

4.5.2 試験方法の種類

空気量の試験方法としては，質量方法，容積方法，空気室圧力方法，水柱圧力方法の4つの方法がJISに規定されている。ここでは，空気室圧力方法について述べる。

4.5.3 空気室圧力方法（JIS A 1128）

(1) 使用機器
① ワシントン型エアメータ装置（7 L 以上）および付属品一式
② 突き棒（スランプ試験と同一のもの）
③ 木づち，ハンドスコップ
④ ならし用定規

(2) 装置のキャリブレーション

JIS A 1128 の5項の装置のキャリブレーションに沿って，キャリブレーションのできているものを用いる。キャリブレーションは，定期的に行わなくてはならない。

(3) 骨材修正係数の測定

空気量測定中の骨材の吸水が，試験結果に影響を及ぼすことがある。このため，骨材修正係数により補正する必要がある。骨材修正係数は，次の①～⑤の操作によって求められる。

① 空気量を求めようとする試料の容積V中の細骨材質量は次式により求める。

$$m_f = \frac{V_C}{V_B} \times m'_f$$

$$m_c = \frac{V_C}{V_B} \times m'_c$$

ここで，m_f：容積Vのコンクリート試料中の細骨材の質量 (kg)
　　　　V_C：コンクリート試料の容積 (L)
　　　　V_B：1バッチのコンクリートのでき上がり容積 (L)
　　　　m'_f：1バッチに用いる細骨材の質量 (kg)
　　　　m_c：容積Vのコンクリート試料中の粗骨材の質量 (kg)
　　　　m'_c：1バッチに用いる粗骨材の質量 (kg)

② 細骨材および粗骨材の代表的試料を m_f，m_c だけ採取する。このときの骨材粒の含水状態を，コンクリート中の骨材の含水状態と同様にするため，5分間程度水に浸しておく。

③ 約1/3まで水を満たした容器の中へ骨材を入れる。骨材はスコップ1杯細骨材を入れたら次に2杯の粗骨材を入れるといった順序で入れるとよい。このとき，できるだけ空気を入れないようにするため，出てきた泡は手早く取り去る。そして空気を追い出すために，容器側面を木づちでたたく。また，細骨材を加えるごとに約25 mm の深さまで突き棒で約10回突く。

すべての骨材が水に浸されるように5分間程度水に浸す。

④ 全部の骨材を容器に入れた後，水面の泡をすべて取り去り，容器とふたのフランジをよくぬぐってから，ゴムパッキングを入れ，排水口から水があふれるまで注水後，締付け金具でふたを容器に締め付ける。

⑤ 次の空気量の実験手順①～④に従って圧力計の目盛を読んで骨材修正係数 $G(\%)$ を求める。G が 0.1 % 以下の場合は省略してよい。

(4) 空気量の測定

(a) 実験手順

① 試料を容器の約1/3ずつ入れ各層25回突き棒で均等に突く。突き入れ深さは各層の厚さとする。また，各層ごとに突き穴がなくなるよう木づちで10～15回，容器の側面をたたく。

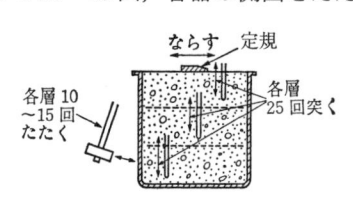

最後に定規で表面をかきならす。
② 容器フランジ面を湿布でよくぬぐって，ふたを取り付け，締付け金具で均等に締め付ける。このとき注水口のコックは開いておく。排気口の弁を緩めて，注水口を水に吸い込ませたスポイトを差し込んで容器内に注水する。コンクリートとふたの空隙部分が満水されれば排気口より水が噴き出すので，注水口のコックを閉じてから，排気口の弁を閉じる。このとき容器は水平でなければならない。

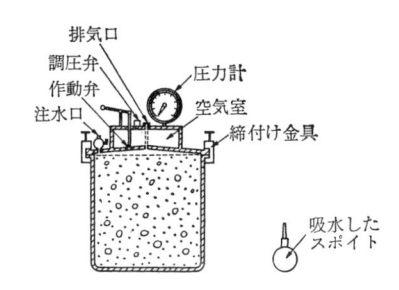

③ 調圧弁を閉じて，手動ポンプを上下させ，圧力計の指針が初圧力線をわずかに越えるまで空気室の圧力を上げる。

約5秒経過してから調圧弁を操作し初圧力線に一致させる。

圧力計の指針を合わせる場合は常に軽く圧力計をたたくこと。

④ 作動弁レバーを押し下げる。圧力がコンクリートに十分ゆきわたるように，木づちで軽く側面をたたく。もう一度レバーを押し下げて圧力計の指針が安定するのを待つ。軽く指先で圧力計をたたき圧力計の空気量を読む。

排気口の弁を緩め，注水口のコックを開いて実験終了。

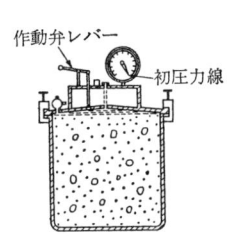

(5) 結果の計算

空気量の計算は次の式による。
$$A(\%) = A_1 - G$$
ここで，A：コンクリートの空気量（%）
A_1：コンクリートの見かけの空気量（%）
G：骨材修正係数（%）（普通骨材使用の場合 $G \fallingdotseq 0$）

4.5.4 参考資料

① この方法はボイルの法則を応用したものである。

② 空気室圧力方法は装置のキャリブレーションさえ十分にしておけば，空気量が圧力計の目盛から直読でき現場に適しているが，空気量が多いほど，また粘性が高いほど精度は悪くなる。

③ この試験方法は最大寸法 40 mm 以下の普通骨材使用コンクリートに適した方法である。

④ 40 mm より大きい最大寸法の骨材コンクリートやモルタル部分の空気量は JIS に示された式により計算することができる。

4.6 圧縮強度試験（JIS A 1108）

4.6.1 試験の目的

① ある配合のコンクリート強度を知って，所要強度のコンクリートを作るのに適した配合を選定する。
② セメント，骨材，水，混和材等の材料が使用に適するかどうかを調べて，所要の諸性質をもつコンクリートを最も経済的に作りうる材料を選定する。
③ 圧縮強度から，引張強度や弾性係数等をある程度推定することができる。
④ コンクリートの品質を管理する。
⑤ 設計に仮定した圧縮強度やその他の性質が，実際の構造物に施工されたコンクリートにあるかどうかを調べる。また，型枠の取りはずし時期を決めることができる。

4.6.2 使用機器

① 供試体製造用円柱形型枠
② 突き棒（直径16 mm，長さ50～60 cm の丸鋼）または，コンクリート棒形振動機（JIS A 8610）
③ キャッピング用押板ガラス（イオウキャッピングの場合は，JIS A 1132 を参照のこと）
④ ノギス（読みとり限度 0.25 mm）
⑤ 圧縮試験機（JIS B 7733）
⑥ その他，ハンドスコップ，金こて，木づち，キャッピングペースト用鉢とさじ，コンクリート練混ぜ装置一式

4.6.3 試験方法

(1) 試料の準備

供試体は直径の2倍の高さをもつ円柱形とし，その直径は，粗骨材の最大寸法の3倍以上，かつ100 mm 以上とする。供試体の直径の標準は，100 mm, 125 mm, 150 mm である。

① いくつかの部品からなる型枠の場合，型枠の継目に油土，または硬いグリースを薄く付けて組み立てる。型枠内面には鉱物性の油を塗る。

② コンクリートを2層以上のほぼ等しい層に分けて詰め，上面を軽くならして突き棒，または棒形振動機で締め固める（表4-32 を参照）。このとき，3本の供試体を並べて1層ずつ固めていく。締固めが終わったら，棒のあと穴が残らないように，型枠の側面を木づちで軽くたたく。

突き棒を用いる場合，各層は少なくとも1000 mm² に1回の割合（φ100 の場合は8回以上）で突くものとし，すぐ下の層まで突き棒が届くようにする。

内部振動機は，コンクリート中に鉛直に挿入する。最下層を締め固める場合は，型枠底面から約 20 mm 上方までの深さまで突き入れる。最下層以外を締め固める場合は，すぐ下の層に 20 mm 程度差し込むようにする。

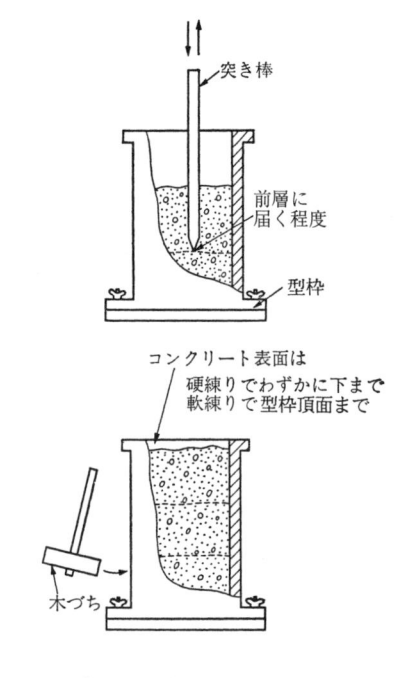

表 4-32 締固め方法の標準

供試体寸法	突き棒		棒形振動機	
	層数	各層の突固め回数	層数	各層の突固め回数
φ 15×30 cm	3	25	2	3
φ 10×20 cm	2	11	2	1

注： 突固め回数は突き棒で1回/10 cm²
棒形振動機で1回/60 cm² を標準とする。

なお，コンクリートの打込み標準として，JIS A 1132 附属書1に示されている。

③ キャッピングの厚さは供試体直径の2％を超えないよう，コンクリート表面を型枠端面よりわずかに下げておく。キャッピング方法の標準として，JIS A 1132 附属書2に示されている。なお，圧縮強度が10～60 N/mm² については，アンボンドキャッピングが附属書1に規定されている。

④ コンクリート打ち込み後（硬練りで2～6時間以後，軟練りで6～24時間以後），コンクリート表面のレイタンスをワイヤブラシ等で取り除く。表面に水滴を落とし5～10分程度湿潤状態としたのち水を拭き取り，キャッピングを開始する。セメントペーストは，数時間前（**表4-33を参照**）に練り混ぜて，使用直前まで湿った布をかぶせておき，水を加えずにもう一度練り返して用いる。

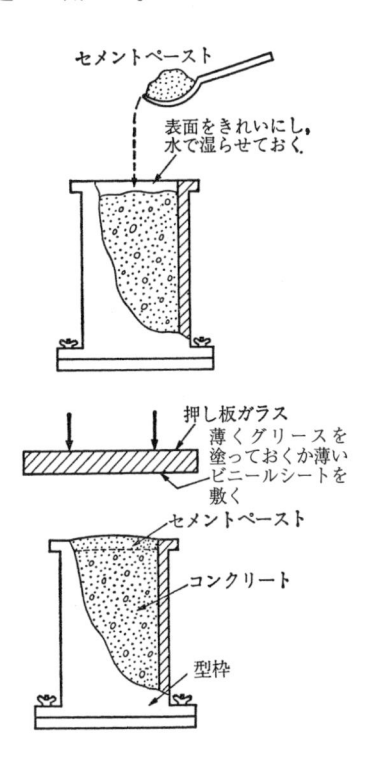

⑤ コンクリートの硬化後（打込み後16時間以上72時間以内）に型枠を取りはずし，試験直前まで20±3℃の水槽で養生する。

⑥ 試験を行う供試体の材齢は，一般の構造物に対して28日を標準とする。ただし，構造物の使用目的，主要な荷重の作用する時期および施工計画等に応じて，適切な材齢をとってもよい。

表 4-33 セメントペーストの仕様

使用セメント	水セメント比(%)	練り混ぜておく時間
普通	27～30	約2時間前
超早強	34～37	約1時間半前

(2) 試験の手順

① 供試体の中央で，直交する2方向の直径を0.1 mm まではかる。

② 試験機は，ひょう量の1/5からひょう量までの範囲で使用する。

③ 供試体の上下端面と加圧板の圧縮面を清掃し，中心軸方向力を加える加圧板が供試体に直接密着するよう設置する。

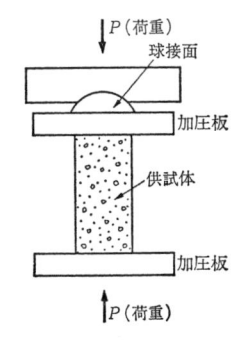

④ 供試体には衝撃を与えないように，一様に荷重を加える。荷重速度は，圧縮応力の増加分が毎秒 0.6 ± 0.4 N/mm² となるようにする。これを載荷速度に換算すると**表 4-34**のようになるが，最大荷重の約50％まではこの値より少し大きめの速度で載荷してもよい。

表 4-34 圧縮供試体の載荷速度

供試体寸法 (cm)	載荷速度 (kN/sec)
φ15×30	10.6±7.1
φ10×20	4.7±3.1

⑤ 供試体が破壊するまでに試験機が示す最大荷重を，有効数字3桁まで読む。

(3) 計算方法

① 供試体の直径を次式で計算し，有効数字4桁まで求める。

$$d = \frac{d_1 + d_2}{2}$$

ここで，d：供試体の直径（mm）

d_1, d_2：(2)の①で求めた2方向の直径 (mm)

② 供試体の圧縮強度を次式で計算し，有効数字3桁まで求める。

$$f'_c = \frac{P}{\pi(d/2)^2}$$

ここで，f'_c：圧縮強度（N/mm²）
P：(2)の⑤で求めた最大荷重（kN）

4.6.4 試験結果例

圧縮強度の試験結果をを表4-35に示す。

4.6.5 参考資料

① 供試体の作り方は，JIS A 1132 によって行う。特に，ミキサを用いて練り混ぜる場合は，同配合の少量のコンクリートをあらかじめ練り混ぜ，ミキサ内部にモルタル分が付いた状態にして行う。そのほかに，試験室におけるコンクリートの作り方は JIS A 1138，フレッシュコンクリートの試料採取方法は JIS A 1115 にそれぞれ規定されている。

② 供試体端面の凹凸によって，圧縮強度は減少するのでキャッピング仕上げ面の平面度は0.05 mm 以内に抑える。また，キャッピングの厚さが大きいとキャッピング部の破壊がコンクリートの破壊と誤認され，強度低下（約30％程度）を来すことがある。なお，キャッピングの代わりに，コンクリート硬化後，研磨機を用いて供試体端面を平滑に研磨仕上げしてもよい。

③ コンクリートの圧縮強度は，一般に載荷速度が増すほど大きくなる。

④ 供試体の高さが直径の2倍であっても，その寸法が大きくなるほど圧縮強度は小さくなる。ただし，ϕ 10×20 cm の供試体と ϕ 15×30 cm の供試体とは，ほとんど同じ強度を与えるものとみられている。

⑤ 供試体の高さが直径の2倍未満の供試体で試験した圧縮強度は，表4-36に示す補正係数をかけて，直径の2倍の高さをもつ供試体の強度に換算しておく必要がある。

⑥ コンクリートの圧縮強度は，各供試体（一般には3個以上）の強度の平均値で示す。

表4-35 試験結果

コンクリートの圧縮強度試験			
試 験 日			
試 料 名			
供 試 体 番 号	No.1	No.2	No.3
材 齢 （日）	28	28	28
直 径 (mm) d_1	150.2	150.0	150.4
d_2	150.0	150.4	150.2
平均 d	150.1	150.2	150.3
最 大 荷 重 P(kN)	385.0	390.0	388.0
圧 縮 強 度 $f'_c=P/\pi(d/2)^2$	21.8	22.0	21.9
平均圧縮強度 f'_c(N/mm²)	21.9		
養 生 方 法・温 度	水中 20°C		
供 試 体 の 破 壊 状 況			
備 考			

表4-36 高さ/直径比による強度補正係数[5]

高さと直径の比 h/d	補 正 係 数
2.00	1.00
1.75	0.98
1.50	0.96
1.25	0.93
1.00	0.89

4.7 割裂引張強度試験 (JIS A 1113)

4.7.1 試験の目的

① 引張強度は圧縮強度のおよそ1/10～1/13ではあるが，コンクリート道路床版，水槽等の設計では特に重要である。
② 斜め引張応力，乾燥収縮，温度変化等によるひび割れの発生を予知するため，引張強度試験が必要である。

4.7.2 使用機器

① 供試体製造用円柱形型枠
② 突き棒（直径16 mm，長さ50 cm の丸鋼）またはコンクリート棒形振動機（JIS A 8610）
③ 圧縮試験機（JIS B 7733）
④ その他，ハンドスコップ，金こて，木づち，ノギス，板ガラス，コンクリート練混ぜ装置一式

4.7.3 試験方法

(1) 試料の準備

① 供試体の直径は，粗骨材の最大寸法の4倍以上かつ100 mm 以上とし，長さはその直径から直径の2倍までの範囲とする。
② コンクリートの打込み要領は，圧縮試験の場合と同様である。ただし，キャッピングは不要であるため，4.6.3(1)の③において，型枠頂面までコンクリートを詰め，表面を軽くならして金こてで平らに仕上げる。
③ コンクリートの硬化後（打込み後16時間以上72時間以内）に型枠を取りはずし，試験直前まで20±3℃の水槽で養生する。 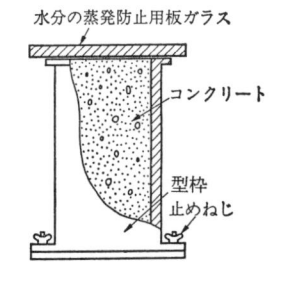
④ 試験を行う供試体の材齢は，7日および28日を標準とする。

(2) 試験の手順

① 供試体の荷重を加える方向の直径を2カ所以上で0.2 mm まではかる。

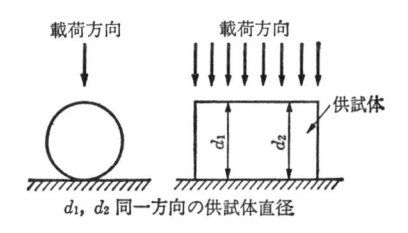

d_1, d_2 同一方向の供試体直径

② 試験機は，ひょう量の1/5からひょう量までの範囲で使用する。
③ 供試体の側面および加圧板の圧縮面を清掃し，型枠の継目部分が加圧板に接しないよう供試体を設置する。

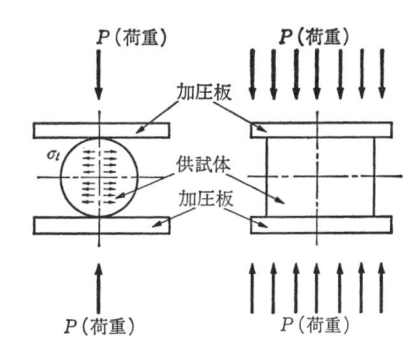

④ 供試体には衝撃を与えないように，一様に荷重を加える。荷重速度は引張応力度の増加が毎秒 0.06 ± 0.04 N/mm² とする。これを荷重速度に換算すると，$\phi 15 \times 30$ cm の円柱供試体では1.4～7.1 kN/秒となるが，最大荷重の約50％まではこの値より少し大きめの速度で載荷してもよい。
⑤ 供試体が破壊するまでに試験機が示す最大荷

試験後の供試体

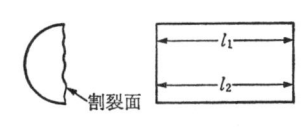

l_1, l_2 割裂面での供試体の長さ

重を，有効数字 3 桁まで読む。
⑥ 供試体の割裂面における長さを 2 カ所以上で 0.1 mm まではかる。

(3) 計算方法

① 供試体の直径を次式で計算し，有効数字 4 桁に丸める。

$$d = \frac{d_1 + d_2}{2}$$

ここで，d：供試体の直径（mm）
d_1, d_2：(2)の①で求めた 2 方向の直径（mm）

② 試験後の供試体の長さを次式で計算し，有効数字 4 桁に丸める。

$$l = \frac{l_1 + l_2}{2}$$

ここで，l：割裂後の供試体の長さ（mm）
l_1, l_2：(2)の⑥で求めた 2 カ所の供試体の長さ（mm）

③ 供試体の引張強度を次式で計算し，有効数字 3 桁に丸める。

$$f_t = \frac{2P}{\pi d l}$$

ここで，f_t：引張強度（N/mm²）
P：(2)の⑤で求めた最大荷重（kN）
d：①で求めた供試体の直径（mm）
l：②で求めた供試体の長さ（mm）

4.7.4 試験結果例

割裂引張強度試験結果を表 4-37 に示す。

4.7.5 参考資料

① 本試験法による割裂引張強度は，直接引張試験から得られる強度とほぼ等しいことが認められている。
② 供試体と加圧板との間に隙間があったり，偏心荷重がかかったりすると，破壊荷重が小さくでる。供試体と加圧板との間に，その直径の 1/10 以下の狭い木製の分布板を挟んで加圧する方法（ブラジル法）があるが，この場合は別途計算式によって引張強度を求める。
③ コンクリートの引張強度は，圧縮強度の 1/10〜1/13 ぐらいである。
④ コンクリートの引張強度は，各供試体（一般に 3 個以上）の強度の平均値で示す。

表 4-37 試験結果

コンクリートの引張強度試験				
試 験 日				
試 料 名				
供 試 体 番 号		No. 1	No. 2	No. 3
材 齢（日）		28	28	28
直 径 (mm)	d_1	150.2	150.0	150.4
	d_2	150.0	150.4	150.2
	平均 d	150.1	150.2	150.3
長 さ (mm)	l_1	301.2	300.6	301.0
	l_2	300.8	300.8	301.4
	平均 l	301.0	300.7	301.2
最 大 荷 重 P(kN)		165.0	164.0	165.0
引 張 強 度 $f_t = 2P/\pi d l$		2.33	2.31	2.32
平均引張強度 f_t(N/mm²)		2.32		
養 生 方 法・温 度		水中 20°C		
供 試 体 の 破 壊 状 況				
備 考				

4.8 曲げ強度試験（JIS A 1106）

4.8.1 試験の目的

コンクリートの曲げ強度は，道路や滑走路のような直接曲げを受ける舗装板の設計，コンクリート管や杭などの品質判定，品質管理に用いられる。

4.8.2 使用機器

① 供試体製造用直方体形型枠
② 突き棒（直径 16 mm，長さ 50 cm の丸鋼）またはコンクリート棒形振動機（JIS A 8610）
③ 圧縮試験機（JIS B 7733）
④ 曲げ試験装置　図 4-5 に装置の一例を示してあるが，これには次の条件を満たす必要がある。
　1) 3等分点荷重を鉛直に，しかも偏心しないように加えることができる。
　2) 安定よく供試体を設置でき，しかも十分な剛性がある。

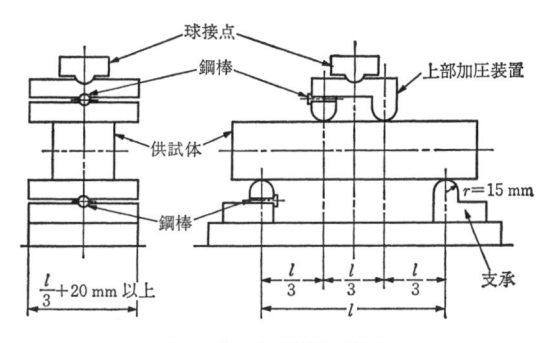

図 4-5　曲げ試験装置

4.8.3 試験方法

(1) 試料の準備

供試体は，断面が正方形の角柱体とし，1辺の長さは粗骨材最大寸法の4倍以上，かつ 100 mm 以上とし，供試体の長さは1辺の長さの3倍より 80 mm 以上長いものとする。供試体の標準断面寸法は，100×100 mm または 150×150 mm である。粗骨材の最大寸法が 40 mm の場合，1辺の長さを 150 mm としてもよい。

① 型枠の継目に油土，または硬いグリースを薄く付けて組み立て，内面には鉱物性の油を塗る。
② コンクリートを層に分けて詰め，上面を軽くならして，突き棒または棒形振動機で締め固める。JIS A 1132 附属書1の標準をまとめれば，表 4-38 のとおりである。締固めが終わったら，棒をゆっくり引き抜き，棒のあと穴が残らないようにする。

表 4-38　締固め方法の標準

供試体寸法	突き棒		棒形振動機	
	層数	各層の突固め回数	層数	各層の突固め回数
15×15×53 cm	2	80	1	8
10×10×38 cm	2	38	1	4

注)　突固め回数は突き棒で1回/10 cm²
　　棒形振動機で1回/100 cm² を標準とする。

③ 金こてで型枠の側面および端面に沿ってスページングを行い，型枠の側面を木づちで軽くたたく。

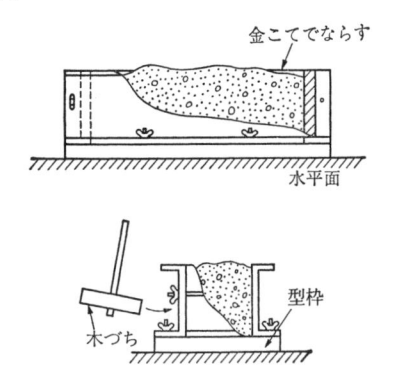

④ 上面の余分のコンクリートをかき取り，金こてで平面に仕上げる。
⑤ 供試体の上面は，板ガラス，鋼板または湿布で覆い，水分の蒸発を防ぐ。
⑥ コンクリートの硬化後（打込み後16時間以上72時間以内）に型枠を取りはずし，試験直前まで 20±3℃の水槽で養生する。
⑦ 試験を行う供試体の材齢は，28日を標準とする。

(2) 試験の手順

① 供試体は，型枠にコンクリートを詰めたとき

の側面を上下面とし，支承の幅の中央に置き，スパンの3等分点（あらかじめ図4-6のように印を付けておく）になるよう上部加圧装置を接触させる。

② スパンは供試体高さの3倍とする。

③ 試験機は，ひょう量の1/5からひょう量までの範囲で使用する。

④ 供試体には衝撃を与えないように，一様に荷重を加える。荷重速度は，縁応力度の増加が毎秒0.06 ± 0.04 N/mm² とする。これを載荷速度で表すと，表4-39のようになるが，最大荷重の約50％まではこの値より少し大きめの速度で載荷してもよい。

表4-39 曲げ供試体の載荷速度

供試体断面（cm）	スパン（cm）	載荷速度（N/min）
15×15	45	150〜750
10×10	30	66〜333

⑤ 供試体が破壊するまでに試験機が示す最大荷重を，有効数字3けたまで読む。

⑥ 破壊断面の幅を，3カ所において0.1 mmまではかる。

⑦ 破壊断面の高さを，2カ所において0.1 mmまではかる。

(3) 計算方法

① 破壊断面の幅を次式で計算し，有効数字4桁に丸める。

$$b = \frac{b_1 + b_2 + b_3}{3}$$

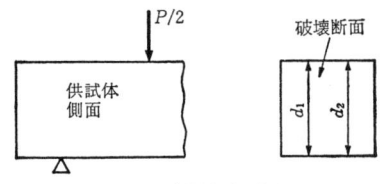

ここで，b：破壊断面の幅（mm）
　b_1, b_2, b_3：(2)の⑥で求めた3カ所の破壊断面の幅（mm）

② 破壊断面の高さを次式で計算し，有効数字4桁に丸める。

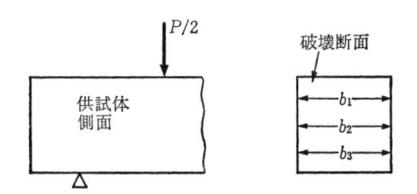

$$d = \frac{d_1 + d_2}{2}$$

ここで，d：破壊断面の高さ（mm）
　d_1, d_2：(2)の⑦で求めた破壊断面の高さ（mm）

③ 曲げ強度は，破壊位置（供試体の引張側表面のスパン方向の中心線と破壊断面との交点とする）によって区別し，次式で計算して有効数字3桁に丸める（図4-6を参照）。

破壊位置が3等分点の間にあるとき（図4-6(a)）

$$f_b = \frac{Pl}{bd^2}$$

ここで，f_b：曲げ強度（N/mm²）
　P：(2)の⑤で求めた最大荷重（kN）
　l：スパン（mm）

供試体が，引張り側表面のスパン方向の中心線の3等分点の外側で破壊したときは，その試験結果を無効とする。

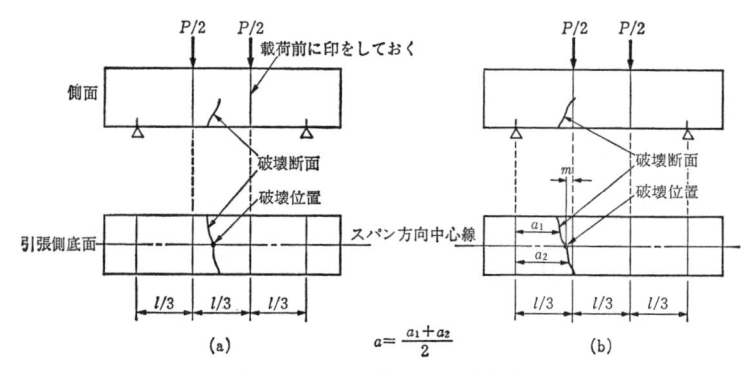

図4-6 曲げ供試体の破壊状況

4.8.4 試験結果例

曲げ強度の試験結果を**表 4-40** に示す。

4.8.5 参考資料

① わが国では，3等分点載荷方法により曲げ強度を求めることになっているが，ほかに中央集中載荷方法がある。この方法で求めた曲げ強度は，3等分点載荷方法による値より大きく，その値のばらつきも多い。

② コンクリートの曲げ強度は圧縮強度の1/5〜1/8ぐらいである。

③ 曲げ強度と引張強度とは，骨材の種類，単位セメント量，材齢等にかかわらずほぼ直線関係にある。

④ 湿潤養生の供試体を表面だけ乾燥した状態で試験すると，曲げ強度は低下する。しかし，完全に乾燥すると，飽和しているときより強くなる[6]。

⑤ コンクリートの曲げ強度は，各供試体（一般には3個以上）の強度の平均値で示す。

表 4-40 試験結果

コンクリートの曲げ強度試験					
試 験 日					
試 料 名					
供 試 体 番 号			No. 1	No. 2	No. 3
材　　　　　齢（日）			28	28	28
幅 (mm)		b_1	150.2	150.8	150.4
		b_2	150.6	150.0	151.0
		b_3	150.8	150.6	150.8
		平均 b	150.5	150.5	150.7
高さ (mm)		d_1	149.8	150.2	150.4
		d_2	150.0	150.0	150.2
		平均 d	149.9	150.1	150.3
スパン l (mm)			450.0	450.0	450.0
最 大 荷 重 P (kN)			44.5	44.0	35.0
曲げ強度 (N/mm²)		$f_b = Pl/bd^2$	5.92	5.84	—
平均曲げ強度 f_b (N/mm²){kgf/cm²}			5.88		
養 生 方 法・温 度			水中　20℃		
供 試 体 の 破 壊 状 況					不良
備　考　供試体番号 No.3 は破壊位置が3等分点からはずれたため試験結果を無効とする。					

4.9 コンクリートの静弾性係数試験 (JIS A 1149)

4.9.1 試験の目的

① コンクリート圧縮強度試験用供試体に軸方向圧縮力を加え，このときに生ずる圧縮ひずみを測定する方法を習得する。
② 応力-ひずみ図を描き，コンクリートの非線形挙動を理解する。
③ 弾性係数の求め方を習得し，非線形材料における弾性係数の意味を理解して，コンクリート部材の設計理論の理解に役立たせる。

4.9.2 使用機器

コンクリートのひずみの測定には，センサーとして，ひずみゲージを用いる方法と，コンプレッソメーターを用いる方法がある。また，計測の方法には，ディジタルデータロガーなどの静ひずみ測定器を用いる方法と，ひずみアンプなどの動ひずみ測定器を用いる方法がある。これらのひずみ測定機器は，供試体の縦ひずみを 10×10^{-6} 以下の精度で測定できるものとする。また，ひずみ測定機器の検長は，コンクリートの製造に用いた粗骨材の最大寸法の3倍以上，かつ供試体高さの1/2以下とする。

4.9.3 試験手順

(1) センサーの取り付け

(a) ひずみゲージを用いる場合

① 機器および材料を，**表 4-41** に従って準備する。
② 水中養生を行った供試体を試験する場合は，ひずみゲージの接着に支障を来さない程度まで，供試体の表面を自然乾燥させる。
③ ひずみゲージを接着する場所を，ひずみゲージの大きさよりやや広い範囲にわたって，コンクリートの素地が出るまでサンドペーパー等で研磨する。研磨の際に出た粉はブロアーで除去し，アセトンを浸したガーゼで清拭する。
④ ひずみゲージの貼り付け位置を供試体に鉛筆

表 4-41 使用機材

区別	No.	機器・材料	数量	備 考
静的方法	1	ディジタルひずみ測定器（データロガー）	1	記録紙，フロッピーディスクなどデータ記録媒体（測定器の機種による）
	2	パーソナルコンピュータ	1	データ収録をコンピュータで行う場合，接続ケーブルを含む
動的方法	3	動ひずみ測定器	2	
	4	荷重変換器（ロードセル）	1	荷重受座を含む
	5	ブリッジボックス	1	
	6	X-Yレコーダ	1	記録紙，ペンを含む
共 通	7	圧縮試験機	1	
	8	サンドペーパー	少々	
	9	エアブロアー	1	小型の刷毛で代用できる
	10	ニッパー	1	
	11	はんだごて	1	
	12	テスター	1	
	13	スケール	1	
	14	圧縮試験用供試体	1	養生直後の含水状態（ひずみゲージを貼り付ける場合は自然乾燥）
	15	ひずみゲージ	2	コンクリート用（一般的にはゲージ長 120 mm のものを使用）
	16	ひずみゲージ用接着剤	少々	コンクリート用
	17	ゲージ接続端子	2	
	18	ガーゼまたは脱脂綿	少々	
	19	糸はんだ	〃	やに入り
	20	ビニールテープ	〃	
	21	接続コード（リード線）	6 m	平行ビニール線，3 m×2 程度

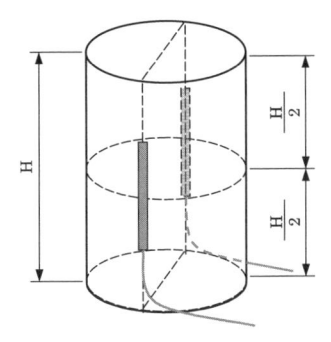

図 4-7 ひずみゲージ貼り付け位置

でマーキングする。ひずみゲージの貼り付け位置は，図 4-7 のように供試体の軸に平行，かつ，対称な 2 つの線上で，供試体高さの 1/2 の位置を中心とする。

⑤ ひずみゲージをマークに合わせて接着剤で供試体に貼り付け，ひずみゲージに付属するポリエチレンシートで覆い，その上から指でしっかりと押さえる。このときの接着剤の量は，ひずみゲージの周囲からポリエチレンシートの下に，均等に染み出すくらいが適当である。

⑥ 図 4-8 に示すように，接続端子を瞬間接着剤を用いて接着し，これにひずみゲージのゲージリードと接続コード（リード線）をはんだ付けする。リード線はビニールテープで供試体に固定しておくとよい。リード線付きのひずみゲージを用いる場合は接続端子を省略できるが，この場合はリード線によってひずみゲージに無理な力がかからないように十分に注意する。

(b) コンプレッソメーターを用いる場合

① 圧縮試験用供試体，コンプレッソメーターを準備する。コンプレッソメーターは，変位計取付部など，各部に緩みや異常がないかを事前に確認しておく。

② 図 4-9 に示すように，供試体にコンプレッソメータ取付位置をマーキングする。標点距離（L）は用いる円柱供試体のサイズによって異なり，$\phi 100 \times 200$ では 100 mm，$\phi 125 \times 250$ では 125 mm，$\phi 150 \times 300$ では 150 mm となる。

③ 下部枠の締付ねじの先端を下の横線に合わせて締め付け，次に上部枠の締付ねじの先端を上の横線よりやや上方にセットし，スペースバーを緩めながら横線の位置に正確に合わせ，締付ねじでしっかりとセットする。

(2) 測定手順

(a) 静ひずみ測定器を用いる場合

静的なひずみ測定では，ディジタルデータロガーを用いるのが一般的となっている。このほか，手動式の静ひずみ測定器とスイッチボックスを使用する方法もあるが，現在ではあまり用いられて

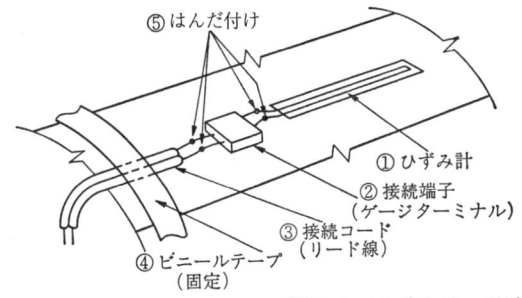

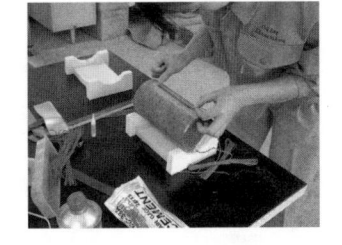

図 4-8 ひずみゲージ貼り付け

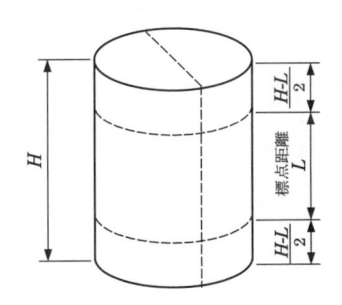

図 4-9 コンプレッソメーターと供試体のマーキング

① 図4-10のように，ひずみゲージのリード線，ロードセルの出力ケーブルをデータロガーに接続する。荷重データについては，圧縮試験機より荷重値を電圧信号で得られる場合もあるので，これを用いてもよい。
② コンプレッソメーターを用いる場合は，ひずみゲージとデータロガーの接続が，コンプレッソメーターの変位計とデータロガーの接続に変わるだけで，以降の計測方法は同様である。
③ データロガーの各チャンネルの測定モード，較正係数を，各々の計測項目，センサー仕様に応じて設定し，イニシャルバランス（初期値の測定）をとる。このとき，正常にイニシャルバランスがとれない場合は，絶縁不良，断線などの不具合が発生している可能性があるので確認する。
④ 供試体を，供試体直径の1％以内の誤差で，中心軸が圧縮試験機の載荷板の中心と一致するように置く。
⑤ 載荷は，供試体に衝撃を与えないように一様な速度で行う。荷重を加える速度は，圧縮応力度の増加が毎秒 $0.6 \pm 0.4 \mathrm{N/mm^2}$ になるようにする。
⑥ 供試体の縦ひずみは，最大荷重の1/2程度まで測定し，その測定間隔は等間隔として，少なくとも10点以上記録する。データロガーを用いる場合は，これらの条件を満足する適当な自動計測時間間隔を設定してもよい。データ処理をコンピュータで行う場合は，計測時間間隔を可能な限り短くし準動的な計測とすることにより，きれいな応力-ひずみ曲線を得ることができる。
⑦ 供試体が急激な変形を始めた後は，荷重を加える速度の調整を中止して，荷重を加え続ける。
⑧ 供試体が破壊するまでに圧縮試験機が示す最大荷重を有効数字3けたまで読む。

(b) 動ひずみ測定器を用いる場合

動的なひずみ測定では，ひずみゲージ，またはコンプレッソメーターの変位計の出力を，動ひずみ測定器により電圧値に変換して記録する。データの収録方法には，データーレコーダにアナログデータのまま記録する方法や，X-Yレコーダで直接応力-ひずみ関係を図化する方法がある。また，AD変換器を用いることにより，計測値をディジタルデータとしてコンピュータに取り込むことも行われている。

① 図4-11は，X-Yレコーダを用いた計測システムの例である。ひずみゲージのリード線，あ

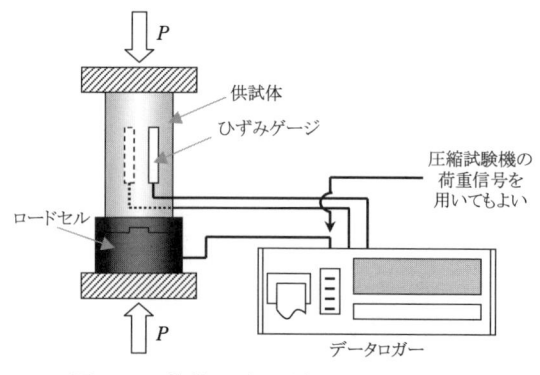

図4-10 静的ひずみ測定システムの構成

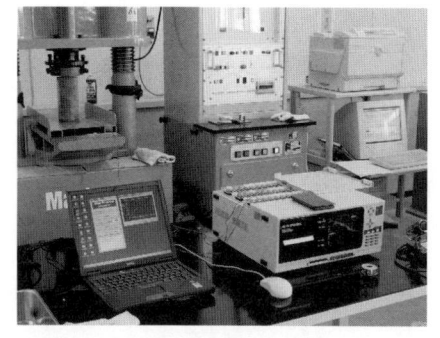

写真4-1 データロガーとコンピュータを用いた計測の例

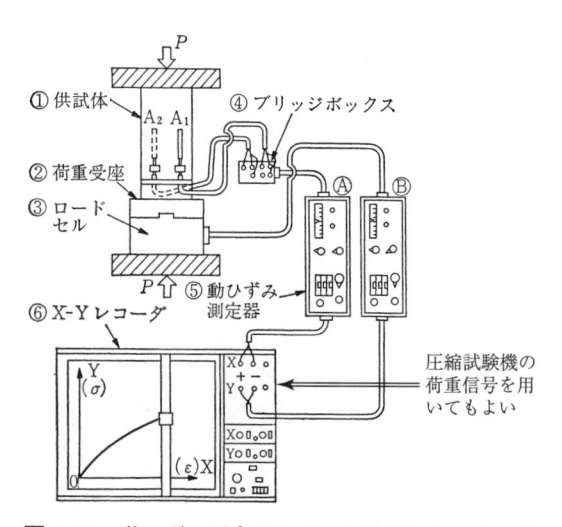

図4-11 動ひずみ測定器を用いた計測システムの例

るいはコンプレッソメーターの変位計の出力ケーブルを，図のように動ひずみ測定器に接続する。
② 荷重の測定にロードセルを用いる場合は，ロードセルの出力ケーブルを動ひずみ測定器に接続する。荷重データに圧縮試験機の電圧出力を用いる場合は，これを直接X-Yレコーダに接続する。
③ 予想される最大応力および最大ひずみに合わせて，動ひずみ測定器，X-Yレコーダのレンジを設定する。ひずみゲージをブリッジボックスを用いて接続する場合は，ひずみ値は2つのゲージの値の和となるので，これに1/2を乗じた値を用いる。
④ 動ひずみ測定器のゼロ点を調整する。一般の動ひずみ測定器では，ゼロ点の調整が自動になっている。
⑤ 以降は，(a)の静ひずみ測定器を用いる場合と同様の方法で載荷し，応力-ひずみ関係を求める。

4.9.4 試験結果の整理

① 計測結果から，各供試体ごとに応力-ひずみ曲線を作成する。動ひずみ測定器とX-Yレコーダを用いた場合には，得られた応力-ひずみ曲線に軸目盛値を記入して用いる。
② ひずみの値は，ひずみゲージの場合は，2つのひずみゲージが示す値の平均値を用いればよい。コンプレッソメーターの場合は，計測値が標点間の変位で与えられるので，変位と標点距離からひずみ値を計算する。
③ 各供試体の静弾性係数は，図4-12のように応力-ひずみ曲線上において最大荷重の1/3の点と，ひずみが50×10^{-6}となる点を結んだ直線の勾配で定義し，次式によって算出する。結果は四捨五入して有効数字3けたに丸める。

$$E_c = \frac{S_1 - S_2}{\varepsilon_1 - \varepsilon_2} \times 10^{-3}$$

ここに，E_c：各供試体の静弾性係数（kN/mm²）
　　　　S_1：最大荷重の1/3に相当する応力（N/mm²）
　　　　S_2：供試体の縦ひずみ50×10^{-6}のときの応力（N/mm²）
　　　　ε_1：応力がS_1のとき生じる供試体の縦ひずみ
　　　　ε_2：50×10^{-6}

4.9.5 注意事項

① 供試体が偏心荷重を受ける場合は良好な結果が得られないので，コンクリート供試体の作製，特にキャッピングは念入りに行う。
② ひずみゲージが完全に接着していない場合は正しい結果を与えないので，接着作業は慎重に行う。
③ ひずみゲージの場合，機器の接続を終え，イニシャルバランスをとった後でリード線を動かすと，設定した初期値が変動するので，リード線には触れないように注意する。
④ 直射日光を受ける場所，温度変化の大きい場所，湿気の多い所での試験は避ける。
⑤ 市販のコンクリート用ひずみゲージは，大部分が自己温度補償型（セルコンゲージ）なので，温度変化による補正は必要ないが，それ以外のゲージを用いる場合は注意する。
⑥ コンプレッソメーターを用いる場合は，装置を付けたままの状態でコンクリートが圧縮破壊しないように注意する。
⑦ データロガーの計測モード，計器の較正係数，ひずみゲージのゲージファクターなどの設定は慎重に行い，間違いのないように注意する。

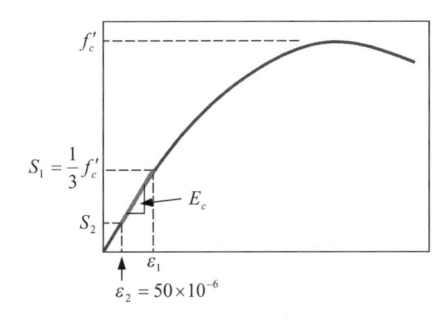

図4-12 コンクリートの静弾性係数の定義

4.9.6 実施例（ひずみゲージ・静的ひずみ測定器を用いた場合）

(1) コンクリート供試体・圧縮強度

供試体のサイズ：$\phi 100 \times 200$ mm

実断面積：$A_c = 7854 \text{mm}^2$

最大荷重：$P_{max} = 320.5$kN

圧縮強度：$f'_c = \dfrac{P_{max}}{A_c} = \dfrac{320.5 \times 10^3}{7854} = 40.8 \text{N/mm}^2$

荷重信号 (V)	荷重 P (kN)	応力度 S (N/mm²)	ひずみ G_1	ひずみ G_2	平均 ($\times 10^{-6}$)	
0.000	0.0	0.00	0	0	0	
0.002	0.2	0.03	1	1	1	
0.018	1.8	0.23	6	6	6	
0.034	3.4	0.43	12	11	12	
0.050	5.0	0.64	18	17	18	
0.066	6.6	0.84	23	22	23	
0.082	8.2	1.04	29	28	29	
0.098	9.8	1.25	35	33	34	
0.114	11.4	1.45	40	38	39	
0.130	13.0	1.66	46	44	45	
0.146	14.6	1.96	52	49	50	←ひずみが 5×10^{-6} の点
0.162	16.2	2.06	57	54	56	
0.178	17.8	2.27	63	60	62	
0.194	19.4	2.47	69	66	68	
0.210	21.0	2.67	74	70	72	
0.226	22.6	2.88	80	76	78	
(中略)						
0.953	95.3	12.13	360	342	351	
0.971	97.1	12.36	370	352	461	
0.991	99.1	12.62	376	357	367	
1.010	101.6	12.86	383	364	374	
1.028	102.8	13.09	391	371	381	
1.046	104.6	13.32	400	380	390	
1.067	106.7	13.60	407	387	397	←1/3
1.086	108.6	13.83	414	393	404	

(2) 測定結果

本実施例では，荷重，ひずみの測定にデジタルデータロガーを用い，毎秒 0.6 N/mm² の速度で荷重を加えながら，約 0.3 秒に 1 回の間隔で自動的に計測を行った。

荷重値は圧縮試験機から出力される電圧信号に較正係数を乗じて求め，ひずみ値は 2 つのひずみゲージの値の平均値としている。

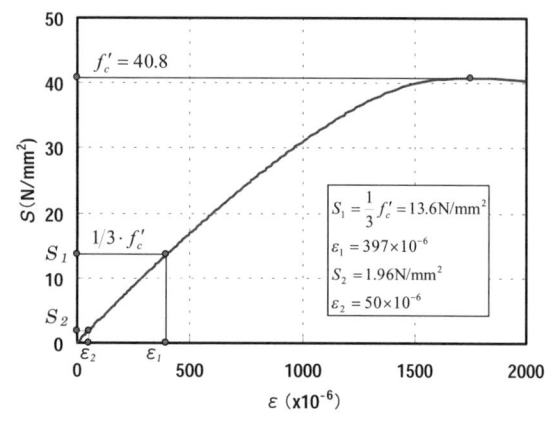

図 4-13　実施例

(3) 静弾性係数

最大荷重の 1/3 に相当する応力 $S_1 = 1/3 \cdot f'_c = 13.6 \text{N/mm}^2$ に対するひずみ $\varepsilon_1 = 397 \times 10^{-6}$ および，ひずみ $\varepsilon_2 = 50 \times 10^{-6}$ に相当する応力 $S_2 = 1.96 \text{N/mm}^2$ を求め，静弾性係数を以下のように計算する。

$$E_c = \dfrac{S_1 - S_2}{\varepsilon_1 - \varepsilon_2} \times 10^{-3} = \dfrac{13.6 - 1.96}{(397 - 50) \times 10^{-6}} \times 10^{-3}$$
$$= 33.5 \text{kN/mm}^2$$

4.10 非破壊試験

4.10.1 概説

構造物の健全度を判定する場合、まず最初に問題となるのは材料の品質である。材料が設計どおりの強度を有し、ひび割れなどの欠陥が存在しているかどうかの判定を行うことになる。この場合、直接構造物から供試体を抜き出して試験すれば確実である。しかし、この方法では構造物に損傷を与えることになるし、修復費も含めて経費が多大になる。このような破壊試験法に対し、構造物から直接供試体を抜き出すことなく行う方法を非破壊試験法と呼んでいる。

金属材料のような均質材料は、硬さ試験や超音波探傷法などの非破壊試験法によりかなりの精度で品質の判定ができる。しかし、コンクリートのような複合材料で、しかも品質が経時的に変化していくものは、かなり複雑で金属材料のように簡単ではないが、多くの方法が研究され、現場に応用されている。

コンクリートについては現在までのところで大別すると、簡易試験方法、表面硬度方法、音響学的方法、放射線方法、サーモグラフィーなどがある。ここでは、現在最も一般的に利用されている表面硬度法のリバウンドハンマー強度試験方法と、JIS にもなっている共鳴振動による方法を中心に説明する。

4.10.2 リバウンドハンマーによる非破壊試験

(1) 試験の目的

実施コンクリートの強度を表面硬度方法の中で現在広く用いられているシュミットハンマーにより推定する。

(2) 使用機器

① シュミットハンマーN型
② 研磨石
③ スケール

(3) 試験方法

(a) 試験手順

土木学会「硬化コンクリートのテストハンマー強度の試験法（案）（JSCE-G504）」に準じて説明する。

① 測定箇所はモルタルで覆われた平滑な平面を選び、豆板や空ほう、露出している砂利などの部分は避ける。測定面内のわずかな凹凸は研磨石で平滑に磨き、付着物は拭き取る。

測定箇所は端部より 3 cm 以上入ったところで、図のように互いに 3 cm 以上隔たった測点が 20 点以上とれるよう、クレヨン、鉛筆などでコンクリート面に印を入れる。

② ハンマを両手で持ち、プランジャをコンクリート面に直角になるように押しつけると、ハンマ内のおもりがプランジャに衝突する。そのはね返りがライダの移動で示されるので、押しつけたままプッシュボタンを押すとライダ移動距離が固定される。

目盛の読みを記録し、同様の操作を 20 点以上行い、その算術平均を反発硬度 R とする。ただし、特に反響やくぼみ具合から判断して異常と認められる場合や、偏差値が ±20％以上になる点があればこれを捨て、それに代わるものを補ってから平均値を求める。

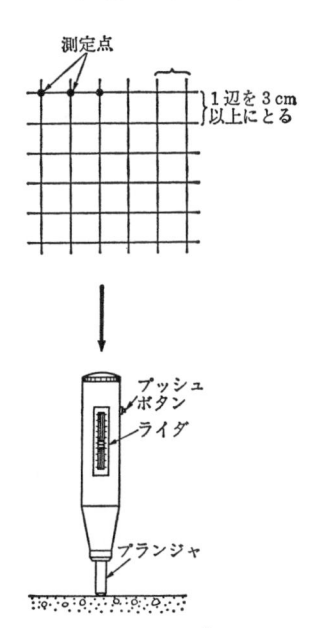

(b) 結果の計算

① 立方体強度と反発硬度との関係式をあらかじめ求めておくことが原則となるが、求めていな

い場合はテストハンマに貼付されている検定曲線図または次式によりコンクリート強度 σ_c を求める。

シュミットハンマーのメーカ検定曲線式
$\sigma_c = -11.83 + 0.785R_0 + 0.00914R_0^2$ (N/mm²)

日本材料学会式
$\sigma_c = -18.0 + 1.27R_0$ (N/mm²)

ここで，R_0：基準硬度で，測定硬度 R に補正値 ΔR を加えた値である。

$R_0 = R + \Delta R$

補正値 ΔR は次のようにして求める。

1) 打撃方向が傾斜している場合
   傾斜角に応じて図4-14から ΔR を求める。
2) コンクリートが打撃方向に直角な圧縮応力を受けている場合
   圧縮応力に応じて図4-15から求める。
3) 水中養生を持続したコンクリートを乾かさずに測定した場合
   $\Delta R = +5$

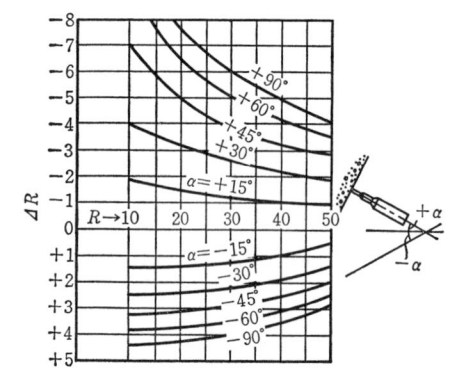

図4-14 打撃方向の補正値 ΔR

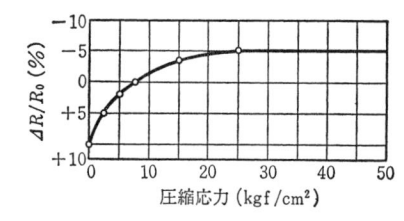

図4-15 応力による補正値（1 kgf/cm² $= 0.09807$ N/mm²）

(4) 参考資料

① テストハンマに関する JIS A 1155「コンクリートの反発度の測定方法」があるが，具体的には土木学会 JSCE-G 504, 日本材料学会の指針(案)や日本建築学会 JASS 5T-603 が参考になる。外国では ASTM, BS, DIN など多くの国において規格化されている。

② テストハンマは，定期的な手入れと検査をする必要がある。手入れの方法は，取扱説明書に従って年1回程度行う。それほど頻繁に使用しないものは半年に1回行う。検査には金属の規定アンビルが有効である。

③ 反発硬度に影響する因子として4.10.2(3)(b)の①の1)～3)があるが，それ以外に考慮すべき因子を挙げると次のようになる。

   1) 部材厚……部材厚が薄くなると R は小さくなる。厚さ10 cm 以下の床版や壁，あるいは1辺が15 cm 以下の断面の柱など小寸法で支間の長い部材は避ける。
   2) 測定面の状態……打撃面はモルタルで覆われた平滑な場所を選ぶ。型枠の種類や研磨の程度により影響される。
   3) 長期材齢……長期にわたり乾燥状態に置かれたコンクリートは，表面の炭酸化により反発硬度が大きくなる。ASTM では6カ月以上の材齢のコンクリートは表面から5 mm 研磨すべきであるとしている。

④ 市販のシュミットハンマーはN型（標準型）のほか，M型（マスコンクリート用），L型（軽量コンクリート用），P型（低強度コンクリート用）などの種類がある。

⑤ 超音波の伝播速度とテストハンマーの反発硬度の組合せにより，コンクリート品質の推定精度が向上することが知られている。

4.10.3 共鳴振動によるコンクリートの動弾性係数試験（JIS A 1127）

(1) 試験の目的

① コンクリート供試体を縦振動またはたわみ振動させ，一次固有振動数を測定することにより動弾性係数を求める。

② 共鳴振動による方法（共振方法またはソニック法）は供試体寸法に制限があり構造物には適用できないが，実験室において供試体の経時的な変化や劣化の様子を精度良く知ることができることから，凍結融解試験，硫酸塩による侵食試験，アルカリ骨材反応試験などに適用されている。

③ 動せん断弾性係数および動ポアソン比を求める場合は，JIS A 1127 の 6.2，6.3 項を参照。

(2) **試験機器**

① 試験装置（ソニック装置）一式（**図 4-16**）

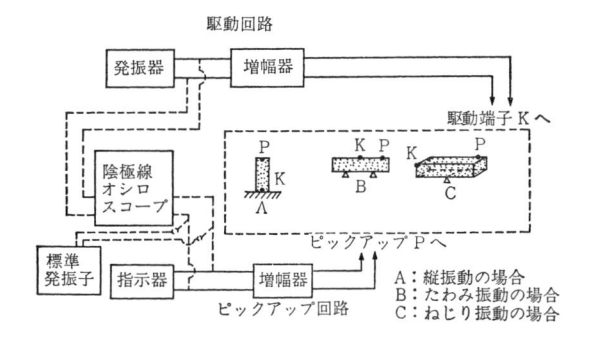

図 4-16　試験装置の一例

② コンクリート供試体

(3) **試験方法**

発振器のキャリブレーション……音さ標準発振子（1 kHz）とオシロスコープによりキャリブレーションをしておく。

(4) **試験手順**

① 図 4-17 における駆動端子 K，ピックアップ P にグリースまたは水をつけてコンクリートに密着させる。

② たわみ振動の場合には，両端面から $0.224L$ のところが振動の節になるため，この近くでナイフエッジ，スポンジゴム，フェルトなどによって支持する。

③ 発振器の振動数を変え，これに応じて供試体が振動するよう駆動力を加えながら，増幅されたピックアップの出力電圧を観測する。指示器に明確な最大の振れを生ずる振動数を一次共鳴振動数とする。材齢，配合などから動弾性係数を仮定して，一次共鳴振動数を逆算し，その振動数付近を探すとよい。

(5) **結果の計算**

動弾性係数は次のように計算する。

縦振動の場合

$$E_D = C_1 m f_1^2$$

ただし，

$$C_1 = 4.00 \times 10^{-3} \times \frac{L}{A} \text{ (sec}^2/\text{mm}^2)$$

ここで，E_D：動弾性係数（N/mm^2）

　　　　m：供試体の質量（kg）

　　　　f_1：縦振動の一次共鳴振動数（Hz）

　　　　L：供試体の長さ（mm）

　　　　A：供試体の断面積（mm^2）

たわみ振動の場合

$$E_D = C_2 m f_2^2$$

ただし，

$$C_2 = 1.61 \times 10^{-3} \times \frac{L^3 T}{d^4} \text{ (sec}^2/\text{mm}^2)$$

（円柱供試体）

$$C_2 = 9.47 \times 10^{-4} \times \frac{L^3 T}{bt^3} \text{ (sec}^2/\text{mm}^2)$$

（角柱供試体）

ここで，E_D：動弾性係数（N/mm^2）

　　　　m：供試体の質量（kg）

　　　　f_2：たわみ振動の一次共鳴振動数（Hz）

　　　　L：供試体の長さ（mm）

　　　　d：円柱供試体の直径（mm）

　　　　b, t：角柱供試体の断面の各辺の長さ（mm）

　　　　　t は振動方向の辺の長さとする。

　　　　T：回転半径 k（円柱供試体に対しては $d/4$，角柱供試体に対しては $t/3.464$）と長さ L および動ポアソン比 ν_D によって決まる修正係数で，$\nu_D = 1/6$ とした場合には，

$$T = 1 + 81.79(k/L)^2 - \frac{1314(k/L)^4}{1 + 81.09(k/L)^2} - 125(k/L)^4$$

となるが，$\mu_D \neq 1/6$ の場合には次式によって求めた修正係数 T' を用いる。

$$T' = T \left[\frac{1 + (0.26\mu_D + 3.22\mu_D^2) k/L}{1 + 0.1328 k/L} \right]$$

(6) **参考資料**

① この試験方法は気象作用，凍結融解作用，化学的作用など，コンクリート品質に変化を生じさせる環境条件の下に置かれたコンクリート供試体の動弾性係数の変化を測定するためのものである。

② 試験値は供試体の含水量などにより影響を受け，同一コンクリートから採取した供試体でも形状寸法に影響されるので，取扱いに注意する。

③ 動弾性係数と強度との関係式には，次のようなものが提案されている。

$E_D = 2.28 \times \sigma_c^{1/2} \times 10^4$ (kgf/cm^2) （坂ら）[12]
$E_D = 5.21 \times \sigma_c^{0.342} \times 10^4$ (kgf/cm^2) （高野）[13]
$E_D = (1.9W/C + 1.3)\sigma_c^{1/2} \times 10^4$ (kgf/cm^2) （樋口）[14]

これらの式は従来単位で求めた式であるので，SI 単位にするには 1 kgf/cm^2=0.09807 N/mm^2 で換算する必要がある。また，配合，乾燥状態により影響されることから，これらの式を直接用いることは誤差を大きくすることがあるので注意を要する。

明石[15]や Kesler と樋口[16]は，対数減衰率を含めることにより推定誤差を小さくできるとしている。

④ 動せん断弾性係数，動ポアソン比は図 4-16 の C の方法を使って JIS の計算式によって求めることができる。

4.11 現場コンクリートの品質管理

4.11.1 目 的

① コンクリートの品質の変動と品質管理の重要性について理解する。
② 管理図の作り方と管理状態の判定方法を習得する。
③ 品質検査の意義を理解し，検査方法の手順を習得する。

4.11.2 管理特性と管理図

(1) 試験値

① 管理特性としては圧縮強度，スランプ，空気量，W/C 等があるが，ここでは圧縮強度を特性値とする場合について演習する。
② 試験のための試料を採取する時期・回数は，工事仕様書等の指定による。
③ 圧縮強度の試験値は，一般の場合，同一バッチから採取した供試体 3 個の測定値（a, b, c）の平均値（x）とする。また，試験値（x_i）は，$i=1, 2, \cdots, m, \cdots$ のように順次に得られるものとする。

(2) 管理図

① 工事に使われる管理図は数種類あるが，ここでは代表的な $\bar{x}-R$ 管理図と，実際の現場でよく使われている $x-R_s-R_m$ 管理図について演習する。
② $\bar{x}-R$ 管理図（図 4-18 参照）は，横軸に組番号を，縦軸に各組の平均値 $\bar{x}$ と各組内の最大値と最小値の範囲 R をプロットし，平均値とばらつきの変化を連続的に表示し，管理限界との関係において工程を管理するためのグラフ（チャート）である。
③ $x-R_s-R_m$ 管理図（図 4-19 参照）は，横軸に試験値の番号を，縦軸に試験値（3 個の供試体から得られた測定値 a, b, c の平均値）$\bar{x}$，移動範囲（連続する試験値における前後の隣り合う 2 個の差の絶対値）R_s と測定値の範囲（3 個の測定値 a, b, c の範囲）R_m をプロットし，試験値・移動範囲・測定値範囲の変化を連続的に表示し，管理限界との関係において工程を管理するためのグラフ（チャート）である。
$\bar{x}-R$ 管理図では，組分けするため相当数の試験値を必要とするのに対して，$x-R_s-R_m$ 管理図では，各試験値ごとに管理できるので，試験値の少ない一般の工事の場合に適している。

(3) 管理限界と管理方式[12]

① 管理限界値としては，一般に $\pm 3\sigma/\sqrt{n}$ （一般に 3 シグマ法と呼ばれている）を用いるが，警戒限界値として $\pm 2\sigma/\sqrt{n}$ を併用する場合もある。
② $\bar{x}-R$ 管理図において，最初の管理限界を設定するための予備試験値は，一般に 20〜25 組（1 組に含まれる試験値の数を合理的群の大きさというが，$n=4$ としても 25 組×4 個＝100 個の試験値）程度必要とされるが，通常の工事では試験値は少なく，この要件を満足できない場合が多い。このため，一般に最初の 5 組（No.1〜5）の試験値を用いて次の 5 組（No.6〜10）を管理し，それまでの 10 組（No.1〜10）の試験値を用いて次の 10 組（No.11〜20）を管理し，それまでの 20 組（No.1〜20）の試験値を用いて次の 20 組（No.21〜40）を管理し，以後は最新の 20 組の試験値を用いて，続いて得られる 20 組を管理する方法を用いている。すなわち，5 で 5，10 で 10，20 で 20，以下 20 で 20 を管理する方法で，これを 5-5-10-20-20 方式と呼んでいる。
③ 全体の試験値の数が少なく，$\bar{x}-R$ 管理図のように組分けする余裕のない場合は，一般に 1 点管理図として $x-R_s-R_m$ 管理図が用いられる。一般に 5 個（No.1〜5）の試験値を用いて次の 3 個（No.6〜8）を管理し，それまでの 8 個（No.1〜8）の試験値を用いて次の 5 個（No.9〜13）を管理し，それまでの 13 個（No.1〜13）の試験値を用いて次の 7 個（No.14〜20）を管理し，それまでの 20 個（No.1〜20）の試験値を用いて次の 10 個（No.21〜30）を管理し，それまでの 30 個（No.1〜30）の試験値のうち最新の 20 個の試験値（No.11〜30）を用いて次の 10 個（No.31〜40）を管理し，以後は最新の 20 個の試験値を用い

て，続いて得られる10個を管理する方法を用いている。すなわち，5で3，8で5，13で7，20で10，以下20で10を管理する方法で，これを5-3-5-7-10-10方式と呼んでいる。

4.11.3 $\bar{x}$-R 管理図の作り方と管理手順

図4-17に示す手順に従って $\bar{x}$-R 管理図を作成し，工程の管理状態を判定する。

① 予備データが得られるまでの暫定限界値を求める。規格値を用いて計算する方法の一例として，表4-42が使われている。管理限界用係数は表4-43による。

② 1組分 n 個の試験値が得られたら，平均値 $\bar{x}=\sum x_i/n$，範囲 $R=x_{max}-x_{min}$ を計算して，これをプロットし，表4-44を参照して管理状態を判定する。

③ 総平均 $\bar{\bar{x}}=\sum \bar{x}_j/5$，平均範囲 $\bar{R}=\sum R_j/5$ を計算し，次の5組（No.6～10）に対する管理限界値を表4-45に示す式により計算する。

④ 試験値をプロットし，表4-44により管理状態の判定をする。管理状態にない場合で，技術

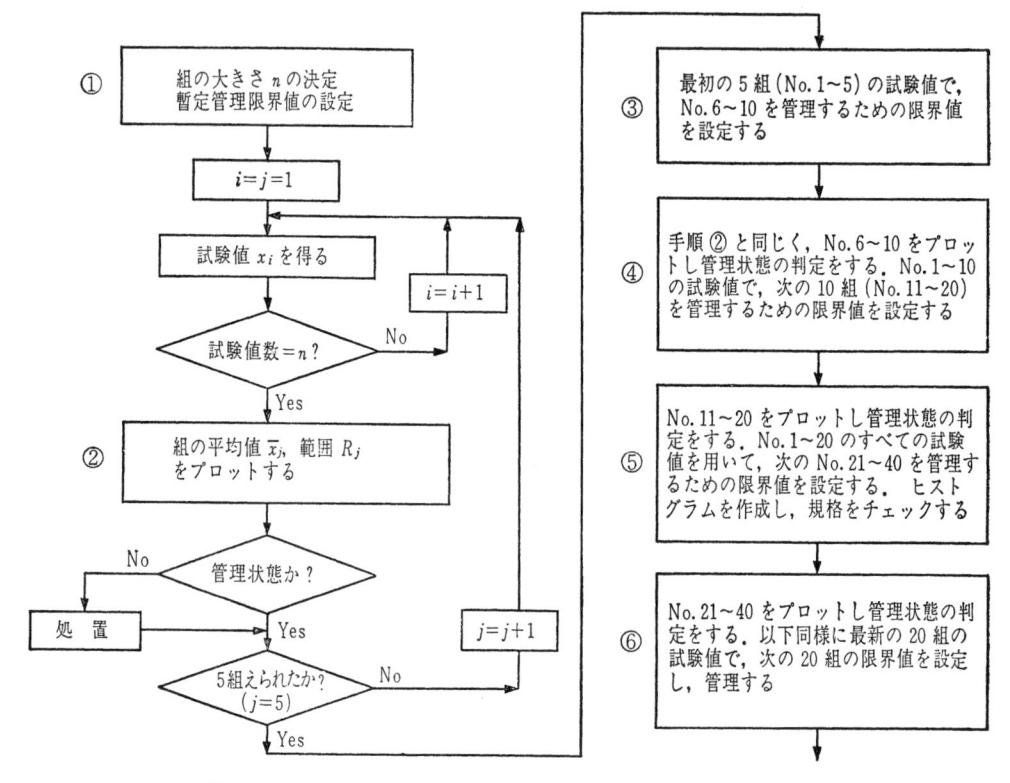

図4-17 $\bar{x}$-R 管理図による管理手順（5-5-10-20-20方式）

表4-42 $\bar{x}$-R 暫定管理限界公式（片側規格の場合）[12]

限界線 \ 管理図	$\bar{x}$	R
中 心 線 CL	$\hat{\mu}=\dfrac{S_L}{1-\dfrac{u}{\sqrt{n}}\left(\dfrac{CV}{100}\right)}$	$d_2\hat{\sigma}$
上 限 界 線 UCL	$\hat{\mu}+3\hat{\sigma}\sqrt{\dfrac{1}{n}}$, $\hat{\sigma}=\hat{\mu}\left(\dfrac{CV}{100}\right)$	$(d_2+3d_3)\hat{\sigma}$
下 限 界 線 LCL	$\hat{\mu}-3\hat{\sigma}\sqrt{\dfrac{1}{n}}$	$(d_2-3d_3)\hat{\sigma}$
備 考	S_L：下限規格値，CV：予想変動係数（％），n：群の大きさ，u：3，できれば4	d_2, d_3：表4-44による

表 4-43　管理限界用係数[12), 13)]

n	d_2	d_3	A_2	D_3	D_4	E_2
2	1.128	0.853	1.880	—	3.267	2.660
3	1.693	0.888	1.023	—	2.575	1.772
4	2.059	0.880	0.729	—	2.282	1.457
5	2.326	0.864	0.577	—	2.115	1.290
6	2.534	0.848	0.483	—	2.004	1.184
7	2.704	0.833	0.419	0.076	1.924	1.109
8	2.847	0.820	0.373	0.136	1.864	1.054
9	2.970	0.808	0.337	0.184	1.816	1.010
10	3.078	0.797	0.308	0.223	1.777	0.975

表 4-44　管理状態の判定[12)]

判定	No.	打点状態	例	処置
安定	①	連続 25 点以上，管理限界内にある		不要
	②	連続 35 点中，管理限界外に打点されるもの 1 点以下		
	③	連続 100 点中，管理限界外に打点されるもの 2 点以下		
不安定（管理状態にない可能性がある）	④	管理限界外に打点（①，②以外）		技術的処置 要注意 原因調査
	⑤	中心線の一方の側に連続して 5 点		
	⑥	〃　　　　　　　　　　　6 点		
	⑦	〃　　　　　　　　　　　7 点		
	⑧	中心線の一方の側に連続 11 点中，10 点		技術的処置
	⑨	〃　　　　　　　14　〃　12		
	⑩	〃　　　　　　　17　〃　14		
	⑪	〃　　　　　　　20　〃　16		
	⑫	7 点以上，上昇，または下降一方		原因調査
	⑬	周期的に変化		
	⑭	中心線付近に集中		
	⑮	$2\sigma \sim 3\sigma$ 限界に連続 3 点中，2 点		技術的処置
	⑯	〃　　　　　　　7　〃　3		
	⑰	〃　　　　　　　10　〃　5		
	⑱	〃　　　　　　　30　〃　0		

表 4-45　$\bar{x}$-R 管理限界公式[13)]

管理図　限界線	$\bar{x}$	R
中心線 CL	$\bar{x}$	$\bar{R}$
上限界線 UCL	$\bar{x} + A_2\bar{R}$	$D_4\bar{R}$
下限界線 LCL	$\bar{x} - A_2\bar{R}$	$D_3\bar{R}$
備考	A_2：表 4-43 による	D_3, D_4：表 4-43 による，$n \leq 6$ のとき，D_3 は考えない

的処置をとったときは，その試験値を除いて次の管理限界値を計算する。管理状態を示す場合は，総平均 $\bar{\bar{x}} = \sum \bar{x}_j/10$，平均範囲 $\bar{R} = \sum R_j/10$ を計算し，**表 4-45** により次の管理限界値を求める。

⑤　試験値が 20 組得られた時点でヒストグラムを作成し，規格値に対して試験値の平均値，ばらつきなどに異常がないかチェックする。一般に 20 組程度ごとに，全試験値を対象にヒストグラムをつくり，規格値とのチェックをする。

⑥　以下同様に 20 組を用いて次の 20 組を管理していく。

注1) ここに示した手順は，合理的な群の大きさ $n=3\sim5$ の場合で，5-5-10-20-20方式によったものである。$n=2$ の場合は，5-3-5-7-10-10方式がよい。

注2) $\bar{x}$ 管理図を上に，下に R 管理図をかき，両者の組番号の位置をそろえる。

注3) $\bar{x}$-R 管理図は，工程が安定しているかどうかを示すものであり，この結果が特性値に付されている条件に合格しているかどうかは，後述の品質検査によらなければならない。ヒストグラムによる規格値との比較は，品質検査の簡便法としてよく用いられている。

4.11.4　x-R_s-R_m 管理図の作り方と管理手順

図 4-18 に示す手順に従って管理図を作成し，工程の管理状態を判定する。

① 予備データが得られるまでの暫定限界値（例えば表 4-46）を求める。

図 4-18　x-R_s-R_m 管理図による管理手順（5-3-5-7-10-10 方式）

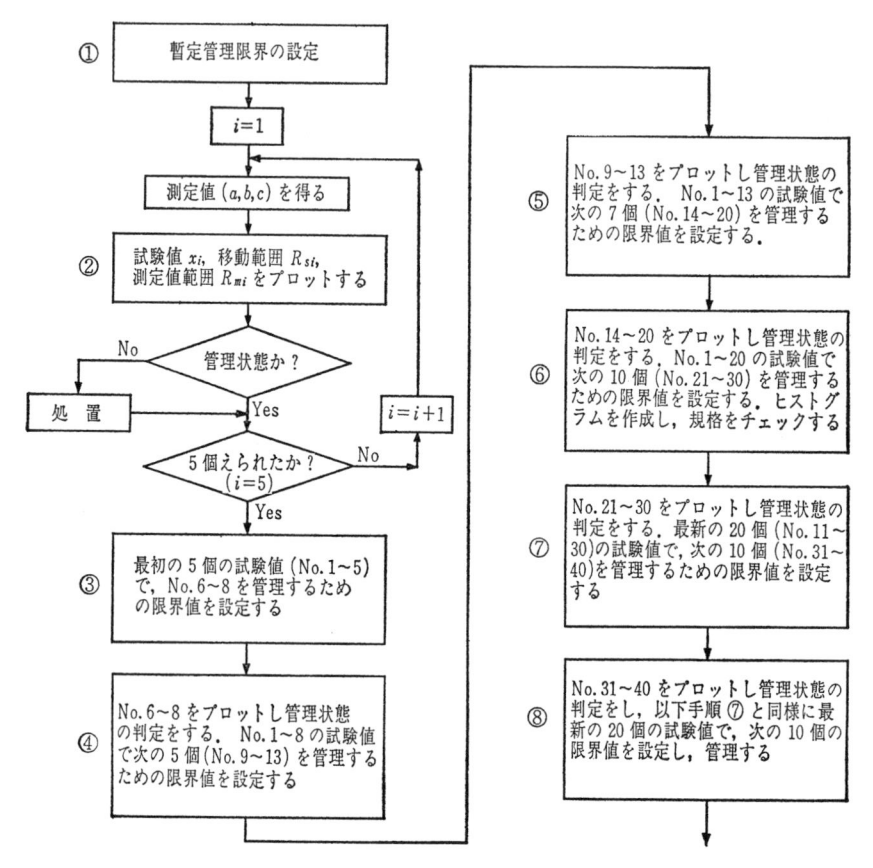

表 4-46　x-R_s-R_m 暫定管理限界公式（片側規格の場合）[12]

管理図 限界線	x	R_s	R_m
中心線 CL	$\hat{\mu}=\dfrac{S_L}{1-u\left(\dfrac{CV}{100}\right)}$	$d_2\hat{\sigma}$	$d_2\hat{\sigma}$
上限界線 UCL	$\hat{\mu}+3\hat{\sigma},\ \hat{\sigma}=\hat{\mu}\left(\dfrac{CV}{100}\right)$	$(d_2+3d_3)\hat{\sigma}$	$(d_2+3d_3)\hat{\sigma}$
下限界線 LCL	$\hat{\mu}-3\hat{\sigma}$	$(d_2-3d_3)\hat{\sigma}$	$(d_2-3d_3)\hat{\sigma}$
備考	S_L：下限規格値，CV：予想変動係数(%)，u：一般に 3，できれば 4	d_2, d_3：表 4-43 による，$n=2$ の場合	d_2, d_3：表 4-43 による，$n=$同時にとった供試体の数，一般に 3 個

表 4-47　x-R_s-R_m 管理限界公式[12), 13)]

管理図 限界線	x	R_s	R_m
中　心　線 CL	$\bar{x}$	$\bar{R}_s$	$\bar{R}_m$
上 限 界 線 UCL	$\bar{x}+E_2\bar{R}_s$	$D_4\bar{R}_s$	$D_4\bar{R}_m$
下 限 界 線 LCL	$\bar{x}-E_2\bar{R}_s$	考えない	$D_3\bar{R}_m$
備　　　　考	$n=2$ なので，$E_2=2.66$（3シグマ限界），**表 4-44**	$n=2$ なので，$D_4=3.27$（3シグマ限界），**表 4-44**	D_3, D_4：**表 4-44**による，n＝同時にとった供試体の数，一般に3個

② 順次得られる測定値（3個の供試体に対し a, b, c）から試験値 $x_i=(a_i+b_i+c_i)/3$，移動範囲 $R_{si}=|x_i-x_{i-1}|$（$i=1$ のとき R_s の値はない），測定値の範囲 $R_{mi}=|(a, b, c)$ の最大値と最小値の差| を求めプロットする。

③ 最初の5個の試験値（No.1～5）が得られたら，総平均 $\bar{x}=\sum x_i/5$，平均移動範囲 $\bar{R}_s=\sum R_{si}/4$，測定値の平均範囲 $\bar{R}_m=\sum R_{mi}/5$ を計算し，次の3個に対する管理限界値を，**表 4-46** の式で求め管理図に記入する。

④ 試験値No.6～8 をプロットするごとに**表 4-43** により管理状態の判定をする。管理状態にない場合は，その原因を追究し技術的処置をとる。処置をとった場合は，その試験値を除いて限界値を計算する。管理状態を示す場合は，それまで得られた8個の試験値（No.1～8）のすべてを用いて，総平均 $\bar{x}=\sum x_i/8$，平均移動範囲 $\bar{R}_s=\sum R_{si}/7$，測定値の平均範囲 $\bar{R}_m=\sum R_{mi}/8$ を計算し，次の5組（No.9～13）に対する限界値を求め，管理図に記入する。

⑤ 次の5個（No.9～13）をプロットし，管理状態を判定する。それまでに得られた13個（No.1～13）のすべての試験値を用いて，次の7組（No.14～20）を管理するための限界値を計算し，管理図に記入する。

⑥ 同様に7個（No.14～20）を判定し，それまで得られた20個（No.1～20）を用いて，次の10個（No.21～30）に対する限界値を求め管理図に記入する。ここで20個の試験値についてヒストグラムを作成し，規格をチェックする。

⑦ 次の10個（No.21～30）の試験値に対して管理状態を判定し，これまで得られた30個（No.1～30）の試験値のうち最新の20個（No.11～30）を用いて，次の10個（No.31～40）を管理するための限界値を計算し，記入する。

⑧ No.31～40 の10個の試験値をプロットし，以下⑦と同様に，最新の20個の試験値を用いて，次の10個に対する管理限界値を記入し，プロット・判定を繰り返す。

注1）ここに示した手順は，いわゆる1点管理図 $n=2$ の場合の 5-3-5-7-10-10 方式によったものである。

注2）x 管理図を一番上に，次に R_s 管理図，一番下に R_m 管理図をかく。

注3）移動範囲 R_{si} は $x_i \sim x_{i+1}$（$i=1, 2, \cdots$）の中間にプロットする。

注4）x 管理図は x そのものが規格値と直接対比できるので，管理限界と規格値を比較し，管理限界が規格内にあれば，試験値は一応規格を満足しているとみてよい。

4.11.5　ヒストグラムの作り方と判定方法

(1)　ヒストグラム作成手順

① 試験値の中の最大値 $x_{\max}$ と最小値 $x_{\min}$ を求める。

② 試験値全体としての範囲 $R=x_{\max}-x_{\min}$ を求める。

③ 範囲 $R/$（クラス数）に最も近い偶数値をクラス幅 C とする。試験値の数に対するクラス数は，**表 4-48** から求める。

④ 両端のクラスが最大値 $x_{\max}$，最小値 $x_{\min}$ を含むように，クラス幅 C で区切りクラスを設け

表 4-48　クラスの数[12)]

試 験 値 の 数	クラスの数
50 以下	7～ 8
100 程度	10
500 程度	10～15
1,000 以上	20

る（**表4-49**参照）。
⑤ 試験値を各クラスに割り振って計数し，度数分布表（**表4-49**）をつくる。
⑥ 度数分布表からヒストグラムを作成する。横軸に特性値としてのコンクリート圧縮強度の代表値（中央値）を，縦軸に度数をとる（**図4-18**）。
⑦ ヒストグラムに規格値を記入し，試験値が十分なユトリで規格値を満足しているかどうかを，**表4-50**を参照して判定する。

表4-49 度数分布表の例

No.	クラス分け	代表値(中央値)	計数マーク	度 数
1	24.55～24.95	24.7	/	1
2	24.95～25.35	25.1	//	2
3	25.35～25.75	25.5	///	3
4	25.75～26.15	25.9	//	2
5	26.15～26.55	26.3	//// /	6
6	26.55～26.95	26.7	////	5
7	26.95～27.35	27.1	//	2
8	27.35～27.75	27.5	//// //// ///	13
9	27.75～28.15	27.9	//// //	7
10	28.15～28.55	28.3	////	4
11	28.55～28.95	28.7	////	4
12	28.95～29.35	29.1	/	1

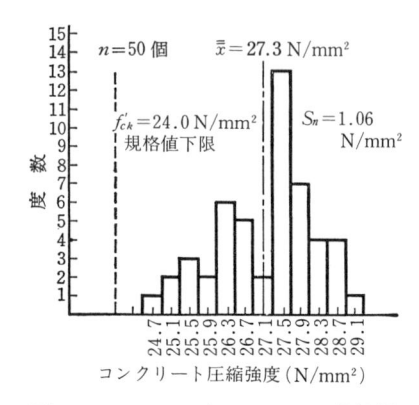

図4-19 ヒストグラムによる規格値判定の例

$n=50$個　$\bar{x}=27.3\,\text{N/mm}^2$
$f'_{ck}=24.0\,\text{N/mm}^2$　$S_n=1.06\,\text{N/mm}^2$
規格値下限

表4-50 ヒストグラムによる規格のチェック[12]

No.	ヒストグラムの例	判　定	処　置
1	規格の下限／規格の上限	(1) 規格に対し十分なユトリがある。(2) ばらつきも大体管理されている。(3) 工程は，満足できる状態にある。	(1) 安定した状態を維持するよう努める。(2) 規格が広すぎる場合には規格を少し厳しくして，品質の向上を図る。
2	規格の下限／規格の上限	(1) 規格に対してユトリがない。(2) ばらつきが大きいため，いつ規格はずれの不良品が出るか，わからない状態にある。	(1) ばらつきを小さくするか，(2) 規格を検討して少し緩くするなどして，規格に対して十分なユトリをもたせる。
3	規格の下限／規格の上限	(1) 離れ島ができている。(2) 工程に異常があることを示す。	(1) 原因を追究して，根本的な対策を講ずる。
4	規格の下限／規格の上限	(1) ばらつきの程度は良い。(2) 中心がずれているため規格はずれの不良品を発生している。	(1) 平均値を上下規格の中心に近づけるようにする。
5	規格の下限／規格の上限	(1) ばらつきが大きい。(2) 規格からはずれて，不良品を発生している。	(1) ばらつきを小さくするか，(2) 規格を検討して緩くするか，根本的な対策が必要。
6	規格の下限／規格の上限	(1) 規格外の不良品を取り除いて整理している疑いがある。	(1) 得られたデータを用いて，正しく判定する。

(2) ユトリの計算[12]

(a) 両側規格の場合

平均値のズレの判定：$|S_U-\bar{x}|/S_n>3$ および $|S_L-\bar{x}|/S_n>3$（できれば4）

ばらつきの程度の判定：$|S_U-S_L|/S_n>6$（できれば8）

(b) 片側規格の場合

平均値のズレの判定：$|S_U-\bar{x}|/S_n>3$ または $|S_L-\bar{x}|/S_n>3$（できれば4）

ここで，S_U, S_L：規格上限および下限

$\bar{x}, S_n$：試験値の総平均および不偏分散の平方根 $\sqrt{\sum_{i=1}^{n}(x_i-\bar{x})^2/(n-1)}$

x_i：個々の試験値

n：試験値の数

〔計算例〕

図4-19に示すヒストグラムについて，ユトリを求めて判定する。

ユトリ＝$|S_L-\bar{x}|/S_n=|24.0-27.3|/1.06=3.1>3$

したがって，一応ユトリはあるが十分ではない。ばらつきは小さいので，規格値を少し緩く，例えば $0.9f'_{ck}$ とすると，$|0.9×24.0-27.3|/1.06=5.4>4$ となり，十分なユトリとなる。

4.11.6 品質検査の方法

(1) 品質検査基準

① 所要の圧縮強度に対して W/C を決定した場合は，一般のコンクリートでは，f'_{ck} よりも小さい試験値の出る確率が1/20以下であることが適当な危険率で推定できれば，そのコンクリートは所要の品質を満たすと考える。

② 所要の耐久性などに対して W/C を決定した場合は，試験値の平均値が所要の W/C に対応する圧縮強度より大きいときは，必要な品質をもつものと考えてよい。

(2) 計数検査法[14]

① 計数検査は計量検査に比べて判定能力は低いが，取扱いが簡単なため，試験値の数が多い場合に適している。

② 次の条件を満足すれば，コンクリートは所要の品質をもつとする。連続する10個の試験値のうち，f'_{ck} を下回るものが1個より多くない。

(3) 計量検査法[4]

① 一般に試験値の数が少ない場合に用いるのがよい。

② 次の条件を満たせば所要の品質をもつと考える。

$\bar{x} \geq f'_{ck}+k\cdot S_n$

ここに，$\bar{x}$：試験値の総平均（N/mm²）

f'_{ck}：設計基準強度（N/mm²）

$S_n=\sqrt{\sum_{i=1}^{n}(x_i-\bar{x})^2/(n-1)}$

ここに，S_n：不偏分散の平方根（N/mm²）

x_i：個々の試験値（N/mm²）

n：試験値の数

k：合格判定係数（図4-21）。

〔計算例〕

図4-19のヒストグラムに用いた試験値を，計量検査法により品質検査する。試験値の数 $n=50$ 個，したがって図4-20より $k=1.39$ を得る。

$f'_{ck}+k\cdot S_n=24.0+1.39×1.06$
$=25.5<\bar{x}=27.3\cdots$OK

③ 変動係数を次式で求めて，実際の変動を確かめてみる。

$CV=(S_n/\bar{x})×100(\%)$

また，予想した変動係数が適当であったかどうかは，図4-21を用いて判定することができる。

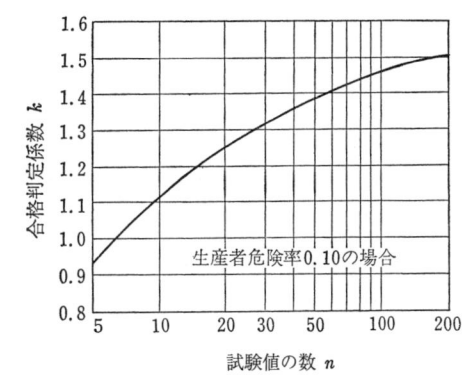

この図は計量規準型1回抜取検査で標準偏差未知の場合である。
$P=1/20, aP=1/10$ の場合について表したものである

図4-20 合格判定係数[4]

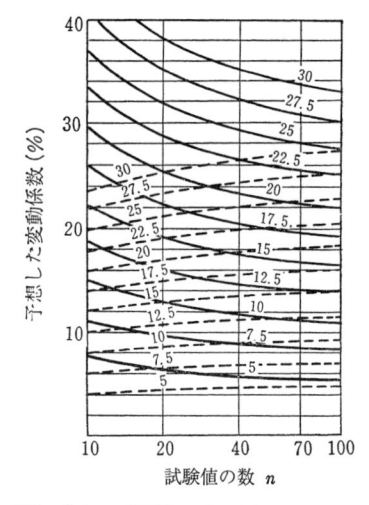

図中の数字は，試験値から求めた変動係数である。
例えば，20個の試験値から得られた変動係数が15％であった場合，この試験値からは実際の変動係数がほぼ13～19％にあればよいことになる

図 4-21 予想変動係数のチェック[4]

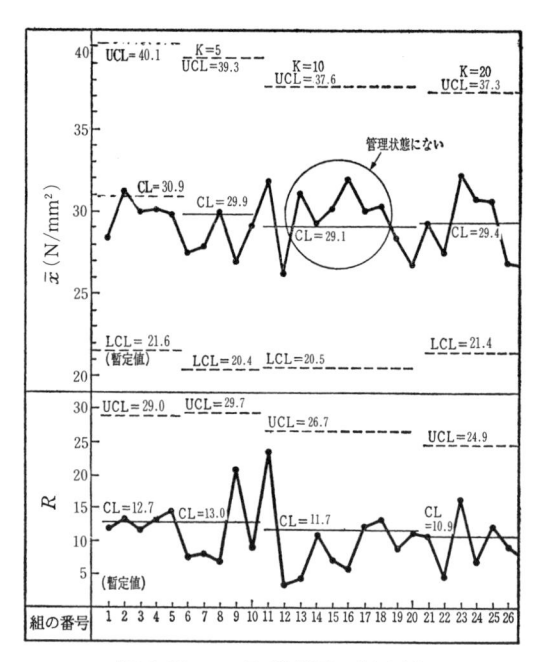

図 4-22 $\bar{x}$-R 管理図の記入例

表 4-51 $\bar{x}$-R 管理図データシート記入例（5-5-10-20-20方式）

実 験 名							現場コンクリートの品質管理（$\bar{x}$-R 管理）					
設計基準強度 (N/mm²)		24.0	規格限界	上限	—		試料の大きさ		1回3個	工事名		
配 合 強 度 (N/mm²)		35.7		下限	21.6		試料の間隔					
月 日	組 No.	試験値 (N/mm²)					計 Σ	平均値 $\bar{x}$	範囲 R		総平均 $\bar{\bar{x}}$	平均範囲 $\bar{R}$
		x_1	x_2	x_3	x_4	x_5						
	1	32.6	29.4	20.7	30.3		113.0	28.3	11.9	$\bar{x} \pm A_2 \bar{R}$ $=29.9 \pm 0.729 \times 13.0$ $=20.4 \sim 39.3$ $D_4 \bar{R} = 2.282 \times 13.0$ $=29.7$		
	2	39.2	25.9	30.8	28.9		124.8	31.2	13.3			
	3	36.0	29.0	24.2	30.9		120.1	30.0	11.8			
	4	21.6	32.7	35.0	31.1		120.4	30.1	13.4	①平均	29.9	13.0
	5	24.9	23.4	37.9	32.8		119.0	29.8	14.5	②累計	149.4	64.9
	小計							149.4	64.9	③小計	149.4	64.9
	6	24.2	24.4	31.7	29.7		110.0	27.5	7.5	$\bar{x} \pm A_2 \bar{R}$ $=29.1 \pm 0.729 \times 11.7$ $=20.5 \sim 37.6$ $D_4 \bar{R} = 2.282 \times 11.7$ $=26.7$		
	7	30.9	22.9	27.3	30.2		111.3	27.8	8.0			
	8	33.2	27.4	26.2	33.1		119.9	30.0	7.0			
	9	34.8	14.3	29.7	28.6		107.4	26.9	20.5	④平均	29.1	11.7
	10	24.9	25.6	33.9	32.0		116.4	29.1	9.0	⑤累計	290.7	116.9
	小計							141.3	52.0	⑥小計	141.3	52.0
	11	20.2	44.0	27.9	35.3		127.4	31.9	23.8	$\bar{x} \pm A_2 \bar{R}$ $=29.4 \pm 0.729 \times 10.9$ $=21.4 \sim 37.3$ $D_4 \bar{R} = 2.282 \times 10.9$ $=24.9$		
	12	24.0	27.3	27.3	26.2		104.8	26.2	3.3			
	13	29.8	34.1	31.5	29.4		124.8	31.2	4.7			
	14	35.3	24.3	31.1	26.4		117.1	29.3	11.0			
	15	27.6	34.2	26.9	32.1		120.8	30.2	7.3			
	16	34.1	32.6	28.4	32.9		128.0	32.0	5.7			
	17	29.7	27.8	37.3	25.1		119.9	30.0	12.2			
	18	34.1	25.2	37.8	24.4		121.5	30.4	13.4			
	19	24.1	26.8	33.0	29.8		113.7	28.4	8.9	⑦平均	29.4	10.9
	20	26.2	32.5	27.4	21.0		107.1	26.8	11.5	⑧累計	587.1	218.7
	小計							296.4	101.8	⑨小計	296.4	101.8

4.11.7 実施例

(1) $\bar{x}\text{-}R$ 管理図

表 4-51, 図 4-22 参照。

暫定管理限界は, $S_L=21.6\,\text{N/mm}^2$, $CV=20$ %, $u=3$ を用いて計算した。

(2) $x\text{-}R_s\text{-}R_m$ 管理図

表 4-52, 図 4-23 参照。

暫定管理限界は, $S_L=21.6\,\text{N/mm}^2$, $CV=6$ %, $u=3$ を用いて計算した。

表 4-52 $x\text{-}R_s\text{-}R_m$ 管理図データシート記入例 (5-3-5-7-10-10 方式)

実験名					現場コンクリートの品質管理 ($x\text{-}R_s\text{-}R_m$ 管理)								
設計基準強度 (N/mm²)	24.0		規格限界	上限	—	試料の大きさ		1回3個		工事名			
配合強度 (N/mm²)	26.6			下限	21.6	試料の間隔		1日1回					
月日	No.	測定値 (N/mm²)			計 Σ	試験値 x	移動範囲 R_s	測定値範囲 R_m		総平均 $\bar{x}$	平均移動範囲 $\bar{R}_s$	平均範囲 $\bar{R}_m$
		a	b	c								
	1	27.0	27.5	27.6	82.1	27.4	—	0.6	$\bar{x}\pm2.66\bar{R}_s=27.9\pm2.66\times0.6$ $=29.5\sim26.3$ $3.27\bar{R}_s=3.27\times0.6=1.96$ $2.57\bar{R}_m=2.57\times1.62=4.16$			
	2	28.7	26.9	28.0	83.6	27.9	0.5	1.8				
	3	27.3	27.6	29.1	84.0	28.0	0.1	1.8				
	4	28.0	28.3	29.7	86.0	28.7	0.7	1.7	①平均	27.9	0.6	1.62
	5	27.3	26.7	28.9	82.9	27.6	1.1	2.2	②累計	139.6	2.4	8.1
	小計					139.6	2.4	8.1	③小計	139.6	2.4	8.1
	6	28.0	28.6	27.9	84.5	28.2	0.6	0.7	$\bar{x}\pm2.66\bar{R}_s=27.9\pm2.66\times0.56$ $=29.4\sim26.4$ $3.27\bar{R}_s=3.27\times0.56=1.83$ $2.57\bar{R}_m=2.57\times1.83=4.70$			
	7	26.5	27.5	28.7	82.7	27.6	0.6	2.2				
	8	25.7	28.6	29.3	83.6	27.9	0.3	3.6				
									④平均	27.9	0.56	1.83
									⑤累計	223.3	3.9	14.6
	小計					83.7	1.5	6.5	⑥小計	83.7	1.5	6.5
	9	26.3	27.8	28.0	82.1	27.4	0.5	1.7	$\bar{x}\pm2.66\bar{R}_s=27.6\pm2.66\times0.83$ $=29.8\sim25.4$ $3.27\bar{R}_s=3.27\times0.83=2.71$ $2.57\bar{R}_m=2.57\times1.93=4.96$			
	10	25.0	27.3	26.7	79.0	26.3	1.1	2.3				
	11	26.3	25.2	24.5	76.0	25.3	1.0	1.8				
	12	25.8	28.4	28.8	83.0	27.7	2.4	3.0	⑦平均	27.6	0.83	1.93
	13	29.1	27.6	29.3	86.0	28.7	1.0	1.7	⑧累計	358.7	9.9	25.1
	小計					135.4	6.0	10.5	⑨小計	135.4	6.0	10.5
	14	28.4	29.6	25.8	83.8	27.9	0.8	3.8	No. 11〜13 ⑩小計	81.7	4.4	6.5
	15	27.6	27.2	28.5	83.3	27.8	0.1	1.3	$\bar{x}\pm2.66\bar{R}_s=27.4\pm2.66\times0.85$ $=29.7\sim25.1$ $3.27\times\bar{R}_s=3.27\times0.85=2.78$ $2.57\times\bar{R}_m=2.57\times2.20=5.65$			
	16	28.1	29.3	25.2	82.6	27.5	0.3	4.1				
	17	25.7	26.4	25.2	77.3	25.8	1.7	1.2				
	18	28.5	25.7	25.3	79.5	26.5	0.7	3.2				
	19	27.5	28.5	26.5	82.5	27.5	1.0	2.0	⑪平均	27.4	0.85	2.20
	20	25.1	24.7	28.0	77.8	25.9	1.6	3.3	⑫累計	547.6	16.1	44.0
	小計					188.9	6.2	18.9	⑬小計	188.9	6.2	18.9

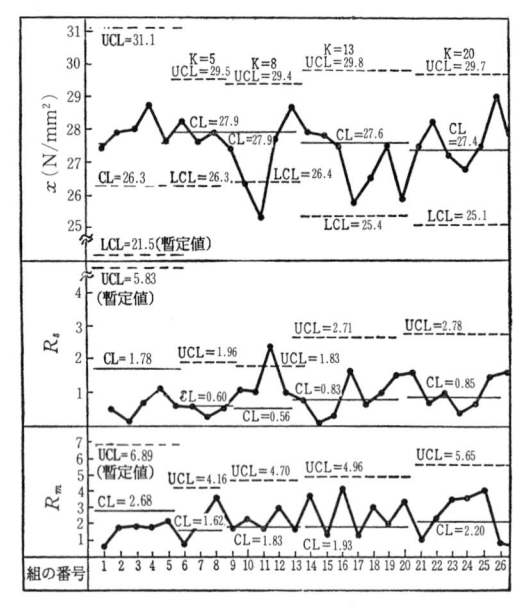

図 4-23　x-R_s-R_m 管理図の記入例

〔第 4 章　参考文献〕

1) 土木学会：2007 年制定　コンクリート標準示方書［施工編］．
2) 土木学会：2007 年制定　コンクリート標準示方書［ダムコンクリート編］．
3) 土木学会：2007 年制定　舗装標準示方書．
4) 土木学会編：2007 年制定　コンクリート標準示方書［施工編］，土木学会，2007．
5) 土木学会編：2007 年制定　コンクリート標準示方書［基準編］JIS 等関連基準，土木学会，2007．
6) 土木学会編：2007 年制定　コンクリート標準示方書［規準編］土木学会規準，土木学会，2007．
7) 土木学会編：2007 年制定　コンクリート標準示方書［ダムコンクリート編］，土木学会，2007．
8) 土木学会編：2007 年制定　コンクリート標準示方書［舗装編］，土木学会，2007．
9) 日本建築学会編：建築工事標準仕様書・同解説，JASS5，鉄筋コンクリート工事，1995．
10) 日本規格協会：JIS A 1107．
11) 岡田，六車編：コンクリート工学ハンドブック（改訂新版），朝倉書店，1981．
12) 坂，六車，安井：Static and dynamic module of elasticity of concrete, Proc. 2nd Japan Congress of Testing Materials, 1959.
13) 高野俊介：コンクリートの動弾性係数と強度の関係，セメント技術年報，Vol. 5，1951．
14) 樋口芳朗：音響的測定法によるコンクリートの強度判定，土木学会誌，36-3．
15) 明石外世樹：コンクリート対数減衰率測定について，セメント技報年報，Vol. 14，1960．
16) C. E. Kesler and Y. Higuchi; Determination of compressive strength of concrete by using its sonic properties, Proc. ASTM, 53, 1953.
17) 建設省東北地方建設局企画部：品質管理の手引き，1971．
18) 品質検査，土木学会コンクリート・ライブラリーNo. 18，土木学会，1968．
19) 土木学会編：土木材料実験指導書　平成 13 年度改訂版，土木学会，2001．
20) 高橋　賞：新版　ひずみゲージによるひずみ測定入門，大成社，1998．

第 5 章

鋼　　材

5.1 鋼材の種類と規格

5.1.1 鋼材の種類

鋼材は，用途・材質・形状・製造法などにより分類される。その種類は多岐にわたり，JIS に規格された鋼材において，土木・建築に関係のある代表的なものは，表 5-1 に示すようなものがある。

5.1.2 鋼材の規格

わが国において，最も一般的に用いられている鋼材の規格は JIS 規格である。これには，化学成分，強度計算などの基準となる機械的性質および形状などが規定されている。なお，JIS 規格のほかに鋼材の規格は各種の官庁および団体において規定しており（例えば，WES：日本溶接協会，JASS：日本建築学会，JWWA：日本水道協会など），対象構造物あるいは用途により適用規格を選択する必要がある。

表 5-1 JIS 規格の用途による主な鋼材の分類

用　途		JIS 番号		規　格　名　称	記　　号
棒鋼・形鋼・鋼板・鋼帯	構造用・その他	G	3101	一般構造用圧延鋼材	SS
		G	3104	リベット用丸鋼	SV
		G	3106	溶接構造用圧延鋼材	SM
		G	3109	PC 鋼棒	SBPR
		G	3112	鉄筋コンクリート用棒鋼	SR, SD
		G	3114	溶接構造用耐候性熱間圧延鋼材	SMA
		G	3125	高耐候性圧延鋼材	SPA-H, SPA-C
		G	3131	熱間圧延軟鋼板および鋼帯	SPHC, SPHD, SPHE
		G	3132	鋼管用熱間圧延炭素鋼鋼帯	SPHT
	土木用	A	5525	鋼管ぐい	SKK
		A	5526	H形鋼ぐい	SHK
		A	5528	鋼矢板	SY
	鉄道用	E	1101	普通レール	
		E	1103	軽レール	
		E	1120	熱処理レール	HH
鋼管	配管用	G	3452	配管用炭素鋼鋼管	SGP
		G	3454	圧力配管用炭素鋼鋼管	STPG
		G	3455	高圧配管用炭素鋼鋼管	STS
		G	3456	高温配管用炭素鋼鋼管	STPT
	構造用	G	3444	一般構造用炭素鋼鋼管	STK
		G	3445	機械構造用炭素鋼鋼管	STKM
		G	3446	一般構造用角形鋼管	STKR
線材		G	3502	ピアノ線材	SWRS
		G	3505	軟鋼線材	SWRM
		G	3506	硬鋼線材	SWRH
		G	3507	冷間圧造用炭素鋼線材	SWRCH

ここでは，JIS における鉄筋コンクリート用棒鋼（SR および SD 材）の機械的性質をとりあげて，表 5-2 に示す。さらに，熱間圧延異形棒鋼の寸法・質量およびふしの許容限度を，表 5-3 に示す。

表 5-2　鉄筋コンクリート用棒鋼（JIS G 3112）

種類の記号	引　張　試　験				曲げ試験	
	降伏点または0.2%耐力 N/mm²	引張強さ N/mm²	引張試験片	伸び %	曲げ角度	内側半径 r（公称直径 d）
SR235	235 以上	380〜520	2 号	20 以上	180°	$r=1.5\,d$
			14A 号	22 以上		
SR295	295 以上	440〜600	2 号	18 以上	180°	径≦16 mm　$r=1.5\,d$
			14A 号	19 以上		径≧16 mm　$r=2.0\,d$
SD295A	295 以上	440〜600	2 号に準じるもの	16 以上	180°	$d≦D16$　$r=1.5\,d$
			14A 号に準じるもの	17 以上		$d>D16$　$r=2.0\,d$
SD295B	295〜390	440 以上	2 号に準じるもの	16 以上	180°	$d≦D16$　$r=1.5\,d$
			14A 号に準じるもの	17 以上		$d>D16$　$r=2.0\,d$
SD345	345〜440	490 以上	2 号に準じるもの	18 以上	180°	$d≦D16$　$r=1.5\,d$
			14A 号に準じるもの	19 以上		$D16<d≦D41$　$r=2.0\,d$
						$d=D51$　$r=2.5\,d$
SD390	390〜510	560 以上	2 号に準じるもの	16 以上	180°	$r=2.5\,d$
			14 A 号に準じるもの	17 以上		
SD490	490〜625	620 以上	2 号に準じるもの	12 以上	90°	$d≦D25$　$r=2.5\,d$
			14A 号に準じるもの	13 以上		$d>D25$　$r=3.0\,d$

備考 1）　熱間圧延異形棒鋼で呼び名 D32 を超えるものについては，伸びの緩和規定がある。

表 5-3　寸法・質量およびふしの許容限度

呼び名	公称直径 (d) mm	公称周長 (l) cm	公称断面積 (S) cm²	単位質量 kg/m	ふしの平均間隔の最大値 mm	ふしの高さ 最小値 mm	ふしの高さ 最大値 mm	ふしの隙間の和の最大値 mm
D 6	6.35	2.0	0.3167	0.249	4.4	0.3	0.6	5.0
D 10	9.53	3.0	0.7133	0.560	6.7	0.4	0.8	7.5
D 13	12.7	4.0	1.267	0.995	8.9	0.5	1.0	10.0
D 16	15.9	5.0	1.986	1.56	11.1	0.7	1.4	12.5
D 19	19.1	6.0	2.865	2.25	13.4	1.0	2.0	15.0
D 22	22.2	7.0	3.871	3.04	15.5	1.1	2.2	17.5
D 25	25.4	8.0	5.067	3.98	17.8	1.3	2.6	20.0
D 29	28.6	9.0	6.424	5.04	20.0	1.4	2.8	22.5
D 32	31.8	10.0	7.942	6.23	22.3	1.6	3.2	25.0
D 35	34.9	11.0	9.566	7.51	24.4	1.7	3.4	27.5
D 38	38.1	12.0	11.40	8.95	26.7	1.9	3.8	30.0
D 41	41.3	13.0	13.40	10.5	28.9	2.1	4.2	32.5
D 51	50.8	16.0	20.27	15.9	35.6	2.5	5.0	40.0

備考 1）　表の数字の算出方法は，次のとおりとする。

公称断面積 $(S) = \dfrac{0.7854 \times d^2}{100}$：0 でない数字の上位から 4 けたに丸める。

公称周長 $(l) = 0.3142 \times d$：小数点以下 1 けたに丸める。

単位質量 $= 0.785 \times S$：0 でない数字の上位から 3 けたに丸める。

2）　熱間圧延異形棒鋼は，耐疲労性の大きい形状のものとしなければならない。

5.2 鋼材の引張試験（JIS Z 2241）

5.2.1 試験の目的

① 供試体を徐々に引っ張り，降伏点，耐力，引張強さ，伸び，絞りなどの諸量を測定する。
② 引張強さ（引張強度）は，鋼材の機械的性質の代表値であり，脆性材料の設計における基本値あるいは材質判定の基準量となり，これを求める。
③ 降伏点（降伏応力）は，延性材料の設計における基本値あるいは材質判定の基準量となり，これを求める。
④ 伸びは，一般の強度部材での応力集中の再配分あるいは突発的な載荷時における保証のための基本量とする。
⑤ 母材の試験値は，部材における溶接部，ねじ部，切欠き部など一様でない部分の影響を調べる場合の基準量とする。

5.2.2 供試体

供試体は，用途および形状により試験片の寸法等が規定されているので，規定に合うように製作する（図5-1，表5-4）。なお，つかみ部の長さは，試験機にもよるが，約110 mm 以上とれば十分である。

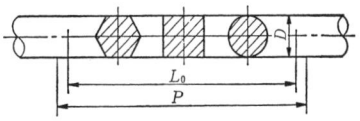

D：平行部の外径または対辺距離（25 mm以下）
L_0：標点距離（$8D$）
P：つかみの間隔（約$L_0 + 2D$）

図5-1 棒状供試体

5.2.3 使用機器

① 引張材料試験機（容量500 kN 以上）　1台
② ノギス　1個
③ ポンチ　1個
④ けがき針　1本
⑤ その他
　ハンマ，
　Ｖブロック，
　ノギス（マイクロメータ），
　定規（500 mm），
　スコヤ

5.2.4 試験方法

(1) 試験の手順

① 断面寸法を3カ所はかり，標点にポンチで印をつける。なお，熱間圧延異形棒鋼の場合に

表5-4　引張試験に用いる標準試験片の用途および形状寸法

試験片の種類		用途	寸法 (mm)					備考
			P	L_0	T	W	R	
1号試験片	1A	鋼板，平鋼，形鋼	約220	200	原厚	40	25以上	—
	1B					25		
2号試験片		呼び径（または対辺距離）が25mm以下の棒鋼	約(L_0+2D)	$8D$	—	—	—	—
14A号試験片		呼び径（または対辺距離）が25mmを超える棒鋼	$5.5D \sim 7D$	$5.65\sqrt{A}$	—	—	—	つかみ部の径は，平行部の径と同一寸法とすることができる。この場合つかみの間隔 $P \geq 8D$ とする。

注）板状試験片において，T：平行部の厚さ，W：平行部の幅，R：肩部の半径，A：断面積

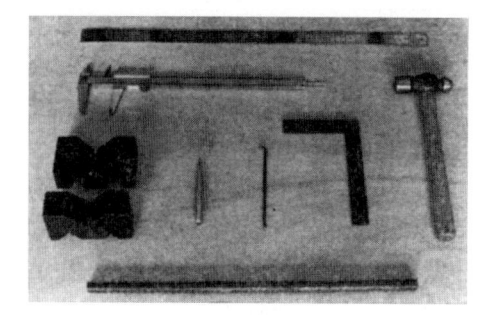

写真 5-1

は，断面寸法は公称直径 D を用い，標点距離は $D≤25$ ならば $L_0=8D$，$D>25$ ならば $L_0=5D$ を用いる。

② 供試体を試験機に取り付ける。

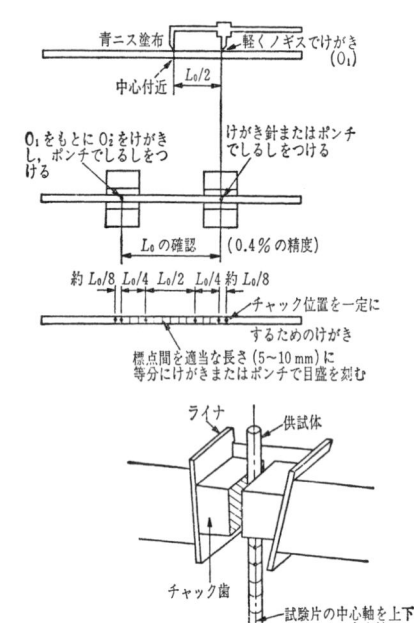

③ 荷重を徐々に載荷し，降伏点荷重および引張荷重を目視により求める。

④ 破断後の標点距離を測定する。

(2) 計算方法

降伏応力度 σ_S，引張強度 σ_B，破断伸び δ は，次の式によって計算する。

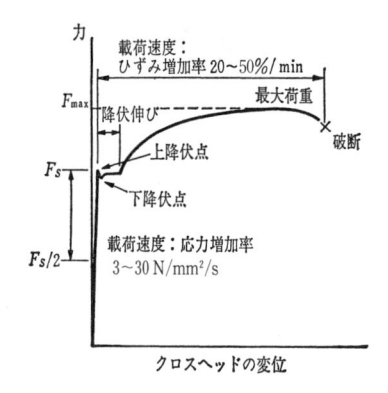

(a) 標点間の中心から $L/4$ 以内で破断した場合：A

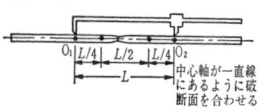

(b) 標点間の中心から $L/4$ を超えて標点以内で破断した場合：B

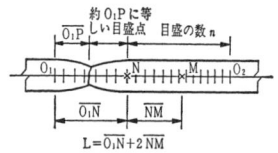

i) 破断面に近い標点 O_1 と破断点 P の距離 $\overline{O_1P}$ を測る
ii) 長さ $\overline{O_1P}$ に近い目盛 N を求め，距離 $\overline{O_1N}$ を測る
iii) 標点 O_2 と N との間の目盛数 n を求める
iv) n が偶数のとき $n/2$ 目盛点，n が奇数のとき $(n-1)/2$ 番目と $(n+1)/2$ 番目の目盛の中点を M とし，距離 $\overline{NM}$ を測る

(c) 上記以外で破断する場合：C
伸びは測らない
ここで，$L/4$ の点は載荷前の $L/4$ の点を意味する

降伏応力度　　$\sigma_S = \dfrac{F_s}{A_0}$ （N/mm²）

引張強度　　　$\sigma_B = \dfrac{F_{max}}{A_0}$ （N/mm²）

破断伸び　　　$\delta = \dfrac{L - L_0}{L_0} \times 100$ （%）

ここで，F_s：降伏荷重(N)（試験機の指針が一時停止または逆行する以前の最大荷重）

A_0：原断面積(mm²)（試験前の標点距離の両端および中央の平均断面積）

F_{max}：引張荷重(N)（試験機の指針が示す最大荷重）

L：試験後，破断面を突き合わせた標点距離 (mm)

L_0：試験前の標点距離（mm）

δ の数値は1位に丸める。また，F_s，F_{max} の数値は，その大きさの0.5％まで読みとり，σ_s，σ_B の数値は1位に丸める。

5.2.5 試験結果例

鋼材の引張試験の結果例を表5-5に示す。

5.2.6 参考資料

① 引張用供試体は JIS Z 2201（金属材料試験片）によるのが原則である。供試体の形状は，a) 中央に同一断面の平行部を設け両端につかみ部を拡大した棒状，b) 板状，および c) 全長同一断面とした試験片がある。

② 引張試験は，必要に応じて比例限度，弾性係数，ポアソン比などを求めるために荷重と伸び（応力-ひずみ図）をも測定することもある。このとき載荷中のひずみを測定するためには，電気抵抗線ひずみ計あるいはコンタクト型ストレインゲージなどを用意しなければならない。なお，応力とひずみ図の概略図を求めるためには，試験機のクロスヘッド変位のペン書きレコードしたものを用いるとよい。

③ 高張力鋼や冷間加工を施したものには，図5-2のように降伏点の現れないものがある。この場合は，永久ひずみ0.2％に相当する降伏点あるいは耐力として代わりにする。

④ 絞りφの測定には円形断面の供試体を用い，次式で求める。

$$絞り \quad \varphi = \frac{A_0 - A}{A_0} \times 100 \quad (\%)$$

ここで，A：破断後の最小断面積（mm²）

絞りの数値は1位に丸める。

⑤ 破断後に突き合わせたとき，幅の中央部に隙

表5-5 試験結果

鋼材の引張試験					
試 験 日					
供 試 体		2号片 (SD 295A)*³			
供 試 体 番 号		1		2	
呼 び 名		D16		D16	
断面寸法*¹ (mm)	測定回数	最大径 D_1	最小径 D_2	最大径 D_1	最小径 D_2
	1	—	—	—	—
	2	—	—	—	—
	3	—	—	—	—
	平均	15.9		15.9	
断 面 積 A_0 (mm²)		198.6		198.6	
標 点 距 離 L_0 (mm)		127		127	
降 伏 荷 重 F_s (N)		68,000		67,500	
降伏応力度	σ_s (N/mm²)	342		340	
	平均	341			
最 大 荷 重 F_{max} (N)		103,500		103,000	
引張強度	σ_B (N/mm²)	521		519	
	平均	520			
伸び	$L - L_0$ (mm)	33.5		34.5	
	δ (％)	26		27	
	平均	27			
切断位置による記号		A		A	
判 定*²		合			

注）*1　鋼板の場合は，D_1，D_2を幅W，厚さtにとり，熱間圧延棒鋼の場合は，公称直径（表5-3参照）を用いる。

*2　鋼材の製造管理，強度部材の設計のための使用等で必要に応じて判定する。

*3　同一溶鋼に属した供試体の質量が，一般に未知であるので，供試体数を2本としている。

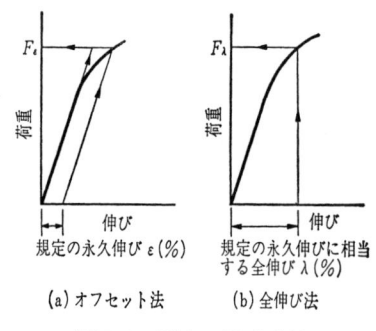

図 5-2 耐力の決定方法
(a) オフセット法
(b) 全伸び法

間がある場合にも，この部分を差し引かずに標点間の長さをはかり，破断伸び（伸び）を算出する。なお，破断位置がCの場合は，伸びは算出しない。

5.3 鋼材の曲げ試験（JIS Z 2248）

5.3.1 試験の目的

① 供試体を規定の内側半径で規定の角度になるまで曲げ，わん曲部の外側のさけ傷その他の欠点の有無を調べる。
② 鉄筋などの鋼材では，常温で曲げ加工が施されて用いられ，塑性加工性あるいは材料の粘りが重要な機械的特性となり，これを判定する。

5.3.2 供試体

供試体は，形状・寸法が規定されているので，規定に合うように製作する（図5-3）。

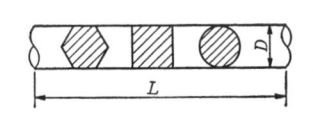

D：原寸
L：試験装置による
（$D > 25$ mm のとき $D \geq 25$ mm に機械仕上げしてもよい）

図5-3 曲げ供試体

5.3.3 使用機器

① 押し金具　1個
② 支点間ゲージ板　1個
③ 曲げ試験機　1台
④ その他　ノギス，板

5.3.4 試験方法（押し曲げ法）

① 供試体を2個のローラ（支点間ゲージ板）で支える。
なお，支点間の距離 l は，次式による。
$l = 2r + 3t$
ここで，r：押金具の先端部の内側半径（mm）
t：試験片の厚さ，径，または対辺距離（mm）
② 押し金具を通じて荷重を加え，曲げ角度まで

表5-6 曲げ試験に用いる標準試験片の用途および形状寸法

試験片の種類	用途	試験片の形状寸法				備考
		断面形状	厚さ(mm)	幅(mm)	長さ(mm)	
1号試験片	鋼板，平鋼，形鋼	長方形	原厚	35以上	*	**, ***
2号試験片	棒鋼，非鉄金属棒	原断面	—	—	*	径，辺または対辺距離が25 mmを超える場合には，径25 mm以上の円形断面に機械仕上げしてよい

注） * 試験片の厚さまたは径，および使用する試験装置による。
　　** 原材料の都合で規定の幅がとれない場合は製作可能な最大幅でよい。
　　*** 元の厚さが25 mmを超える場合，片面のみを削って25 mm以上の厚さに機械仕上げしてもよい。

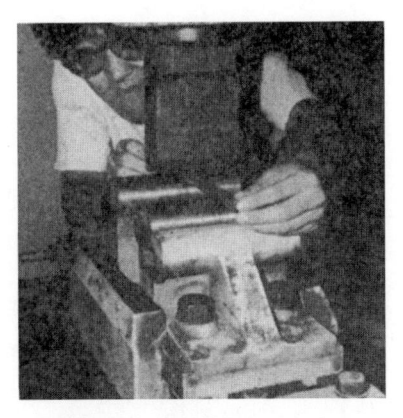

写真5-2 供試体をセットする

写真5-3 所定の角度まで載荷する

曲げる。

③ 曲げ角度180°まで必要な場合，図5-4(a)の方法で約170°まで曲げ，次に，図5-4(c)のように所定の厚さの板をはさみ，供試体の両端を互いに押しあてて曲げる。

なお，特殊な場合，供試体が $l=2r+2t$ の支えを通り抜けるまで押圧し，この状態を180°曲げと見なしてよい（図5-4(b)）。

④ 密着まで必要な場合，まず適宜の内径半径に170°まで曲げ，図5-4(d)の方法で曲げる。

5.3.5 試験結果例

鋼材の曲げ試験の結果を表5-7に示す。

5.3.6 参考資料

① 曲げ用供試体は JIS Z 2204 を原則とし，もろい材料に対する抗折用の供試体（JIS Z 2203）および管の供試体はさらに別に定められている。

② 曲げの試験方法は押し曲げ方法のほかに，図5-5のような装置を用いた巻き付け法や，図5-6に示すような装置を用いたVブロック法がある。

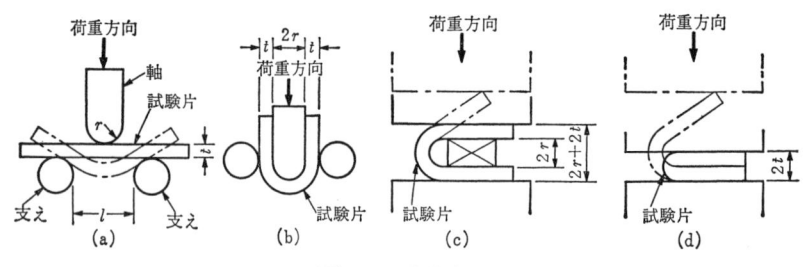

図5-4 試験方法

表5-7 試験結果例

鋼材の曲げ試験					備考
試　　験　　日					
供　　試　　体			3号片（SR295）		
供　試　体　番　号			1		
試　験　方　法			押し曲げ法		
断面寸法(mm)*(供試体の厚さ，径，辺または対辺距離)	推定回数	幅$W(D_1)$	厚さ$t(D_2)$		棒状　　板状 (a)(b)(c)(d)
^	1	12.05	12.00		
^	2	12.05	12.05		
^	3	12.05	12.05		
^	平均	12.05			
押し金具の内側半径 r (mm)			22.00		供試体は2本以上製作し，判定を行う
支え間の距離 l (mm)			68.10		
曲げ角度・密着の区別			180°		
欠　点　の　有　無			なし		
判　　　　　定			合		

注）* 丸鋼の場合，W，t の代わりに最大径 D_1 または最小径 D_2 をとる。また，異形棒鋼の場合は，公称径を示す。

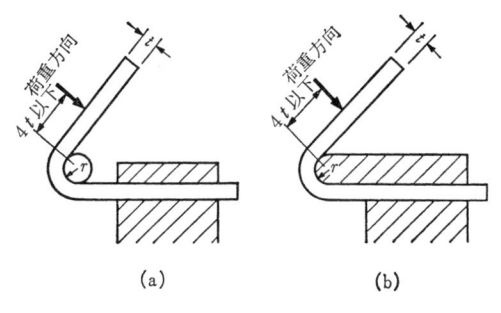

図5-5　巻き付け法

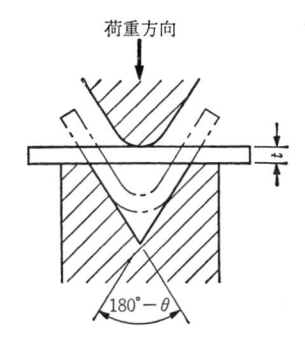

図5-6　Vブロック法

θ：規定曲げ角

〔第5章　参考文献〕

1) 日本規格協会編：JIS ハンドブック鉄鋼 I，2008，pp. 281～287, pp. 289～293, pp. 444～448.
2) 日本規格協会編：JIS ハンドブック鉄鋼 II，2008，pp. 63～67.
3) 日本材料学会編：建設材料実験，第7版，1982，pp. 211～219.
4) 京都大学土木会編：土木計測便覧，丸善，1970，pp. 740～744.
5) 松村駿一郎編著：新体系土木工学，37 構造用鋼材，技報堂，1981, pp. 161～176.
6) 日本鋼構造協会 技術委員会 安全性分科会 材料小委員会：特集 構造用鋼材の引張試験，JSSC Vol. 5, No. 48, 1969, pp. 1～51.
7) 堀川浩甫：引張試験片の形状に関する実験報告，JSSC Vol. 5, No. 48, 1969, pp. 52～67.
8) 日本鋼構造協会 技術委員会 安全性分科会 材料小委員会：鋼板の上下降伏点の差についての調査報告，JSSC Vol. 10, No. 108, 1974. 12, pp. 25～37.

第6章
アスファルト

6.1 アスファルトおよびアスファルト混合物

舗装用石油アスファルト（以下，アスファルトと呼ぶ）は原油の蒸留残渣として得られる炭化水素を主成分とする瀝青物質である。その性質は，一般に黒い色をし，常温で固体または半固体であり，付着性，粘着性，防水性，伸度などに富んでいる。

加熱アスファルト混合物（以下，アスファルト混合物と呼ぶ）は，粗骨材，細骨材，フィラー，アスファルトをある配合割合で加熱混合したものである。配合比を変えることにより，使用目的に最適なアスファルト混合物を得ることができる。

このアスファルトおよびアスファルト混合物の力学性状は，温度や載荷時間を変えることにより大きく異なり，各種試験を行うとき，温度や載荷条件が厳密に規定されている。このような性質は，セメントコンクリートや鋼材の性状とは著しく異なるものである。

本章では，アスファルトの各種規格試験のうち，針入度，軟化点，伸度の各試験，石油アスファルト乳剤のエングラー度試験およびアスファルト混合物の配合設計について述べる。なお，針入度試験，軟化点試験，伸度試験の各器具はJIS K 2207（石油アスファルト）に，エングラー度試験器具はJIS K 2208（石油アスファルト乳剤）に定めたものを使用するものとする。各試験器具の詳細な寸法は，ここでは省略する。

6.2 針入度試験（JIS K 2207）

6.2.1 試験の目的

① 針入度は，アスファルトの硬さを表し，規定条件下で規定の針がアスファルト中に貫入する深さを 0.1 mm を 1 で表した値である。その硬さによりアスファルトを分類し，使用目的に適するアスファルトであるか否かを確かめる。

6.2.2 使用機器

① 針入度試験器一式（図6-1）
- 針入度計
- 針入度針（図6-2）
- 試料容器（内径約 55 mm，高さ約 35 mm）
- ガラス容器
- 三脚型金属台
- おもり

② 懐中電灯
③ ストップウォッチ
　正確度が 15 分当り ±0.05 ％で，最小目盛が 0.1 秒のものを用いる。
④ 温度計（最小目盛 0.1℃）　　［参考資料：②］
⑤ 恒温水槽
　試験容器，試料などを入れておくことができる容量 10 ℓ 以上で，水温を試験温度 ±0.1℃以内に保てるものを使用する。水温のばらつきをなくすため，水面から 100 mm 以上，底から 50 mm 以上の位置に有孔架台を備える。水流循環式の方が撹拌式よりもよい。

6.2.3 試験方法

針入度試験は，標準試験条件（荷重 100 g，試験温度 25℃，貫入時間 5 秒）で行うのが一般的である。以下，試験方法を述べる。

(1) 試料の準備

① アスファルトは間接溶融により 30 分以内に溶かす。溶かす過程では泡が入らないように静かによく撹拌する。アスファルトの加熱温度は，そのアスファルトの予想軟化点より 90℃を超えないように，できるだけ低温を心がける。　　　　　　　　　　　　　　［参考資料：③］
② 試料容器はあらかじめ乾燥器で約 100℃に加熱しておく。
③ 溶融したアスファルトを，気泡が入らないように試料容器に静かに流し込む。このとき予想針入深さよりも 10 mm 以上まで入れる（一般に容器の 7～8 分目程度）。
④ 試料容器に塵が入らないように注意し，室温で 60～90 分間冷ます。
⑤ 試料を試験温度（25.0±0.1℃）に保たれた水槽中で 60～90 分間静置する。

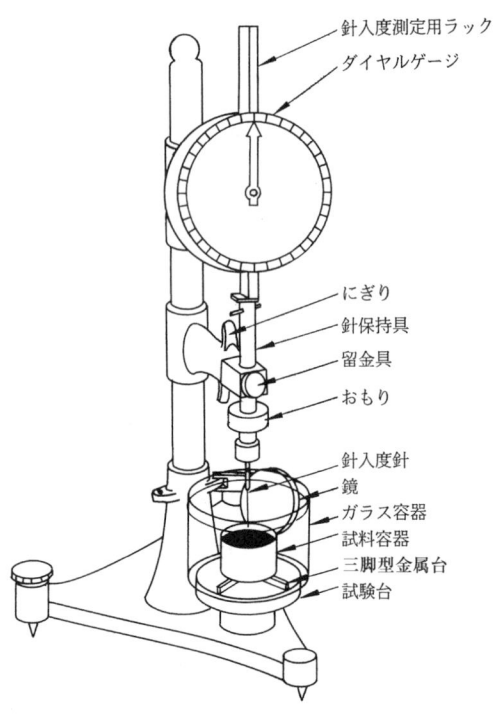

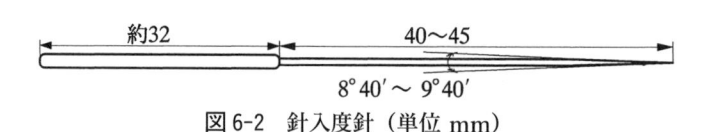

図 6-1　針入度試験器（一例）

図 6-2　針入度針（単位 mm）

第6章 アスファルト

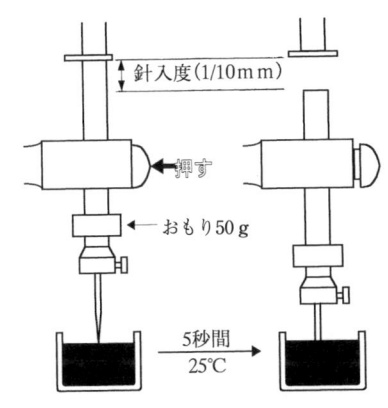

図6-3 針入度試験概念図

単位：貫入量 0.1 mm を針入度1とする。
⑧ 針保持具のねじを緩め、保持具を上へ押し上げる。
⑨ 試料から針を静かに、ゆっくりと抜き取り、試料をガラス容器ごと恒温水槽へ戻す。
⑩ アスファルトの付着した針は、溶剤で丁寧に拭き取り、その後よく水洗いをする。
⑪ 試料を十分に養生した後、2回目以後の試験を手順①→⑩に従い行う。
⑫ 試験は、同一試料容器で3回測定する。

(4) 注意事項
① 試料の温度低下を防ぐため、水槽より試料を取り出してから短時間に試験を行い、直ちに水槽に戻す。このときガラス容器の水も恒温水槽の水と入れ換える。
② 試験に使用する針も試験温度（25.0±0.1℃）でなければならない。
③ 貫入時間の正確を期すため、試験開始前にストップウォッチを始動させ、時計針が任意の目盛を指したときに、留金具を押し続けて針を降下させ、規定時間経過時に留金具を放す。
④ 針入度測定点は、容器の周壁から 10 mm 以上離れた点で、かつ前回測定した位置から 10 mm 以上離れた点でなければならない。

(2) 試験の準備
① 蒸留水または煮沸した水を恒温水槽に入れる。
② 規定の針入度針（以下針と呼ぶ）を使用する（針先の形状寸法、錆の有無、曲がりの有無などを確認する。質量 2.5±0.02 g）。
③ 載荷部（針、針保持具、おもり）の総質量が所定の質量（100 g）を示すことを確認した後、おもり（50±0.05 g）を針保持具に取り付ける。
④ 留金具を押し、針保持具が直ちに落下することを確認する。
⑤ 恒温水槽中に、ガラス容器、三脚型金属台、針を前もって入れておく。
⑥ 針入度計を水平に据え付ける。

(3) 試験手順
① 恒温水槽中で、ガラス容器の中に三脚型金属台を入れ、その上に試料容器を載せ、水を8分目ぐらいにし、針入度計の台上に載せる。
② 試験温度に保たれた針を直ちに針保持具に取り付ける。
③ 針の先端を試料表面に接触させる（付属の鏡と懐中電灯を用いると便利）。
④ 針入度測定用ラックを針保持具上端に静かに押しあてる。
⑤ 留金具を規定時間（5秒）押し続け、針を試料中に貫入させる。
⑥ ④の状態におけるダイヤルゲージの示度を 0.5 単位まで読む（S_0）。
⑦ ラックを針保持具上端に静かに押しあて、⑤終了時のダイヤルゲージを読む（S_1）。
針入度＝$S_1 - S_0$

6.2.4 試験結果の整理

(1) 試験結果の整理
同一試料容器について3回の測定を行い、平均値および最大値と最小値の差を求める。その差が、表6-1に示す測定値の平均値に対する許容差以内ならば、平均値を整数に丸め針入度とし、試験条件を付記する。

表6-1 測定値の許容差

測定値の平均値	許容差
50.0 未満	2.0
50.0 以上 150.0 未満	4.0
150.0 以上 250.0 未満	6.0
250.0 以上	8.0

(2) 繰返し精度
同一試験者が、同一試験室で、同一試験器を用いて、同一試料を、日時を変えて2回試験したとき、試験結果の差は、表6-2の繰返し精度の許容差を超えてはならない。

(3) 再現精度

別人が，異なる試験室で，異なる試験器を用いて，同一試料を，それぞれ1回ずつ試験したとき，試験結果の差は，表 6-2 の再現精度の許容差を超えてはならない。

表 6-2 精度の許容差

針入度（25℃）	繰返し精度の許容差(1/10 mm)	再現精度の許容差(1/10 mm)
50 未満	1	4
50 以上	平均値の 3％	平均値の 8％

(4) 試験結果例

試験結果の例を表 6-3 に示す。

表 6-3 アスファルトの針入度試験結果例

実験名	アスファルトの針入度試験　　JIS K 2207						
試験日	年　月　日　曜日　天気　　室温　　℃　湿度　　％						
氏　名	組　　班　　No.　氏名						
試　料	80-100 ストレートアスファルト						
試験条件	100 g, 25℃, 5 sec						
試料番号	針の番号	回数	1	2	3	平均値	最大値−最小値	針入度
No. 1	3644	終読 始読 Pen.	159.5 78.0 81.5	162.5 78.5 84.0	160.5 78.0 82.5	82.7	2.5	83
		終読 始読 Pen.						
備考：								

6.2.5 参考資料

① JIS K 2207 では，ストレートアスファルトおよびブローンアスファルトの品質を表 6-4，表 6-5 のように規定している（一部）。

② アスファルトおよびアスファルト混合物にかかわる試験を行うとき，温度の管理を厳密に行う必要がある。そのため温度計は標準温度計に対する目盛の補正を行ってから使用する。温度計は少し多めに用意しておき，一括検定を行い，検定表を作成して管理しておくと便利である。

③ 試料の採取の一例を図 6-4 に示す。1 缶ごと乾燥器に入れ，できるだけ低温で溶融する。このときアスファルトを撹拌し均一にする。それから一括小分けし，暗所に保管する。試験には小分けしたアスファルトを，サンドバスなどで間接溶融して試料を作製する。試験の都度加熱したハンドスコップでえぐり取ってもよい。

〔課題〕
1. 一般地域および積雪寒冷地域で用いられている舗装用石油アスファルトの種類は何か。またその使われている理由を説明しなさい。
2. 恒温水槽になぜ煮沸水を使用するのか説明しなさい。
3. 実験精度に影響を及ぼす要因を 10 項目以上あげ，それらについて詳述しなさい。

表 6-4 ストレートアスファルト

種類	40～60	60～80	80～100	100～120	120～150
針入度（25℃）	40を超え60以下	60を超え80以下	80を超え100以下	100を超え120以下	120を超え150以下
軟化点　℃	47.0～55.0	44.0～52.0	42.0～50.0	40.0～50.0	38.0～48.0
伸度（15℃）cm	10以上	100以上			
引火点　℃	260以上			240以上	

表 6-5 ブローンアスファルト

種類	0～5	5～10	10～20	20～30	30～40
針入度（25℃）	0以上5以下	5を超え10以下	10を超え20以下	20を超え30以下	30を超え40以下
軟化点　℃	130.0以上	110.0以上	90.0以上	80.0以上	65.0以上
伸度（15℃）cm	－				
引火点　℃	210以上				

第6章 アスファルト

〔試料の採取〕
1缶のアスファルトを撹拌し均一にし一括小分けする

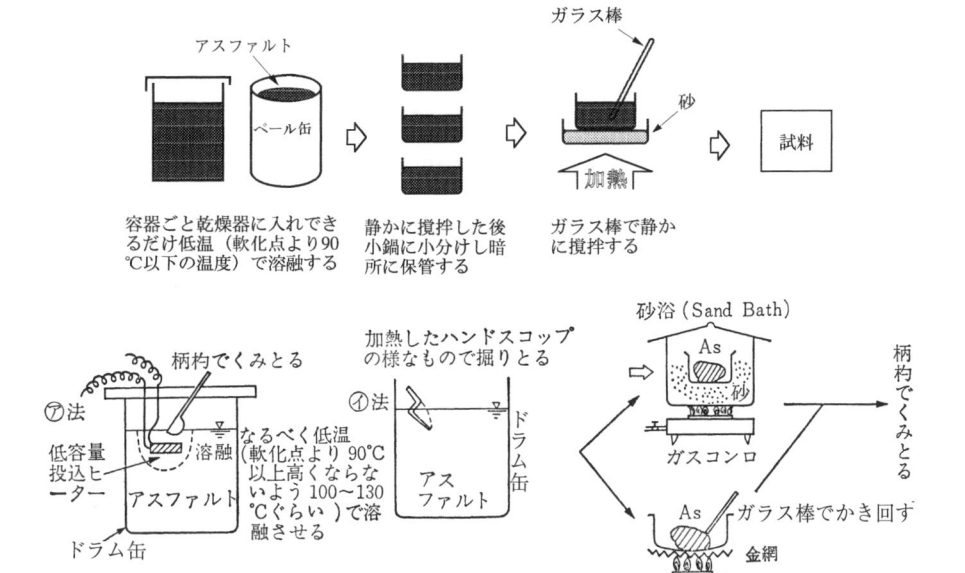

図6-4 アスファルトの採取

6.3 軟化点試験（環球法）（JIS K 2207）

6.3.1 試験の目的

① アスファルトは，温度が高くなるにつれ，固体，半固体，液体へと連続的に変化する。すなわち，アスファルトには一定の融点がない。したがって，アスファルトを加熱してゆき，一定の変形をしたときの温度により，塑性の程度の目安を便宜的に知る。
② 環の中の試料（アスファルト）を一定の割合で加熱し，鋼球の重さによって試料が 25 mm 垂れ下がったときの温度を軟化点とする。
③ 針入度と軟化点より針入度指数（PI）を求め，アスファルトの感温性を知る。

6.3.2 使用機器

① 軟化点試験器一式（図 6-5）
- 環
- 球（ϕ：9.525 mm，質量：3.5±0.05 g）
- 環台
- 球案内
- 加熱浴（ϕ：100±2 mm，H：140〜150 mm）
- 低軟化点用温度計（−2〜80℃，最小目盛 0.2℃，SP-33）
- 金属板（約 150×170×2 mm の黄銅板またはステンレス板）

② へら
③ トングス
④ ストップウォッチ
⑤ 加熱装置
- ブンゼンガスバーナー
- セラミックス付き金網
- 三脚台

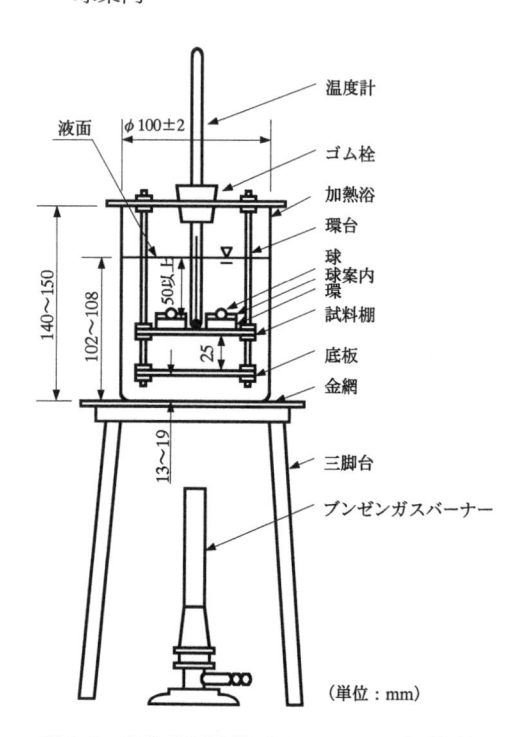

図 6-5 軟化点試験器（ガスバーナー加熱式）

6.3.3 試験方法

一般にストレートアスファルトの軟化点は 80℃以下である。ここでは軟化点が 80℃以下の試料についての試験方法を述べる。

(1) 試料の準備
① アスファルトの溶融は，6.2.3(1)①に従う。
② 試料と同温度に加熱した 2 個の環を，剥離剤を薄く塗布した金属板の上に置く。

［参考資料：②，③］

③ 所定温度に達した試料を，2 個の環の中に少し盛り上がる程度に流し込む。
④ 試料を室温で 30 分以上放冷する。室温で軟らかい試料は，予想軟化点より少なくとも 8℃低い温度で 30 分間冷却する。その後温めたへらで余分なアスファルトを環の上縁に沿って削り取る（図 6-6）。

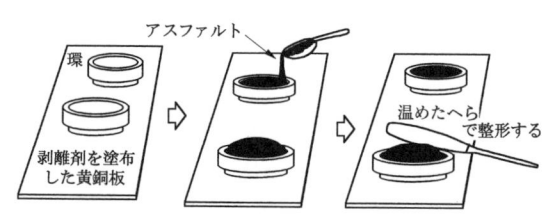

図 6-6 軟化点試験試料の作製

(2) 試験の準備
① 軟化点試験では，泡付着防止のため，煮沸し

た蒸留水を用いる。
② 5℃の蒸留水と，蒸留水で作った氷を用意する。
③ 試料，球案内および球を試験開始温度5℃に，15分間保つ。
④ 環台の試料棚と底板の内側を正しく25 mmにし，ナットを互いに締める。締めた後，再度寸法を確認する。
⑤ 温度計を環台の試料棚の位置に正しく取り付ける。

(3) 試験手順
① 約5℃の蒸留水を加熱浴に102～108 mm の高さまで満たす（約800 cc）。
② 環台を加熱浴に入れ，蒸留水を正しく試験温度5℃に保つ。
③ 試料棚に球案内を付けた2個の環を載せ，球をトングスにより球案内の中央部に置き，加熱を開始する。
④ 浴温が加熱開始後3分までに毎分5±0.5℃の速度で上昇するように，ガスバーナーを調節する。3分経過後にこの温度上昇速度をはずしたときは，すみやかに再実験を行う。
[注意事項：③]
⑤ 試料が軟化し，底板に触れたときの温度計の読みを最小目盛まで読みとる（図6-7）。

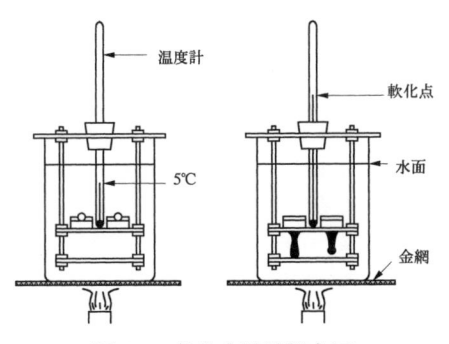

図6-7 軟化点試験概念図

(4) 注意事項
① 蒸留水，球，球案内，試料を入れた環の初期温度5℃を守り，温度計の水銀球下端を環の下面と同一平面にして，試験を行う。
② 使用温度計をあらかじめ補正しておく。
③ ガスバーナーを使用して毎分5℃の加熱速度を守ることは，意外に難しい。
　1±0.1℃/12秒でこまめに温度管理を行うと温度上昇速度を守りやすい。温度上昇速度は加熱浴の水量によっても異なるので，再試験時には同じ水量にする。またバーナーの火力を加減したり，風の影響を受けないようにする。
④ 温度上昇は，15℃前後で異なる傾向があるので，試験終了までその確認を怠ってはならない。
⑤ 加熱ビーカーは急冷してはならない。
⑥ 試料を環に注ぎ込んでから4時間以内に試験を終了させる。

6.3.4 試験結果の整理

(1) 試験結果の整理
2個の測定値の差が1℃を超えたときはやり直す。1℃以下のときは，2個の測定値の平均値を0.5℃に丸め，軟化点とする。

(2) 繰返し精度
同一試験者が，同一試験室で，同一試験器を用いて，同一試料を，日時を変えて2回試験したとき，試験結果の差は，表6-6の繰返し精度の許容差を超えてはならない。

(3) 再現精度
別人が，異なる試験室で，異なる試験器を用いて，同一試料を，それぞれ1回ずつ試験したとき，試験結果の差は，表6-6の再現精度の許容差を超えてはならない。

表6-6 精度の許容差

軟化点	繰返し精度の許容差 （℃）	再現精度の許容差 (℃)
80℃以下	1.0	4.0
80℃を超えるもの	2.0	8.0

(4) 試験結果例
試験結果の例を表6-7に示す。

6.3.5 参考資料

① 針入度指数（Penetration Index, PI）：アスファルトの針入度と軟化点より求められるアスファルトの感温性を表す指数である。図6-8に示すように，針入度を対数目盛で縦軸に，その試験温度を普通目盛で横軸にとると，実験的に直線関係が得られる。その勾配（感温性）は次

表6-7 アスファルトの軟化点試験結果例

実験名	アスファルトの軟化点試験（環球法）					JIS K 2207		
試験日等	年　月　日　曜日　天気　室温　℃　湿度　％							
氏　名	組　班　No.　氏名							
試　料	80-100 ストレートアスファルト							
試験条件	初期温度：＋5℃　　　加熱溶液：蒸留水							
試料番号	試験値 ℃	試験条件の満足度(○×)*				平均値 ℃	2個の差 ℃	軟化点 ℃
		初期温度	25 mm	加熱速度	その他			
1	46.2	○	○	○		46.1	0.2	46.0
2	46.0							
備考：								

注）* 試験結果に関係なく判断すること。

式により計算する。

$$A = \frac{\log 800 - \log \text{Pen.}}{\text{軟化点} - 25} = \frac{20 - PI}{10 + PI} \times \frac{1}{50}$$

ここで，A：図6-8に示す感温性を表す直線の傾き

logPen.(25℃)：25℃における針入度の対数

log800：軟化点における針入度を800と仮定し，その対数

針入度指数の値が大きなほど感温性は小さく，小さなほど温度変化に敏感である。通常の道路舗装に用いられている舗装用石油アスファルトのPIはおおよそ－1.5～－0.5の範囲にある。

② 剝離剤はシリコングリスあるいはデキストリンとグリセリンの等量混合物を用いるとよい。

③ 試料の数は学生数と再実験分も含め，あらかじめ多めに用意しておくとよい。

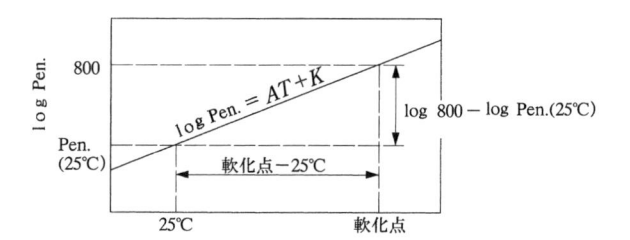

図6-8 アスファルトの温度・針入度曲線

〔課題〕

1. 実験精度に影響を及ぼす要因をあげ，それについて述べなさい。
2. 針入度指数 PI を求めなさい。
3. 舗装用石油アスファルトおよび改質アスファルトの種類をあげ，針入度，軟化点，伸度引火点などの性状を表で示しなさい。

6.4 伸度試験（JIS K 2207）

6.4.1 試験の目的

① アスファルトは延性（よく伸びる性質）を有する。この延性を伸度という指標で表す。伸度は、アスファルトが使用目的に適した延性や粘着力などを有するかどうかを規定する一要素である。

② 伸度は、試験温度において、規定形状をした試料を毎分 5 cm の速度で水平に引っ張り、試料が切れたときの長さ（cm）で表す。

6.4.2 使用機器

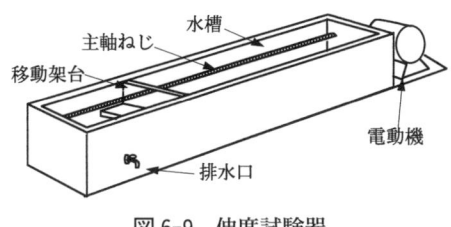

① 伸度試験器一式（図6-9）
　・伸度試験器
　・型枠（黄銅製）
　・金属板（軟化点試験で用いる金属板）
　・温度計（最小目盛 0.1℃）

② 恒温水槽
　（針入度試験で用いる水槽）

③ へら

図 6-9　伸度試験器

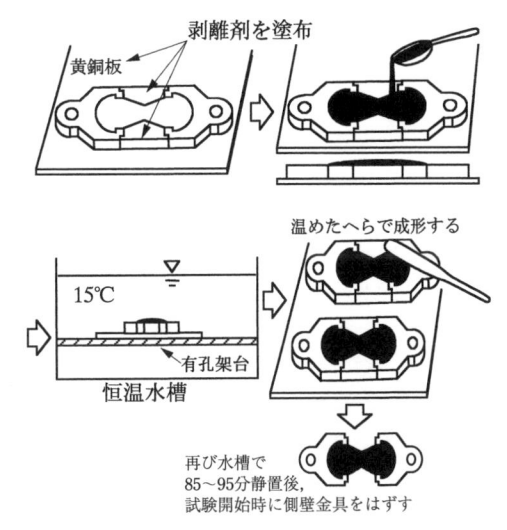

図 6-10　伸度試験試料の作製

④ 試料を室温で 30〜40 分間放冷した後、金属板に置いたまま、試験温度±0.1℃に保った恒温水槽中で 30 分間養生する。

⑤ 金属板に置いたまま取り出し、余分なアスファルトを加熱したナイフで型枠の上面に沿って削り取る。再び金属板とともに恒温水槽中で 85〜95 分間養生する。

(2) 試験の準備

① 氷を用意する。

② 伸度試験器中に水を入れ、よく撹拌し、水温を試験温度±0.5℃に保つ。

(3) 試験手順

① 試料を恒温水槽より取り出し、側壁金具をはずし、伸度試験器にセットする（図6-11）。

6.4.3 試験方法

(1) 試料の準備

① アスファルトの溶融は、「6.2 針入度試験」6.2.3(1)①に従う。必要に応じて 300 μm ふるいでこす。

② 金属板の上面および型枠の側壁金具の内面に剥離剤を薄く塗布し、その後、型枠 3 組を金属板上で組み立てる（図6-10）。
　　　　　　　　　　［軟化点参考資料：②］

③ 所定温度に達した試料を、3 組の型枠の中に少し盛り上がる程度に流し込む。

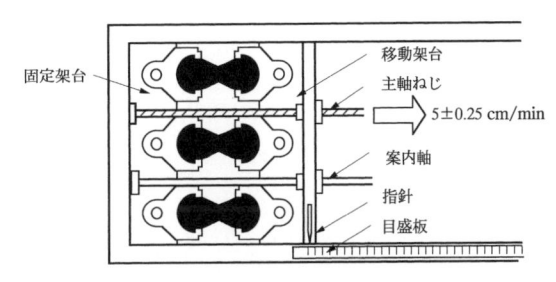

図 6-11　試料を試験器に設置

② 指針を 0 に合わせた後、電動機のスイッチを入れ、毎分 5±0.25 cm の速度で引っ張り、試

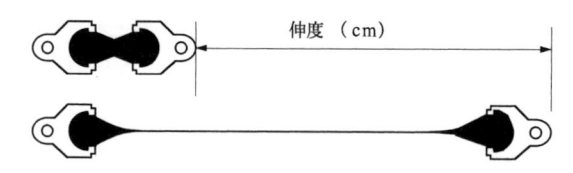

図 6-12　伸度試験概念図

料が切れたときの目盛を 0.5 cm 単位で読みとる（図 6-12）。

(4) **注意事項**
① 試験温度は一般に 15℃，25℃とする。
② 試験時間が長いので，水槽内の温度分布を均一にすることが大切である。必要に応じて極細になった試料を切断しないように，氷水や温水を入れ緩やかに撹拌し，温度を保つ。
③ 試料の上下に水が 25 mm 以上なければならない。
④ 正しく伸度を求められるように，水の密度を調節する（試験中試料が水面に浮かび出るときはメチルアルコールを，試験器の低部に触れる場合は塩化ナトリウムを添加する）。

6.4.4　試験結果の整理

(1) **試験結果の整理**
3 個の測定値の平均値を 1 cm 単位に丸め伸度とし，試験温度を付記する。100 cm を超えたときは，伸度 100＋とする。

(2) **精　度**
精度の規定はない。

(3) **試験結果例**
試験結果の例を**表 6-8** に示す。

〔課題〕
1. ストレートアスファルト，ゴム入りアスファルト，ブローンアスファルトの伸度試験を行い，切断面の形状をスケッチしなさい。または推測しなさい。

表 6-8　アスファルトの伸度試験結果例

実 験 名	アスファルトの伸度試験　　JIS K 2207				
試験日等	年　　月　　日　　曜日　　天気　　室温　　℃　湿度　　％				
氏　　名	組　　　班　　No.　　　氏名				
試　　料	80-100 ストレートアスファルト				
試験条件	試験温度：　＋15℃　　　引張速度：　5 cm/min.				
試料番号	1	2	3	平均値	伸度
測定値(cm)	110＋	110＋	110＋	110＋	100＋
備考：					

6.5 エングラー度試験（JIS K 2208）

6.5.1 試験の目的

① エングラー度試験は，石油アスファルト乳剤を散布または混合するときに，必要な粘性を有するかどうかを確認するために行う。

② エングラー度は，エングラー計を用い，25℃で，50 mL 流出するのに要する時間を，石油アスファルト乳剤と蒸留水について測定し，その比により表す。

6.5.2 使用機器

① エングラー計（図6-13）
   - 試料容器
   - 受器
   - 木栓
   - エングラー計用温度計
② 恒温水槽
   （針入度試験で用いる水槽）
③ 850 μm ふるい
④ ストップウォッチ

6.5.3 試験方法

(1) 試料の準備

① 石油アスファルト乳剤を深型の容器に500 mL 以上とる。

② 泡が生じないようにゆっくり撹拌する。

③ 十分撹拌した後，30分以上 25.0±0.1℃の恒温水槽中で養生する。

④ その後 850 μm ふるいでこし，通過したものを試料とする。

⑤ 蒸留水約 500 mL もあらかじめ 25.0±0.1℃ の恒温水槽中で養生しておく。

(2) 試験の準備

① あらかじめ試料容器を洗浄する。特に流出口を確認する。

② エングラー計を水平に据える（試料容器の標準点標針先端まで水を入れ，整準ねじを用い3カ所の先端と水面を一致させ水平を得る）。

③ 外浴槽に25℃付近の水を入れ外浴かき混ぜ器により撹拌し，25.0±0.1℃の温度で試験できるように準備する。

④ 受器を流出口真下に置く。

(3) 試験手順

① 蒸留水の流出時間 T_W を測定する。
   1) 木栓で流出口をふさぎ，標準点標針先端まで 25.0±0.1℃ の蒸留水を入れる。
   2) 試験温度を確認後，木栓を素早く引き上げ，50 mL 流出するのに要する時間を測定する。このとき泡立ちが少なくなるような工夫をする。測定が終わったら直ちに栓をする。
   3) 数回繰り返す。0.2秒以内に収まるまで繰り返す。
   4) その後3回の測定を行い，その平均値を T_W(秒)とする。

② 石油アスファルト乳剤の流出時間 T_S(秒) を1回測定する。

  試料容器の蒸留水を捨て，容器の水分を拭き取り，標準点標針先端まで 25.0±0.1℃ の試料を入れ，①1)〜2)の手順に従い試料の流出時間 T_S(秒)を測定する（図6-14）。

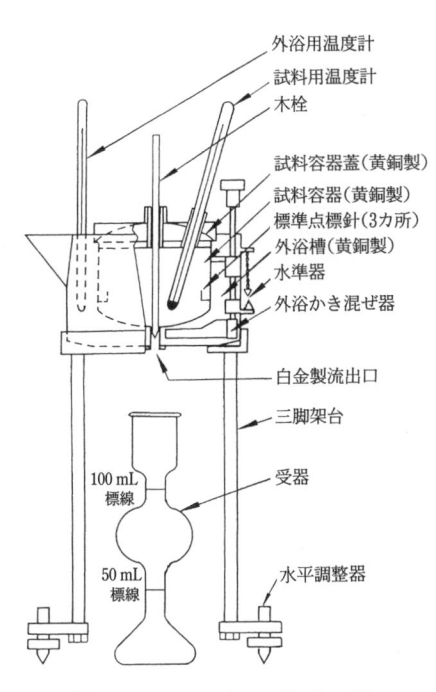

図6-13 エングラー計（一例）

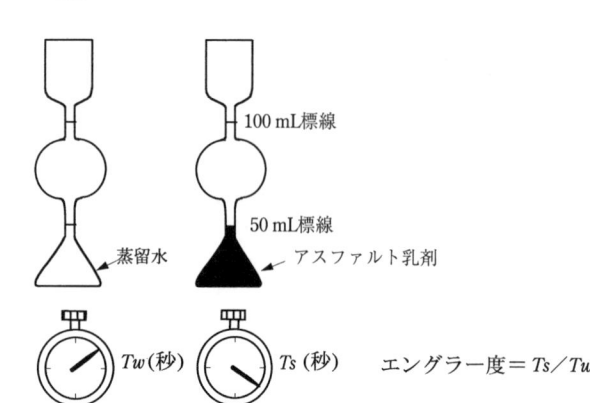

図6-14 エングラー度試験概念図

$$E = \frac{T_s}{T_w} \qquad (6.1)$$

ここに，E：エングラー度
　　　　T_s：試料の流出時間（秒）
　　　　T_w：蒸留水の流出時間（秒）

(2) 試験結果例

試験結果の例を表6-9に示す。

6.5.5 参考資料

① JIS K 2208では，石油アスファルト乳剤の種類，記号，用途，エングラー度を表6-10のように規定している。

② エングラー度が15以上の場合は，セイボルトフロール計を用い，60 mLについて試験を行い，換算係数を掛けてエングラー度を求める。

〔課題〕
1. 3種類の石油アスファルト乳剤の違いとその性状を述べなさい。
2. 石油アスファルト乳剤の製造方法を調べなさい。
3. 石油アスファルト乳剤の分解を説明しなさい。
4. 石油アスファルト乳剤の散布性と混合性について説明しなさい。
5. 実験に際しての注意事項を列記しなさい。

(4) 試験中の注意事項

① 石油アスファルト乳剤をこぼさないこと。こぼしたら直ちに拭き取る。
② 測定ごと，3カ所の標準点標針に試料または蒸留水を一致させる。
③ 外浴槽の温度を試験中25.0±0.1℃に保たせるためお湯を用意しておく。
④ 試料による周囲の汚れを防ぐため，B4大の紙の上で試験を行うとよい。
⑤ 試験後，試験器の清掃を入念に行う。特に流出口の試料は完全に取り去る。

6.5.4 試験結果の整理

(1) 試験結果の整理

エングラー度を式(6.1)より算出し，整数に丸めて報告する。

表6-9 石油アスファルト乳剤のエングラー度試験結果例

実験名	石油アスファルト乳剤のエングラー度試験　JIS K 2208				
試験日等	年　月　日　曜日　天気　室温　℃　湿度　％				
氏　名	組　班　No.　氏名				
試　料	PK-3				
試験条件	試験温度：+25℃		試験器番号		
回　数		1	2	3	平均値 T_w
蒸留水の流出時間（秒）		10.4	10.4	10.4	10.4
回　数		1			
試料の流出時間 T_s（秒）		21.0			
エングラー度 T_s/T_w		2.0			
備考：					

表6-10 石油アスファルト乳剤の種類, 記号, 用途, エングラー度

種類		カチオン乳剤の記号	アニオン乳剤の記号	ノニオン乳剤の記号	エングラー度 (25°C)	用途
浸透用	1号	PK-1	PA-1		3〜15	温暖期浸透用および表面処理用
	2号	PK-2	PA-2		3〜15	寒冷期浸透用および表面処理用
	3号	PK-3	PA-3		1〜 6	プライムコート用およびセメント安定処理層養生用
	4号	PK-4	PA-4		1〜 6	タックコート用
混合用	1号			MN-1	2〜30	セメント・アスファルト乳剤安定処理混合用
	1号	MK-1	MA-1		3〜40	粗粒度骨材混合用
	2号	MK-2	MA-2		3〜40	密粒度骨材混合用
	3号	MK-3	MA-3		3〜40	土まじり骨材混合用

6.6 アスファルト混合物の配合設計

アスファルト混合物は、アスファルトプラントにおいて、粗骨材、細骨材、フィラーおよびアスファルトを所定温度で加熱混合し、高温で舗設転圧するもので、舗装に広く用いられている。高品質のアスファルト混合物を得るために、骨材を十分に乾燥させ、厳密な温度管理の下に所定の締固め度を得なければならない。

アスファルト混合物の種類は、粒度が連続タイプの粗粒度・密粒度・細粒度・開粒度アスファルト混合物、不連続タイプのギャップアスファルト混合物があり、使用目的により使い分けなければならない。

6.6.1 配合設計の目的

① アスファルト混合物の配合設計は、所要品質を有する複数の骨材を組み合わせ、安定性、たわみ性、耐久性などに富む目標粒度の混合物を、最も経済的に得ることにある。
② アスファルト混合物の設計アスファルト量は、一般にマーシャル安定度試験により決定する。
③ マーシャル安定度試験は、アスファルト混合物の配合設計と現場における品質管理を行うための試験である。
④ マーシャル安定度試験は、夏季の高温時における混合物の塑性流動に対する抵抗性の測定に適用される。原則として骨材の最大粒径が25 mm 以下のアスファルト混合物に対して適用する。

6.6.2 使用機器

① マーシャル試験装置一式（図 6-15）
　・載荷装置
　・載荷ヘッド
　・記録装置一式（ロードセル（荷重検出器）、差動トランス、アンプ、X-Y レコーダ）
② モールド一式（底板、モールド（直径 101.6 mm、高さ 63.5 mm の供試体に締め固めることのできるもの）、カラー）

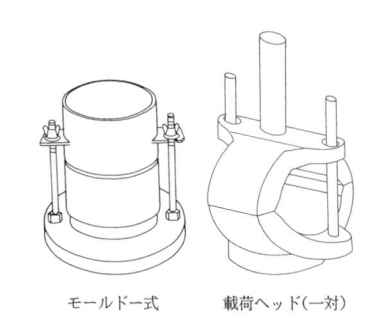

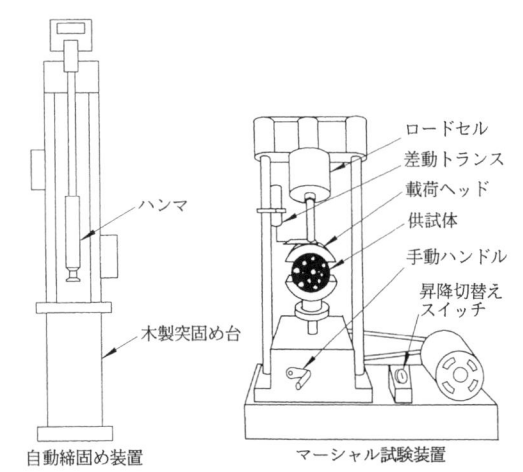

図 6-15　マーシャル試験装置と使用器具（一例）

③ 自動締固め装置（供試体締固め用ハンマ（4.5 kgf、45.7 cm の自由落下できるもの）でもよい）
④ 供試体抜取り器
⑤ 天びん（ひょう量 5 kg 以上、感量 0.1 g）
　・金網かご
　・越流口のある容器
⑥ 恒温水槽
⑦ 加熱装置一式（乾燥器、ガスコンロ）
⑧ 表面温度計または温度計
⑨ 混合鉢、混合さじ、ノギス、軍手、小型スコップ

6.6.3 配合設計の手順

アスファルト混合物の配合設計の手順を図 6-16 のフローチャートに従い述べる。
① 混合物の種類を決定する。

第6章 アスファルト

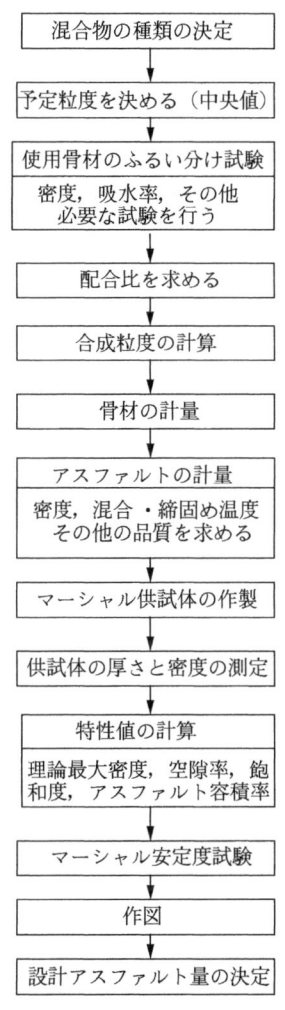

```
┌─────────────────────┐
│ 混合物の種類の決定      │
└──────────┬──────────┘
┌─────────────────────┐
│ 予定粒度を決める（中央値）│
└──────────┬──────────┘
┌─────────────────────┐
│ 使用骨材のふるい分け試験 │
│ 密度，吸水率，その他    │
│ 必要な試験を行う        │
└──────────┬──────────┘
┌─────────────────────┐
│ 配合比を求める         │
└──────────┬──────────┘
┌─────────────────────┐
│ 合成粒度の計算         │
└──────────┬──────────┘
┌─────────────────────┐
│ 骨材の計量            │
└──────────┬──────────┘
┌─────────────────────┐
│ アスファルトの計量      │
│ 密度，混合・締固め温度   │
│ その他の品質を求める    │
└──────────┬──────────┘
┌─────────────────────┐
│ マーシャル供試体の作製  │
└──────────┬──────────┘
┌─────────────────────┐
│ 供試体の厚さと密度の測定 │
└──────────┬──────────┘
┌─────────────────────┐
│ 特性値の計算          │
│ 理論最大密度，空隙率，飽 │
│ 和度，アスファルト容積率 │
└──────────┬──────────┘
┌─────────────────────┐
│ マーシャル安定度試験    │
└──────────┬──────────┘
┌─────────────────────┐
│ 作図                 │
└──────────┬──────────┘
┌─────────────────────┐
│ 設計アスファルト量の決定 │
└─────────────────────┘
```

図 6-16 加熱アスファルト混合物の配合設計フローチャート

② 使用予定骨材の粒度曲線，密度，吸水率を求める。
③ 図表法により各骨材の配合比を求める。
④ その配合比に従い各骨材の計量を行う。
⑤ マーシャル安定度試験を行い，設計アスファルト量を求める。

6.6.4 骨材配合比決定の手順（舗装設計施工指針）

図表法による骨材配合比決定の手順を述べる。
① 使用目的に最適なアスファルト混合物を選択し予定粒度を決める。一般に**表 6-18** に示す粒度範囲の中央値とする。［注意事項：①］

② 使用予定の粗骨材，細骨材，フィラーのふるい分け試験を行い，それぞれの粒度曲線を求める。
③ 使用予定骨材の粒度曲線図を作成する。
　方眼紙上に**図 6-17** のような枠を取り，対角線を引く。この対角線が予定粒度曲線を示す。対角線を利用して横軸上にふるい目の大きさの位置を決める。縦軸は通過質量百分率を普通目盛でとる（**図 6-18**）。例えば，ふるい目 4.75 mm の通過質量百分率が 65％ とすれば，縦軸 65％ の水平線が対角線と交わった点から垂線を下ろし，横軸と交わる点を 4.75 mm の位置とする。同様にして各ふるい目の位置を決定する。このようにして求めた図に使用骨材の粒度曲線を描く。
④ 使用骨材の配合比を求める。
　各骨材の隣り合う粒度曲線の関係は**図 6-19**

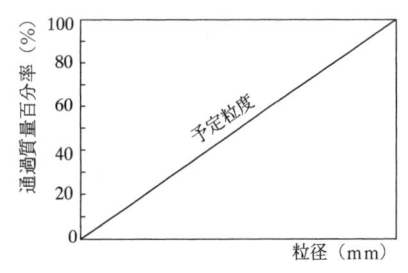

図 6-17 予定粒度の対角線表示

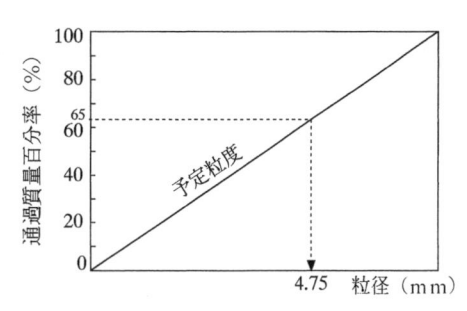

図 6-18 粒径の位置の決定

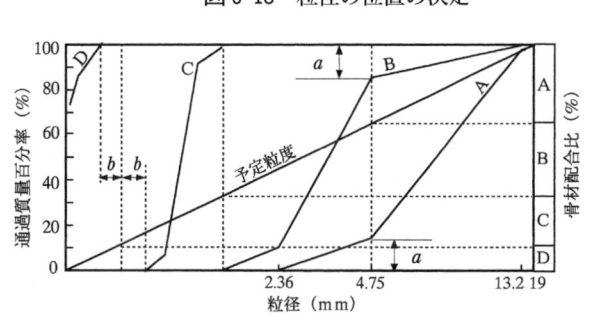

図 6-19 使用骨材の配合比の決定

のような3通りのいずれかになる。これらの隣り合う曲線の関係から次の要領で垂線を引き，配合比を求める。

1) 互いに重なっているとき（AとBの関係）
   A，B曲線と上下の横軸との距離 a の長さが等しくなる位置に垂線を引く。
2) 互いに相対しているとき（Bの下端とCの上端の関係）
   両端を結ぶ。
3) 互いに離れているとき（CとDの関係）
   両端の水平距離の垂直二等分線（$b=b$）を引く。

以上のようにして引いた垂線と対角線の交点から右へ水平線を引く。上から順に使用骨材の配合比を示す。

⑤ 骨材配合比から合成粒度を計算する。
⑥ 合成粒度を片対数の粒度曲線図に描いて検討し，必要に応じて合成粒度の補正を行う。
⑦ 骨材の密度の差が0.2以上違うものが2つ以上あるときは，密度による配合比の補正を行う（**表6-15**参照）。

6.6.5 マーシャル安定度試験

(1) 試験の準備

① アスファルトの密度，針入度，軟化点，混合および締固め温度，骨材の粒度曲線，密度，吸水率，その他の物理性状をあらかじめ試験などにより求める。混合温度および締固め温度はアスファルトの動粘度が180±20センチストークス（セイボルトフロール秒85±10）および300±30センチストークス（セイボルトフロール秒140±15）のときの温度とする（**図6-20**）。
　　　　　　　　　　　　　　　［注意事項：②］
② 絶乾状態の骨材を用意する。フィラーの含水比に注意する。実験に供するマーシャル供試体数は同一アスファルト量に対し一般に3個以上とするので3×5＝15個分以上の材料を用意する。　　　　　　　　　　　　　［注意事項：③］
③ 締固め後の供試体の高さ（H）が63.5±1.3 mm になるように，1バッチ分（約1150 g）を，各骨材の所要の配合比に従って計量する。
④ 計量した骨材をバットに入れ，乾燥器等で，混合温度より10〜30℃高い温度に加熱する。

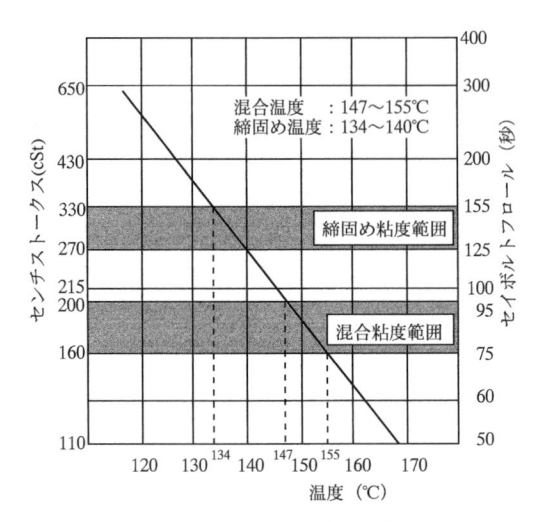

図6-20 マーシャル供試体作製時の締固め，混合温度

⑤ 締固めハンマの打撃面，モールド，底板，カラー，混合鉢，混合さじ，へらは清浄し，混合温度程度に加熱しておく（加熱には乾燥器を使用するとよい）。
⑥ 案内棒，載荷ヘッドを清浄にし，また動作が滑らかであることを確認する。

(2) 供試体の作製

① 加熱した1バッチ分の骨材を混合鉢に移し十分に空練りをする。すり鉢状に広げてから天びんに載せ，混合温度に加熱したアスファルトを流し込み，計量する。このとき天びん上皿に断熱材（例えば，スレート板）を置く。アスファルト量は，選定した混合物のアスファルト量の範囲内で，0.5％刻みに変える（アスファルト量は5種類とする）。
　　　　　　［注意事項：④］　［関連知識：①］

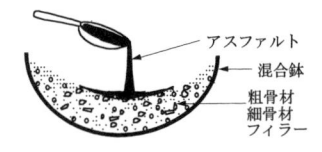

② 混合は，混合温度を厳守し，手練りにより，短時間に終了させる。骨材表面がアスファルトで十分被覆されるように行う。［注意事項：⑤］
③ モールド，底板，カラーを組み立てる。
　　　　　　　　　　　　　　　［注意事項：⑥］
④ 1バッチ混合物を混合鉢中で4等分し，モールドに4方向から入れる。混合物が分離しない

ように注意する。こてに付着した混合物はへらで必ず落とすこと。

⑤ 混合さじで周囲に沿って 15 回突き，中央部を 10 回突き，中央部がわずかに高くなるように丸みをつけてならす。

⑥ 締固め温度になったら手早く締め固める。締固め温度は厳密に管理しなければならない。
　　　　　　　　　　　　　　　　［注意事項：⑥］

⑦ 混合物を入れたモールドを締固め台の上に置き，締固めハンマを挿入し，所要回数（50 回または 75 回）締め固める（表 6-19 参照）。
　　　　　　　　　　　　　　　　［注意事項：⑦］

⑧ 片面の締固めが終わったら，モールドをはずし逆に組み立てる。このときモールド中の供試体が底板に接触するまで，上から静かに押し込む。この裏面を再度同じ回数締め固める。

⑨ 底板とカラーをはずし，平らな面に置き，供試体上部より載荷し，床面まで押し込む。その後モールドのまま室温になるまで冷ます。以上の要領で供試体を各アスファルト量に対し 3 個以上ずつ作製する。　　　　［注意事項：⑧］

⑩ 供試体抜取り器を用いて供試体をモールドから抜き取り，変形しないように 12 時間以上さらに静置する。日に当てたり，再加熱してはいけない。

(3) 供試体の高さと密度の測定

① 供試体のミミをへらで取り，ウエス等で供試体を軽くこすり，カスを取り除く。

② 供試体の 4 カ所（90°ごと）の高さを 0.1 mm 単位ではかり，平均高さを求める。63.5±1.3 mm をはずれた供試体は作り直す。
　　　　　　　　　　　　　　　　［注意事項：⑨］

③ 供試体の空中質量を 0.1 g まで測定する。

④ 続いて，供試体を常温の水中に 45 秒間浸したのち，60 秒までに水中における供試体の見かけの質量を測定する。

⑤ その後供試体を水中より取り出し，表面の水分を布等で手早く拭き取り，表乾質量を測定し，密度を計算する。計量中にしみ出た水分は質量として考える。　　　　［関連知識：①］

(4) マーシャル安定度試験

① 60±1℃の恒温水槽に供試体を 30〜40 分間養生する。2〜3 分ずつずらし連続して供試体を水槽に入れる。載荷ヘッドも水槽に入れ，試験温度に保つ。　　　　　　　　［注意事項：⑩］

② 載荷ヘッドと供試体を取り出し，供試体を上下ヘッドで挟む。載荷後に混合物が載荷ヘッド内面に付着する恐れがあるときは，その内面に手早く薄くグリスを塗って組み立てる。

③ 偏心しないように載荷ヘッドとロードセルを合致させ，さらに案内棒に差動トランスを載せる。X-Y レコーダのペンを下ろす。

④ 50±5 mm/min で載荷し，最大荷重を記録したとき載荷を停止する。このときの最大荷重を安定度，変形量をフロー値とする。安定度は kN(kgf) 単位で，フロー値は 1/100 cm を 1 フロー値とする。　　　　［注意事項：⑪，⑫］

(5) 設計アスファルト量の決定

① マーシャル供試体の理論最大密度，密度，空隙率，飽和度の計算値と，マーシャル安定度試験の結果を表および図にまとめる。図は横軸にアスファルト量を，縦軸に密度，空隙率，飽和度，安定度，フロー値を普通目盛でとり，それぞれの値をプロットし，滑らかな曲線で結ぶ。参考までに骨材間隙率，マーシャルスティフネス（安定度/フロー値）を求めることもある。
　　　　　　　　　　　　　　　［関連知識：①，②］

② 図中に，表 6-19 に示すアスファルト混合物の各要素の基準値を入れる。

③ 各要素ごとに，基準値を満足するアスファルト量の範囲を求め，図 6-24 のような設計アスファルト量の決定図を作成する。

④ すべての基準値を満足するアスファルト量の範囲の中央値を設計アスファルト量とする。

(6) 注意事項

① 中央値の粒度は骨材配合比を求めるためのもので理想的な粒度という意味ではない。

② 小分けしたアスファルトは棚に保管するなどして，取扱いに十分注意する。特に日光にさらしたり，加熱しすぎたりしてはならない。

③ 絶乾状態の骨材は 105〜110℃で一定質量になるまで炉乾燥して得る。

④ アスファルトの加熱は間接溶融法により，また 1 時間以上の加熱は避ける。局部的に加熱したり，容器を直接加熱してはならない。

⑤ 実験全体を通じ表面温度計を使用するとよい。作業は木綿製軍手を 2〜3 枚重ねで行う。アスファルトで汚れたまま使用すると熱を通し

やすくなるので危険である。
⑥ 底板や締固めハンマとアスファルト混合物が付着しないように，$\phi 101.6\,\mathrm{mm}$ の紙を敷くとよい。
⑦ 50回締固めとは，両面50回ずつ，計100回締め固めることを意味する。
⑧ 付着防止に紙を用いたときは，上下2枚の紙をはがしてから静置する。
⑨ 規定の高さが得られないときは，高さの補正は行わず作り直す。
　新しい骨材質量＝骨材質量×63.5/H から骨材質量を求めるとよい。
⑩ 水槽の温度に絶えず注意する。低い場合は熱湯を注ぐなどして，試験温度を保つ。
⑪ 供試体を水槽から出し最大荷重を得るまでの時間は30秒以内とする。
⑫ ロードセル，差動トランスの代わりに，プルービングリング，フロー計を用いてもよい。

(7) 関連知識
① アスファルト混合物の特性値の計算
　供試体の表面の状態により，密度 D(g/cm³) は次式のいずれかにより計算する。供試体の表面は滑らかだが吸水する場合はかさ密度 D_B を，供試体の表面が緻密で吸水しない場合は見かけ密度 D_A を用いる。

$$D_B = \frac{A}{B-C} \times \rho_w$$

$$D_A = \frac{A}{A-C} \times \rho_w$$

ここで，A：乾燥供試体の空中質量 (g)，C：供試体の水中における見かけの質量（供試体を常温の水中に約1分間浸した後測定）(g)，B：供試体の表乾質量（Cの測定後供試体の表面の水分を取り除いた後の質量）(g)，ρ_w：常温の水の密度（$\fallingdotseq 1$ g/cm³）

　アスファルト混合物は骨材，アスファルト，空隙から構成される（図6-21）。質量をm，体積をV，密度をDの記号で，骨材，アスファルト，空隙のそれぞれを図中の記号で示す。

　アスファルト量 χ (%) はアスファルト混合物に占めるアスファルトの質量百分率を表し，次式で計算する。

$$\chi = \frac{m_a}{m_{agg} + m_a} \times 100 \; (\%)$$

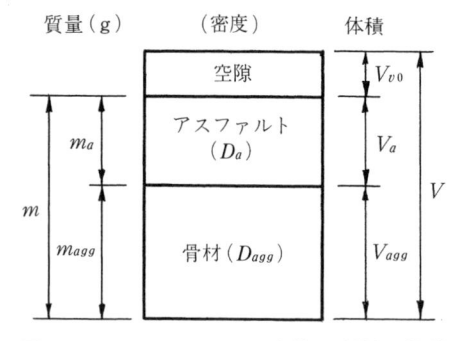

図6-21 アスファルト混合物の質量と体積の関係

$$\therefore \; m_a = \frac{m_{agg} \times \chi}{100 - \chi} \; (\mathrm{g})$$

　理論最大密度 D_t (g/cm³) は混合物中に全く空隙がない密度を意味し，次式で計算する。

$$D_t = \frac{100}{\dfrac{\chi}{D_a} + \dfrac{100-\chi}{100} \times \sum \dfrac{m_i}{D_i}}$$

ここで，m_i：各骨材の配合比（質量%）
　　　　D_i：各骨材の密度 (g/cm³)
　　　　D_a：アスファルトの密度 (g/cm³)

　アスファルト容積率 V_{av} (%) はアスファルト混合物全体積に対するアスファルトの体積の占める割合を百分率で表し，次式で計算する。

$$V_{av} = \frac{D_B}{D_a} \times \chi \; (\%)$$

　空隙率 v (%) はアスファルト混合物全体積に対する空隙の占める割合を百分率で表し，次式で計算する。

$$v = \left(1 - \frac{D_B}{D_t}\right) \times 100 \; (\%)$$

　骨材間隙率 VMA (%) はアスファルト混合物全体積に対する空隙とアスファルトによって占められる体積の割合を百分率で表し，次式で計算する。

$$VMA = V_{av} + v \; (\%)$$

　飽和度 VfA (%) は骨材の間隙中に占めるアスファルトの割合を百分率で表したもので，次式で計算する。

$$VfA = \frac{V_{av}}{V_{av} + v} \times 100 \; (\%)$$

② 供試体の理論最大密度を計算するにあたり骨材の密度は，吸水率が1.5%以下のときは見かけ密度を，1.5%を超え3.0%以下のときは見かけ密度と表乾密度の平均値を用いる。

見かけ密度 $= \dfrac{m_A}{m_A - m_C} \times \rho_w$

表乾密度 $= \dfrac{m_B}{m_B - m_C} \times \rho_w$

ここで，m_A：骨材の乾燥質量（g）

m_B：骨材の表面乾燥飽水状態の質量（g）

m_C：24 時間水浸後の水中における骨材の見かけの質量（g）

ρ_w：常温の水の密度（≒1 g/cm³）

6.6.6 配合設計例

密粒度アスファルト混合物（13）を，表 6-11 に示す骨材と舗装用石油アスファルト 60〜80（針入度 67，軟化点 48.5℃，密度 1.027 g/cm³）を使用して，配合設計を行う。

表 6-11 使用骨材の物理性状

	表乾密度	かさ密度	見かけ密度	吸水率	理論最大密度算出密度
S-13（6 号砕石）	2.684	2.629	2.781	1.8	2.733*
S-5（7 号砕石）	2.688	2.634	2.784	2.0	2.736*
粗砂	2.683	2.650	2.741	1.2	2.741
細砂	2.699	2.651	2.792	1.1	2.792
石灰石粉				0.1	2.680

注）＊ 関連知識：②参照

① 予定粒度を密粒度アスファルト混合物（13）の中央値とする（表 6-12）。

表 6-12 密粒度アスファルト混合物(13)

粒径	範囲	予定粒度
19 mm	100	100
13.2 mm	95〜100	100
4.75 mm	55〜70	63
2.36 mm	35〜50	43
600 μm	18〜30	24
300 μm	10〜21	16
150 μm	6〜16	11
75 μm	4〜8	6

② 使用予定の粗・細骨材，フィラーの粒度曲線，物理性状を求める（表 6-13）。

③ 使用骨材の粒度曲線を描く。

方眼紙上に約 10 cm × 15 cm の枠を取り，対角線を引く。横軸上にふるい目の大きさの位置を決める。この図に使用骨材の粒度曲線を入れ

表 6-13 使用骨材の通過質量百分率

骨材の種類 ふるいの呼び寸法	粗骨材		細骨材		石粉
	S-13 6 号砕石	S-5 7 号砕石	粗砂	細砂	石灰石粉
19 mm					
13.2 mm	100	100			
4.75 mm	6	88			
2.36 mm	0	4	100	100	
600 μm		0	48	74	
300 μm			22	47	100
150 μm			5	9	95
75 μm			1	2	85
比重	2.733	2.736	2.741	2.792	2.680
吸水量(%)	1.8	2.0	1.2	1.1	0.1
産地					

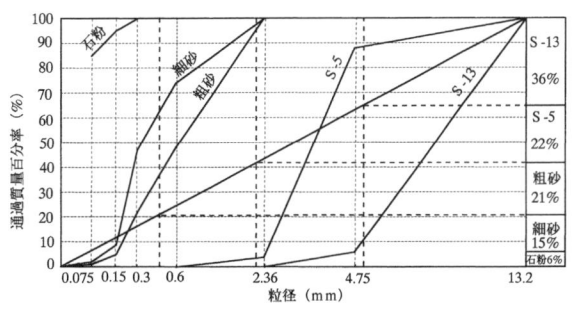

図 6-22 使用骨材の配合比

る。使用骨材の配合比を求める（図 6-22）。石粉の配合比は 75 μm の予定粒度 6 ％と同一にする。

④ 合成粒度を計算する（表 6-14）。

⑤ 合成粒度の粒度曲線図を作成する（図 6-23）。

本例題では予定粒度に近づけるため，粗砂，石粉を増やし，細砂を減らして補正する。表 6-14 中の下段がその補正値である。その値を図 6-23 に描き検討する。

⑥ 理論最大密度を計算する（表 6-16）。

⑦ アスファルト量 5.0，5.5，6.0，6.5，7.0 ％について 3 個の供試体を作製する。空中，水中における見かけ，表乾の質量を測定し，マーシャル安定度試験を行い，表にまとめる（表 6-17）。

⑧ アスファルト量と密度，空隙率，飽和度，安定度，フロー値の関係図を作成し，密粒度アスファルト混合物の基準値の範囲から設計アスファルト量を求める（図 6-24）。

表6-14 合成粒度の計算

骨材の種類	S-13 6号砕石	S-5 7号砕石	粗砂	細砂	石灰石粉	各骨材配合比 上段：配合比×通過質量百分率 下段：補正配合比×通過質量百分率					合成粒度	予定粒度
配合比(%)	36	22	21	15	6	S-13	S-5	粗砂	細砂	石粉		
補正値(%) 補正配合比(%)	36	22	(+10) 31	(-11) 4	(+1) 7							
13.2 mm	100	100				36.0 36.0	22.0 22.0	21.0 31.0	15.0 4.0	6.0 7.0	100.0 100.0	100
4.75 mm	6	88				2.2 2.2	19.4 19.4	21.0 31.0	15.0 4.0	6.0 7.0	63.6 63.6	63
2.36 mm	0	4	100	100		0.9 0.9		21.0 31.0	15.0 4.0	6.0 7.0	42.9 42.9	43
600 μm		0	48	74			10.1 14.9	11.1 3.0		6.0 7.0	27.2 24.9	24
300 μm			22	47	100		4.6 6.8	7.1 1.9		6.0 7.0	17.7 15.7	16
150 μm			5	9	95		1.1 1.6	1.4 0.4		5.7 6.7	8.2 8.7	11
75 μm			1	2	85		0.2 0.3	0.3 0.1		5.1 6.0	5.6 6.4	6

表6-15 骨材密度による骨材配合比の補正計算

骨材の種類	S-13	S-5	粗砂	細砂	石灰石粉	計
配合比(%)①	36	22	31	4	7	100
密度 ②	2.733	2.736	2.741	2.792	2.680	
①×②	98.388	60.192	84.971	11.168	18.76	273.479
補正配合比(%)	36.0	22.0	31.1	4.1	6.8	100.0

補正配合比は，$\dfrac{① \times ②}{\sum ① \times ②} \times 100$ (%)で求める。本例題では補正の必要はない。

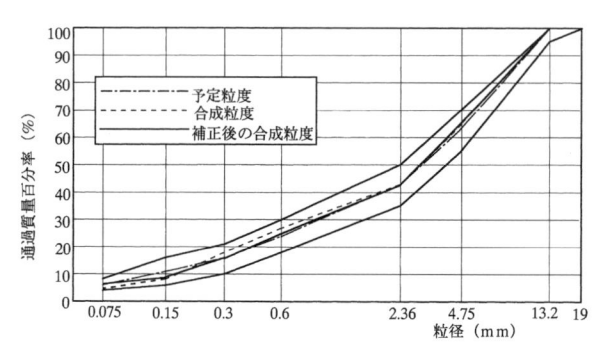

図6-23 粒度曲線

表6-16 理論最大密度の計算

骨材の種類	配合比 ①	密度 ②	係数 ③=①/②	アスファルト量(%) ⑤	アスファルト密度 ⑥	理論最大密度 $\dfrac{100}{\dfrac{⑤}{⑥}+\dfrac{④(100-⑤)}{100}}$
S-13(6号砕石)	36	2.733	13.172	5.0	1.027	2.525
S-5(7号砕石)	22	2.736	8.041	5.5		2.506
粗砂	31	2.741	11.310	6.0		2.487
細砂	4	2.792	1.433	6.5		2.468
石灰石粉	7	2.680	2.612	7.0		2.450
計	100		④ 36.568			

表6-17 マーシャル安定度試験結果

マーシャル安定度試験　試験日　年　月　日　番号　　氏名

骨材種類：粗骨材（　産S-13, S-5）, 細骨材（　産粗砂,　産細砂,　産石灰石粉）　フィラー（　産石灰石粉）　アスファルト：Pen=67, R&B=48.5°C

①アスファルトの密度＝1.027 g/cm³　　混合温度：154〜159°C　締固め温度：143〜147°C

No	アスファルト量 (%) ②	供試体の高さ (cm) h1	h2	h3	h4	平均	供試体の質量 (g) 空中 ③	水中 ④	表乾 ⑤	供試体密度 (g/cm³) かさ ⑥ ③/(⑤-④)	理論最大 ⑦	アスファルト容積率(%) ⑧ (②×⑥)/①	空隙率(%) ⑨ (1-⑥/⑦)×100	骨材間隙率(%) ⑩ ⑧+⑨	飽和度(%) (⑧/⑩)×100	安定度 (kN)	フロー値 (1/100 cm)
1	5.0	6.27	6.29	6.34	6.28	6.30	1185.1	688.1	1185.2	2.384						9.9	29
2		6.26	6.31	6.29	6.29	6.30	1186.7	688.6	1186.8	2.382						10.8	24
3		6.27	6.30	6.28	6.29	6.29	1184.6	687.1	1184.7	2.381						10.3	25
平均										2.382	2.525	11.6	5.7	17.3	67.1	10.3	26
4	5.5	6.37	6.28	6.33	6.32	6.32	1190.4	694.6	1190.6	2.400						11.0	27
5		6.32	6.31	6.27	6.27	6.29	1192.5	695.1	1192.7	2.397						11.6	29
6		6.34	6.31	6.29	6.30	6.31	1188.3	693.2	1188.5	2.399						11.3	28
平均										2.399	2.506	12.8	4.3	17.1	74.9	11.3	28
7	6.0	6.29	6.31	6.36	6.33	6.32	1194.3	696.3	1194.5	2.397						12.1	33
8		6.36	6.37	6.32	6.34	6.35	1196.6	698.3	1196.8	2.401						11.3	31
9		6.37	6.32	6.35	6.36	6.35	1195.1	697.6	1195.3	2.401						11.9	33
平均										2.400	2.487	14.0	3.5	17.5	80.0	11.8	32
10	6.5	6.37	6.39	6.35	6.41	6.38	1199.1	700.0	1199.3	2.402						11.0	37
11		6.35	6.37	6.34	6.36	6.36	1201.3	701.4	1201.5	2.402						11.7	35
12		6.40	6.35	6.37	6.38	6.38	1199.7	700.3	1199.8	2.402						11.5	35
平均										2.402	2.468	15.2	2.7	17.9	84.9	11.4	36
13	7.0	6.41	6.38	6.39	6.37	6.39	1204.6	701.1	1204.7	2.392						9.5	41
14		6.39	6.36	6.38	6.38	6.38	1206.1	702.3	1206.2	2.394						10.1	43
15		6.43	6.39	6.38	6.41	6.40	1203.7	700.8	1203.8	2.393						9.8	42
平均										2.393	2.450	16.3	2.3	18.6	87.6	9.8	42

備考　見かけ密度で計算するときは次式を用いる。　見かけ密度＝③/(③-④)

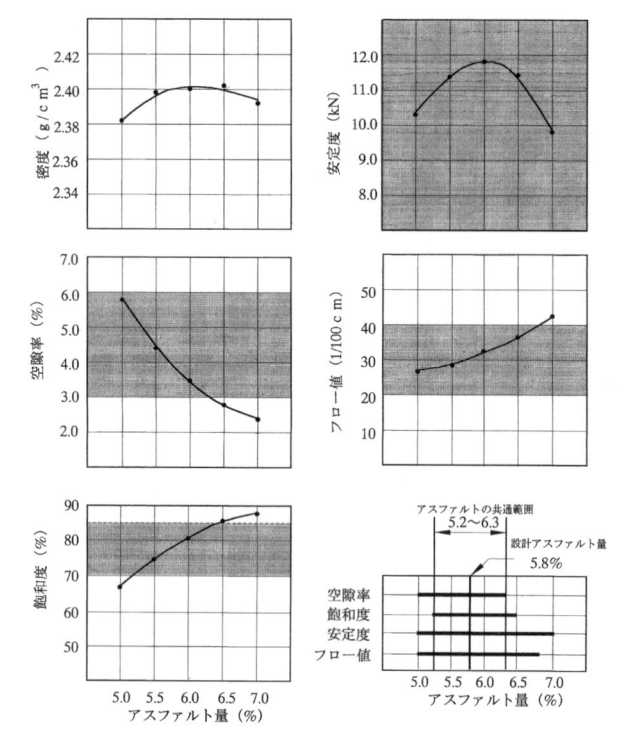

図 6-24 マーシャル安定度試験結果と設計アスファルト量の決定

6.6.7 参考資料

① アスファルト混合物の標準配合およびマーシャル安定度試験に対する基準値を表6-18，表6-19に示す。

② マーシャル安定度試験を人員20人で，5種類のアスファルト量につき，4個ずつ，計20個の供試体を作製するものとして，必要な機器と数量の概略を，参考までに挙げておく。ただし各人1個は作製し，供試体の締固めには，自動締固め装置を使用することを前提とする。

粗・細骨材を計量するためのホーローバット（小）＝20枚，混合鉢＝3個，アスファルト溶融小鍋と砂を入れたフライパンおよびガスコンロ＝2組，骨材混合用ガスコンロ＝1個，混合さじ，へら若干，骨材加熱用乾燥器（55×55×55 cm³ 程度），モールド等加熱用乾燥器（40×40×40 cm³ 程度），モールド＝20個，底板とカラー＝2組，水中の見かけ質量測定可能な天びん＝1台以上，恒温器（1000 W 程度），水槽（80×30×20 cm³ 程度），表面温度計，グリス，ウエス，軍手，標準網ふるい，マーシャル試験装置＝1式。

③ マーシャル安定度試験は世界で広く用いられ

表6-18 アスファルト混合物の種類と粒度範囲，アスファルト量（舗装設計施工指針）

混合物の種類		① 粗粒度アスファルト混合物	② 密粒度アスファルト混合物	③ 細粒度アスファルト混合物	④ 密粒度ギャップアスファルト混合物	⑤ 密粒度アスファルト混合物		⑥ 細粒度ギャップアスファルト混合物	⑦ 細粒度アスファルト混合物	⑧ 密粒度ギャップアスファルト混合物	⑨ 開粒度アスファルト混合物
		(20)	(20)	(13)	(13)	(20 F)	(13 F)	(13 F)	(13 F)	(13 F)	(13)
仕上がり厚 (cm)		4〜6	4〜6	3〜5	3〜5	3〜5	4〜6	3〜5	3〜5	3〜4	3〜5	3〜4
最大粒径 (mm)		20	20	13	13	13	20	13	13	13	13	13
通過質量百分率(%)	26.5 mm	100	100				100					
	19.0 mm	95〜100	95〜100	100	100	100	95〜100	100	100	100	100	100
	13.2 mm	70〜90	75〜90	95〜100	95〜100	95〜100	75〜95	95〜100	95〜100	95〜100	95〜100	95〜100
	4.75 mm	35〜55	45〜65	55〜70	65〜80	35〜55	52〜72		60〜80	75〜90	45〜65	23〜45
	2.36 mm	20〜35	35〜50		50〜65	30〜45	40〜60		45〜65	65〜80	30〜45	15〜30
	600 μm	11〜23	18〜30	25〜40	20〜40	25〜45		40〜60	40〜65	25〜40	8〜20
	300 μm	5〜16	10〜21	12〜27	15〜30	16〜33		20〜45	20〜45	20〜40	4〜15
	150 μm	4〜12	6〜16	8〜20	5〜15	8〜21		10〜25	15〜30	10〜25	4〜10
	75 μm	2〜7	4〜8	4〜10	4〜10	6〜11		8〜13	8〜15	8〜12	2〜7
アスファルト量(%)		4.5〜6	5〜7	6〜8	4.5〜6.5	6〜8		6〜8	7.5〜9.5	5.5〜7.5	3.5〜5.5
アスファルト針入度						40〜60 60〜80 80〜100						

［注］1．( )内の数字は最大粒径を，Fはフィラーを多く使用していることを示す。
2．①は基層に，②③④⑨は一般地域の表層に，⑤⑥⑦⑧は積雪寒冷地域の表層に用いる。
積雪寒冷地域とはタイヤチェーンなどによる摩耗が問題になる地域をいい，その他の地域を一般地域という。

表6-19 マーシャル安定度試験に対する基準値（舗装設計施工指針）

混合物の種類		① 粗粒度アスファルト混合物 (20)	② 密粒度アスファルト混合物 (20) | (13)	③ 細粒度アスファルト混合物 (13)	④ 密粒度ギャップアスファルト混合物 (13)	⑤ 密粒度アスファルト混合物 (20 F) | (13 F)	⑥ 細粒度ギャップアスファルト混合物 (13 F)	⑦ 細粒度アスファルト混合物 (13 F)	⑧ 密粒度ギャップアスファルト混合物 (13 F)	⑨ 開粒度アスファルト混合物 (13)
突固め回数	$1000 \leq T$	75	75	75	75	50	50	50	50	75
	$T<1000$	50	50	50	50					50
空隙率（%）		3〜7	3〜6	3〜7	3〜7	3〜5	3〜5	2〜5	3〜5	—
飽和度（%）		65〜85	70〜85	65〜85	65〜85	75〜85	75〜85	75〜90	75〜85	—
安定度（kN）		4.90以上	4.90以上 (7.35以上)	4.90以上	4.90以上	4.90以上	4.90以上	3.43以上	4.90以上	3.43以上
フロー値（1/100 cm）		20〜40	20〜40	20〜40	20〜40	20〜40	20〜40	20〜80	20〜40	20〜40

注）(1) T：舗装計画交通量（台／日・方向）
  積雪寒冷地域の場合や，$1000 \leq T < 3000$ であっても流動によるわだち掘れの恐れが少ない所では突固め回数を50回とする。
(2) （ ）内は $1000 \leq T$ で突固め回数を75回とする場合の基準値を示す。
(3) 水の影響を受けやすいと思われる混合物またはそのような箇所に舗装される混合物の場合には，次式で求めた残留安定度が75%以上であることが望ましい。残留安定度＝(60℃, 48時間水浸後の安定度／安定度)×100

ている配合設計方法であるが，いくつかの問題点も指摘されている。供試体作製時の締固めにジャイレトリーコンパクタを用いる SUPER-PAVE という新しい配合設計方法もアメリカ合衆国を中心に採り入れられつつある。

〔課題〕

1. 温暖な地域と積雪寒冷な地域の道路舗装に用いる瀝青材料およびその種類を記し，その材料が使用されている理由を述べなさい。
2. マーシャル供試体の密度を測定するにあたり，供試体を水中に浸す時間により，差が生ずると考えられる。どのようにして密度を測定すればよいか述べなさい。
3. 現場切取りの供試体によりマーシャル安定度試験を行うことについての是非を，理由を挙げて答えなさい。
4. アスファルト混合物の供試体の作製やアスファルト舗装の舗設にあたり，混合温度，混合時間，締固め温度が細かく定められているが，その理由を述べなさい。
5. 設計アスファルト量が目標アスファルト量（例えば，密粒度アスファルト混合物で6.0%）付近をはずれた場合，どのようにするとよいか述べなさい。

6.7 アスファルト試験器具の手入れと清掃について

(1) アスファルトによる汚れについて
　アスファルトが衣服・床などに付着するとなかなか取れない。溶剤などでも落ちにくい。また，ほかのものに付着，汚染を拡大してゆくので早めに除去することが基本である。
(2) 器具の手入れについて
① 金属などの試験器具は，加熱してアスファルトをあらかた除去し，その後ウエスなどで拭き取る。これで随分ときれいになる。仕上げは溶剤で清浄にし，水洗いし乾燥させる。
② モールド，混合鉢，混合さじ，へらなどは，ガスコンロなどで加熱して拭き取るとよい。
③ 水銀温度計のアスファルトの汚れは，軽く加熱し拭き取るだけで十分である。
④ 衣服に付着したアスファルトの除去は難しい。作業服で実験を行うべきである。
(3) 溶剤について
① アセトン，ベンジンは不適で，ジクロロメタン，無鉛ガソリンなどは有効である。ただし引火，有毒性に関する知識をもって使用しなければならない。
② 有機溶剤を使用したときは手を洗うこと。

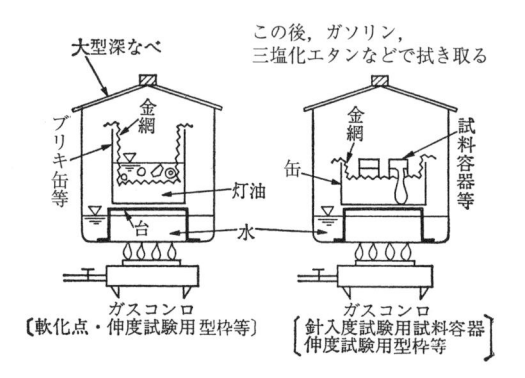

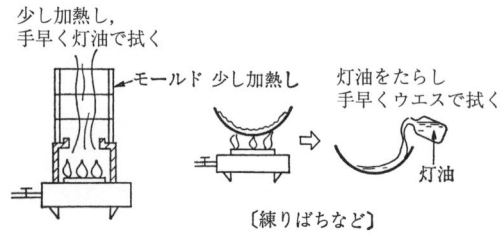

〔第6章　参考文献〕
1) 日本規格協会：JIS K 2207-2000「石油アスファルト」．
2) 日本規格協会：JIS K 2208-2000「石油アスファルト乳剤」．
3) 日本道路協会：舗装試験法便覧，丸善，1991．
4) 日本道路協会編：舗装設計施工指針，丸善，2001．
5) 土木学会編：土木材料実験指導書（平成13年改訂版），土木学会，2002．
6) 松野三郎：アスファルト舗装に関する試験，建設図書，1971．
7) 池田英一：アスファルト舗装に関する試験，日瀝化学工業㈱，1963．
8) 菅原・工藤・有福：土木材料III〈アスファルト〉，共立出版，1974．
9) 南雲貞夫編：道路舗装用語の解説，建設図書，1980．
10) 日本道路協会編：道路用語辞典（第2版），1985．
11) 日本規格協会：JIS A 1110-1999「粗骨材の密度及び吸水率試験方法」．

図 6-25

第7章
鉄筋コンクリート部材の試験

7.1 鉄筋コンクリートはりの曲げ試験

7.1.1 試験の目的

ここで述べる鉄筋コンクリートはり（以下 RC はりという）の曲げ試験は，大学，高専等の学生実験のために実験室で行う，簡単な単純ばりの試験についてであり，鉄筋の補強効果や曲げひび割れ，曲げ破壊，RC はりのたわみなどの曲げ特性について，基礎的な概念を習得するものである。

7.1.2 試験準備

(1) RC はりの形状寸法と配筋

RC はりの長さは運搬方法，試験機の規模などによって一概に定められないが，1～2 m 程度のものが用いられる。

RC はりの断面は，あまり小さいとコンクリートの乾燥収縮の影響が表れるので，最小部材断面寸法を 100 mm 以上とすることが望ましい。

断面の形状は長方形がよく用いられ，はりの引張側に数本の主鉄筋を1段に配置する。図7-1 に供試体の形状と配筋の例を示す。主鉄筋としては D10～D16 mm 鉄筋が用いられる。

曲げ破壊の性状を調べるものであるから，スターラップなどによるせん断補強を行ってせん断破壊しないようにする。スターラップは，D6 か D10 の鉄筋を用いる。径が太くなると実験室では曲げ加工しにくくなる。

(2) コンクリートの配合

RC はりに使用するコンクリートの配合条件は，設計基準強度 $f'_{ck}=18\sim50$ N/mm^2，粗骨材の最大寸法 20～25 mm 程度，スランプは 5～12 cm 程度である。この範囲で適当に選定する。

(3) RC はりの製作方法

RC はりの型枠内面にはオイルなどを塗っておき，コンクリートと型枠の剥離をよくしておく。

主鉄筋はスペーサを用いたり，型枠両端板に穴を設けてそこに通して固定するなどして，所定の位置に配置する。

スターラップ，組立て鉄筋は，やきなまし鉄線を用いて緊結する。

鉄筋ひずみ測定用ゲージは，あらかじめ主鉄筋あるいはスターラップに貼付し，防水処理を施しておく。なお，防水ゲージも市販されているので利用できる。

ゲージリード線は試験時に RC はりとひずみ測定器の位置関係を考えて必要な長さにしておく。なお，ゲージならびにリード線の導通チェックをテスタで行っておく。

練り混ぜたコンクリートは分離しないように型枠内に打ち込み，バイブレータを用いて十分締め固める。へら等を型枠内側面に沿って差し込み，側面や隅々にコンクリートを行きわたらせ，木づちで型枠をたたいて空気泡を追い出す。その後，

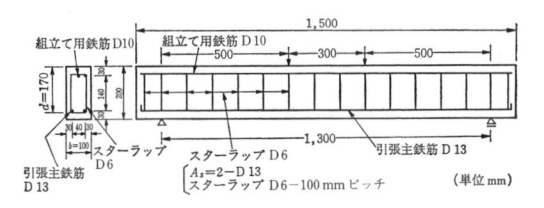

図 7-1 供試体の形状および配筋の一例

こてで打込み面を平滑に仕上げる。

同じバッチのコンクリートで比較用の圧縮強度, 曲げ強度および割裂引張強度用供試体を製作する。すべての供試体は同一条件で水中養生あるいは散水養生をする。

(4) RC はり以外の必要な試験

RC はりの曲げ試験に先立って, はり試験時のコンクリートの圧縮強度, 応力-ひずみ関係, 弾性係数, 曲げ強度, 引張強度を求める。また, 使用する鉄筋の応力-ひずみ関係, 降伏点強さおよび引張強さをあらかじめ引張試験を行って求めておく。なお, それぞれの試験は本書の各章に書かれている方法で行う。

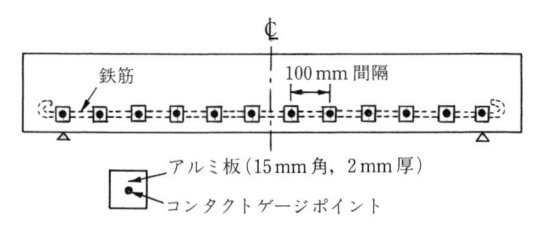

図 7-2 コンタクトゲージポイントの貼り付け例

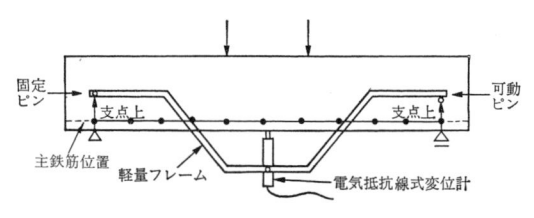

図 7-3 たわみ測定装置

7.1.3 RC はりの曲げ試験方法

RC はりの載荷試験を行うにあたって, RC はりにはコンクリート表面のひずみを測定するために, はりのスパン中央断面の圧縮縁, 引張縁, 鉄筋位置あるいは必要に応じていくつかのレベルに電気抵抗線ひずみゲージ (ゲージ長は粗骨材最大寸法の 3 倍程度) を貼り付けておく。なお, はり供試体は試験日の 1〜2 日前から気中に出して, コンクリートを乾かしひずみゲージを貼り付ける。

ひび割れ幅を測定するためには, 例えば主鉄筋位置の鉄筋軸方向に数 cm 間隔 (手持ちのコンタクトゲージの測長を考慮して) で数多くのコンタクトゲージポイント (15 mm 角, 2 mm 厚程度のアルミ板にゲージポイントを埋め込んでおく) を貼り付けておくとよい。図 7-2 にコンタクトひずみ計でひび割れ幅を測定する場合のゲージポイントの貼り付けの一例を示す。たわみはダイヤルゲージまたは電気抵抗線式変位計などを用いて, スパン中央, そのほか指定した箇所で測定する。できれば図 7-3 に示すようなたわみ測定用装置[1]を用いるとよい。

曲げ試験は両端単純支持として, 載荷点をスパン中央点に対し左右対称の 2 点載荷とする。この場合, 3 等分点 2 点載荷が普通よく行われる。

支点および載荷点にはローラを用い, 局部破壊あるいは供試体のねじれ, ぐらつきが生じないように調整する。

供試体の打設面が載荷点となるときは, この部分をグラインダで平滑にし, せっこうとセメントを練り混ぜたものなどを敷いて, 一様な線荷重がかかるようにする。

載荷装置は万能試験機が便利であり, そのほか適当な曲げ試験機などでもよい。荷重の検出は試験機の荷重表示あるいはロードセルを用いる。

載荷速度は普通 2 kN/min (またはたわみで 0.1 mm/min) 程度とし, 衝撃が加わらないよう静かに荷重をかける。載荷は RC はりが破壊するまで行い, その間, 各荷重段階でコンクリートあるいは鉄筋のひずみ, はりのたわみ, ひび割れ発生荷重, 最大荷重を記録する。

ひび割れは, まず目視あるいは拡大鏡によってその発生を確認する。その際, あらかじめコンクリート側面にせっこうを薄く塗っておくと, ひび割れが見やすくなる。

平均ひび割れ幅, 平均ひび割れ間隔は, 等曲げモーメント部分に入ったひび割れの幅と本数から算出する。またひび割れの進展状況については, 各荷重段階で成長したひび割れの横にそのときの荷重を記入する。ひび割れは黒のマジックインクなどでトレースする。

7.1.4 試験結果の考察

① 荷重-たわみ線図を描き, その勾配の変化とひび割れの発生との関係を調べる。また, 計算によって求めたたわみの理論値と実測値の比較をする。

② 各荷重ごとにコンクリートの高さ方向の各位置での縦ひずみを求める。その結果とコンクリートの圧縮強度試験で求めた応力-ひずみ関係から，はりの圧縮応力分布を求める。さらにはコンクリートの縦ひずみから中立軸の位置を求めて，その変化を調べる。はりの実測圧縮縁ひずみと，鉄筋のひずみをそれぞれ応力に換算し，弾性理論によって計算したそれぞれの応力と比較する。

③ 荷重-ひび割れ幅関係を描き，設計荷重時の最大ひび割れ幅，平均ひび割れ幅を調べる。曲げひび割れ発生荷重の理論値と実測値を比較する。

④ スターラップに関して荷重-ひずみ関係を描き，斜め引張ひび割れ発生前後のスターラップのひずみ性状を調べる。

⑤ 破壊曲げモーメントの理論値と実測値を比較考察する。

⑥ 破壊試験後のはりのひび割れ性状をスケッチする。

7.1.5 参考資料

(1) 変位・変形量の計算[1]

たわみの計算は弾性理論によるとして，その際断面二次モーメントの算定に関して次の方法がある。

(i) 曲げひび割れが発生しないコンクリート部材の短期の変位・変形量の計算：実用上厳密な変位，変形量を求める必要のない場合には，ひび割れが生じている鉄筋コンクリートおよびプレストレストコンクリートのいずれの部材とも，曲げひび割れの発生しない部材と見なし，全断面有効とした断面二次モーメント I_g を用いて計算してよい。

(ii) 曲げひび割れによる剛性低下，クリープおよび乾燥収縮の影響を考慮した短期また長期の変位・変形量の計算：この場合は式(7.1)または式(7.2)に示す有効曲げ剛性を用いてよい。

(イ) 有効曲げ剛性を曲げモーメントにより変化させる場合

$$E_e I_e = \left(\frac{M_{crd}}{M_d}\right)^4 E_e I_g + \left\{1 - \left(\frac{M_{crd}}{M_d}\right)^4\right\} E_e I_{cr} \quad (7.1)$$

(ロ) 有効曲げ剛性を部材全長にわたって一定とする場合

$$E_e I_e = \left(\frac{M_{crd}}{M_{d\max}}\right)^4 E_e I_g + \left\{1 - \left(\frac{M_{crd}}{M_{d\max}}\right)^4\right\} E_e I_{cr} \quad (7.2)$$

ここに，E_e：有効弾性係数で式(7.3)で求められる。

$$E_e = \frac{E_{ct}}{1+\varphi} = \frac{E_{ct}}{1+(E_{ct}/E_c)\varphi_{28}} \quad (7.3)$$

E_{ct}：死荷重作用時のヤング係数(N/mm^2)

E_c：材齢28日のヤング係数(N/mm^2)

φ：載荷時材齢のヤング係数を用いて求めた死荷重作用時からのクリープ係数

φ_{28}：材齢28日のヤング係数を用いて求めた死荷重作用時からのクリープ係数

I_e：短期または長期の有効換算断面二次モーメント (mm^4)

M_{crd}：断面に曲げひび割れが発生する限界の曲げモーメントで，コンクリートの引張縁の曲げ応力度が，軸方向力あるいはプレストレス力を考慮し，コンクリートの寸法効果を考慮した曲げひび割れ強度 f_{bck}[1] となる曲げモーメント ($N \cdot mm$)

また，γ_c, γ_b は一般に1.0とする。

$$f_{bck} = k_{0b} k_{1b} f_{tk}$$

ここで，$k_{0b} = 1 + \dfrac{1}{0.85 + 4.5(h/l_{ch})}$

$k_{1b} = \dfrac{0.55}{\sqrt[4]{h}} \quad (\geq 0.4)$

k_{0b}：コンクリートの引張軟化特性に起因する引張強度と曲げ強度の関係を表す係数

k_{1b}：乾燥，水和熱など，その他の原因によるひび割れ強度の低下を表す係数

h：部材の高さ (m) $\quad (>0.2)$

l_{ch}：特性長さ (m) $(=G_F E_c / f_{tk}^2)$

E_c：ヤング係数 (N/mm^2)

G_F：破壊エネルギー (N/m)

F_{tk}：引張強度の特性値

ただし，
$$G_F = 10 \times \sqrt[3]{d_{max}} \sqrt[3]{f'_c} \quad (N/m)$$

ここで，d_{max}：粗骨材の最大寸法（mm）
f'_{ck}：圧縮強度の特性値（設計基準強度）（N/mm²）

コンクリートのヤング係数 E_c

f'_{ck}(N/mm²)		18	24	30	40	50	60	70	80
E_c(kN/mm²)	普通コンクリート	22	25	28	31	33	35	37	38
	軽量骨材コンクリート*	13	15	16	19	—	—	—	—

* 骨材を全部軽量骨材とした場合

$$f_{tk} = 0.23 f'^{2/3}_{ck}$$

M_d：短期または長期の変位・変形量計算時の設計曲げモーメント(N·mm)

$M_{d\max}$：短期または長期の変位・変形量計算時の設計曲げモーメントの最大値（N·mm）

I_g：短期または長期の，全断面の図心まわりの全断面による断面二次モーメント（mm⁴）

I_{cr}：短期または長期の，ひび割れ断面の図心まわりのひび割れ断面による断面二次モーメント（mm⁴）

式(7.1)および式(7.2)はいずれも，ひび割れ発生の有無にかかわらず，短期または長期における鉄筋コンクリート部材の変位・変形量の実用的な算定に用いることができる。クリープの影響は有効弾性係数として考慮し，収縮は断面に一様に分布するとしている。コンクリートの引張剛性の経時変化は，付着応力の経時的な低下が若干みられるが，近似的に無視している。

曲げひび割れが生じていない部材の場合は，式(7.1)および式(7.2)において $M_{crd} = M_d$ または $M_{crd} = M_{d\max}$ として曲げ剛性を求めることができる。

短期にあってはクリープ係数および収縮ひずみを0とすればよい。概略値を求める場合には全断面の断面二次モーメントは鋼材の影響を無視して求めてよい。

長期にあっては，クリープ係数を求めるときの載荷時材齢および収縮の開始時材齢は死荷重作用時の材齢としてよい。全断面の断面二次モーメントは鋼材の影響を考慮して求めなければならない。

断面にひび割れが生じていない場合には，長期の変位・変形量は，永久荷重による短期の変位・変形量と，それにクリープ係数を乗じて求めた変位・変形量との和として，式(7.6)により近似的に求めてよい。

$$\delta_l = (1+\varphi)\delta_{ep} \quad (7.6)$$

ここで，δ_l：長期の変位・変形量（mm）
δ_{ep}：永久荷重による短期の変位・変形量（mm）

(2) 許容応力度法による設計曲げモーメント

コンクリートの許容応力度 σ'_{ca}，鉄筋の許容応力度 σ_{sa} とする。

中立軸比 $\quad k = \sqrt{2np + (np)^2} - np$

ここで，$p = \dfrac{A_s}{bd}$：鉄筋比

$n = E_s/E_c$：（弾性係数比，$n=15$ とする）
$j = 1-(k/3)$：カップルモーメントの腕長比
b：はり幅
d：はりの有効高さ

設計曲げモーメント：

イ) コンクリートの許容応力度による場合
$$M_{rc} = \sigma'_{ca} kjbd^2/2 \quad (7.7)$$

ロ) 鉄筋の許容応力度による場合
$$M_{rs} = \sigma_{sa} pjbd^2 \quad (7.8)$$

M_{rc} と M_{rs} の小さい方をとって，許容設計曲げモーメント M とする。

(3) コンクリートと鉄筋の応力度

コンクリートの応力度 $\quad \sigma'_c = \dfrac{2M}{kjbd^2}$

鉄筋の応力度 $\quad \sigma_s = \dfrac{M}{kjbd^2} = \dfrac{M}{A_s jd}$

(4) 曲げ耐力 M_u

低鉄筋比のはりについて図7-4に示す2つの方法で M_u を求める。なお，本項では $f'_{ck} \leq 50$ N/mm² の場合について述べる。

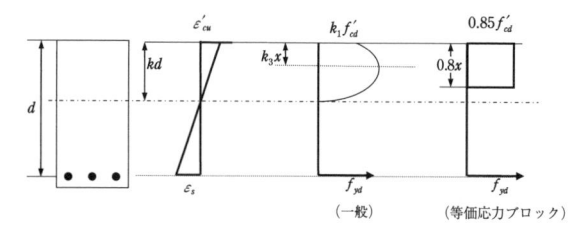

図7-4 RCはりの破壊時の応力分布の仮定

イ) 一般的な応力分布を仮定した場合

$$M_u = A_s f_{yd} d \left(1 - \frac{k_3}{k_1 k_2} \cdot \frac{p f_{yd}}{f'_{cd}}\right) \quad (7.9)$$

k_2, k_3 は次のように表せる。

$$\left.\begin{array}{l} k_2 = 1 - \dfrac{\varepsilon'_0}{3\varepsilon'_{cu}} \\ k_3 = 1 - \dfrac{1-(\varepsilon'_0/\varepsilon'_{cu})^2/6}{2k_2} \end{array}\right\} \quad (7.10)$$

ここで, f'_{cd} : コンクリートの圧縮強度 (N/mm²)
f_{yd} : 鉄筋の降伏点強度 (N/mm²)

コンクリートの応力-ひずみ曲線を図7-5に示すように仮定し, k_1, ε'_0 および ε'_{cu} をそれぞれ 0.85, 0.2 % および 0.35 % とすれば, k_2 と k_3 はそれぞれ 0.810 および 0.416 となり, M_u は式 (7.11) となる。

$$M_u = A_s f_{yd} d \left(1 - 0.60 \cdot \frac{p f_{yd}}{f'_{cd}}\right) \quad (7.11)$$

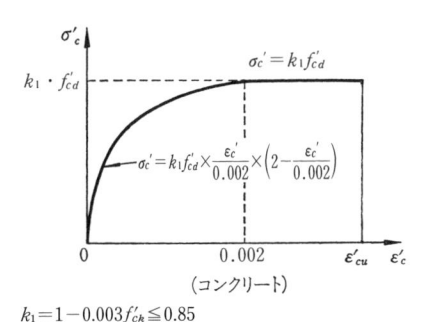

$k_1 = 1 - 0.003 f'_{ck} \leq 0.85$

$\varepsilon'_{cu} = \dfrac{155 - f'_{ck}}{30000} \quad 0.0025 \leq \varepsilon'_{cu} \leq 0.0035$

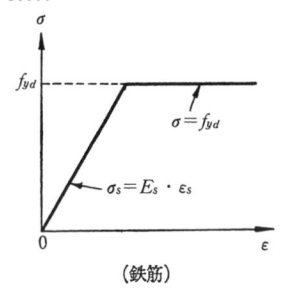

図7-5 コンクリートおよび鉄筋のモデル化された応力-ひずみ曲線[1]

ロ) 応力分布を等価応力ブロックと仮定した場合

$$M_u = A_s f_{yd}(d - 0.4x) \quad (7.12)$$

$$x = \frac{A_s}{0.8 \times 0.85 b} \cdot \frac{f_{yd}}{f'_{cd}} \quad (7.13)$$

7.1.6 計算例

図7-6のような単鉄筋長方形はりを, 3等分2

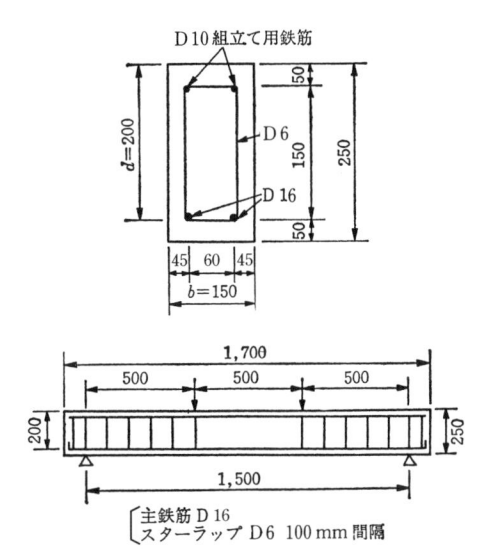

図7-6 単鉄筋長方形はり供試体

点載荷によって曲げ試験を行った。曲げひび割れ発生荷重, 許容応力度法による設計曲げモーメント, 曲げ耐力および曲げひび割れ発生前と後の荷重-たわみ関係を求めよ。ただし, コンクリートの設計基準強度 $f'_{ck} = 30$ N/mm², 弾性係数 $E_c = 28$ kN/mm², 粗骨材最大寸法 $d_{max} = 20$ mm, 使用鉄筋は SD 295A, 弾性係数 $E_s = 200$ kN/mm², $f_{yk} = 295$ N/mm², $\gamma_c = 1.3$, $\gamma_s = 1.0$ とする。

イ) 曲げひび割れ発生荷重

弾性係数比 $n = \dfrac{E_s}{E_c} = \dfrac{200}{28} = 7.14$

有効換算断面積 $A_e = A_c + (n-1)A_s$
$= 150 \times 250 + (7.14 - 1) \times 397$
$= 39940$ mm²

$$y_c = \frac{A_c \dfrac{h}{2} + (n-1)A_s d}{A_e}$$

$$= \frac{37500 \times 125 + (7.14 - 1) \times 397 \times 200}{39940}$$

$= 129.6$ mm

$y'_c = 250 - 129.6 = 120.4$ mm

コンクリート断面の図心は, 上縁から 125 mm (= h/2) である (図7-7参照)。

鉄筋コンクリート断面の図心位置は上縁から 129.6 mm, 下縁から 120.4 mm にある。したがって, 鉄筋コンクリート断面 (全断面有効) の図心軸に関する換算断面二次モーメント I_g は,

$$I_g = \frac{150 \times 129.6^3}{3} + \frac{150 \times 120.4^3}{3} + (7.14 - 1)$$

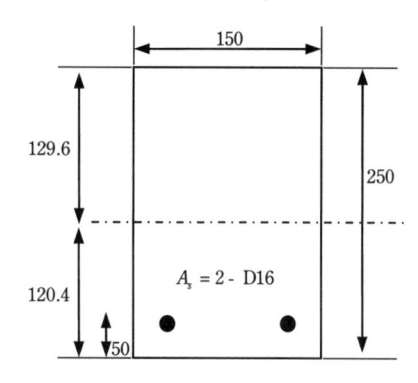

図 7-7 断面図心位置（単位：mm）

$$\times 397 \times (200-129.6)^2$$
$$= 20820 \times 10^4 \text{ mm}^4$$

曲げひび割れモーメント

$$M_{cr} = \frac{f_{bck}I_g}{y_c} = \frac{2.27 \times 20820 \times 10^4}{120.4}$$
$$= 3919800 \text{ N·mm}$$

曲げひび割れ発生荷重

$$P_{crd} = \frac{6M}{l} = \frac{6 \times 3919800}{1500} = 15.679 \text{ kN}$$

ここで，

$$f_{bck} = k_{0b}k_{1b}f_{tk} = 1.313 \times 0.778 \times 2.221$$
$$= 2.27 \text{ N/mm}^2$$

$$k_{0b} = 1 + \frac{1}{0.85 + 4.5\frac{h}{l_{ch}}} = 1 + \frac{1}{0.85 + 4.5 \times \frac{0.25}{0.479}}$$
$$= 1.313$$

$$l_{ch} = \frac{G_F E_c}{f_{tk}^2} = \frac{84.34 \times 28000}{(0.23 \times 30^{2/3})^2} = 479 \text{ mm} = 0.479 \text{ m}$$

$$k_{1b} = \frac{0.55}{\sqrt[4]{h}} = \frac{0.55}{\sqrt[4]{0.25}} = 0.778$$

$$f_{tk} = 0.23 f_c'^{2/3} = 2.221 \text{ N/mm}^2$$

$$G_F = 10 \times \sqrt[3]{d_{\max}} \sqrt[3]{f_c'} = 10 \times 30.0^{1/3} = 84.34 \text{ N/m}$$

ロ）許容応力度法による設計曲げモーメント

コンクリートの許容圧縮応力度 $\sigma_{ca}' = 11 \text{ N/mm}^2$，鉄筋の許容応力度 $\sigma_{sa} = 176 \text{ N/mm}^2$，

$$p = \frac{A_s}{bd} = \frac{397}{150 \times 200} = 0.0132$$

$$k = \sqrt{2np + (np)^2} - np$$
$$= \sqrt{2 \times 15 \times 0.0132 \times (15 \times 0.0132)^2} - 15 \times 0.0132$$
$$= 0.462$$

$$j = 1 - \frac{k}{3} = 1 - \frac{0.462}{3} = 0.846$$

$$M_{rc} = \frac{1}{2}\sigma_{ca}'kjbd^2$$
$$= \frac{1}{2} \times 11 \times 0.462 \times 0.846 \times 150 \times 200^2$$
$$= 12898 \text{ kN·mm} = 128.98 \text{ kN·m}$$

$$M_{rs} = \sigma_{sa}A_s jd = 176 \times 397 \times 0.846 \times 200$$
$$= 11792 \text{ kN·mm} = 117.92 \text{ kN·m}$$

したがって，設計曲げ破壊抵抗モーメント M_r
$= 117.92 \text{ kN·m}$ である。

ハ）曲げ耐力

① 一般的な応力分布を仮定する場合

$$M_u = A_s f_{yd} d\left(1 - 0.6\frac{pf_{yd}}{f_{cd}'}\right)$$
$$= 397 \times 295 \times 200\left(1 - 0.60 \times \frac{0.0132 \times 295}{23.1}\right)$$
$$= 210.53 \text{ kN·m}$$

ここで，

$$f_{cd}' = \frac{f_{ck}'}{\gamma_c} = \frac{30}{1.3} = 23.1 \text{ N/mm}^2$$

② 応力分布を等価応力ブロックと仮定する場合

$$M_u = A_s f_{yd}(d - 0.4x)$$
$$= A_s f_{yd}\left(d - 0.4 \times \frac{A_s}{0.8 \times 0.85} \cdot \frac{f_{yd}}{f_{cd}'}\right)$$
$$= 397 \times 295 \times 200\left(1 - 0.4 \times \frac{397}{0.8 \times 0.85} \times \frac{295}{23.1}\right)$$
$$= 210.94 \text{ kN·m}$$

ニ）たわみ

① ひび割れ発生前の短期のたわみ

スパン中央のたわみ δ_{center} は，弾性理論より

$$\delta_{\text{center}} = \frac{Pal^2}{16EI} - \frac{Pa^3}{12EI}$$
$$= \left(\frac{900^2}{16} - \frac{400^2}{12}\right)\frac{400P}{29.8 \times 10^3 \times I} = \frac{501P}{I}$$

② ひび割れ発生後の短期のたわみ（クリープおよび乾燥収縮の影響を考慮しない）

式（7.2）より

$$I_e = \left(\frac{M_{cr}}{M}\right)^3 I_g - \left\{1 - \left(\frac{M_{cr}}{M}\right)^3\right\} I_{cr}$$
$$= \left(\frac{3806.12}{21054.935}\right)^3 \times 20886 \times 10^4 E_e$$
$$+ \left[1 - \left(\frac{3806.12}{21054.935}\right)^3\right] \times 6505.43 \times 10^4 E_e$$
$$= 6590.384 \times 10^4 E_e$$

$$I_{cr} = \frac{1}{3}bx^3 + nA_s(d-x)^2$$
$$= \frac{150 \times 70.07^3}{3} + 7.14 \times 397 \times (200-70.07)^2$$

$$= 6505.43 \times 10^4 \text{ mm}^4$$

$$x = \frac{nA_s}{b}\left(-1 + \sqrt{1 + \frac{2bd}{nA_s}}\right)$$

$$= \frac{7.14 \times 397}{150}\left(-1 + \sqrt{1 + \frac{2 \times 150 \times 200}{7.14 \times 3974}}\right)$$

$$= 70.07 \text{ mm}$$

$M_{d\max} = M_u = 210.54$ kN・m とする。

スパン中央のたわみ δ_x は,$E_e = E_c$ として

$$\delta_c = \frac{23Pl^3}{1296 E_c I_e} = \frac{23 \times P \times 1500^3}{1296 \times 28000 \times 6590 \times 10^4}$$

$$= 3.25 \times 10^{-2} P \text{ (mm)} \qquad (P : \text{kN})$$

〔第7章 参考文献〕

1) 土木学会編:コンクリート標準示方書(2007年制定),設計編,土木学会,2007.

第8章
実験値の数値処理法

8.1 測定値の整理

8.1.1 数値の表し方

測定結果等の記述にあたり特に注意を必要とするのは，従来の有効数字に代表される数値の桁数の選び方と数値の丸め方の問題[注1]である。ISO 31-0：1992, Quantities and units-Part0：General principles, Annex B (Guide to the rounding of numbers) に従った1999年のJISの改正により，「丸めの幅」という新しい概念による数値の丸め方が規格化された。測定結果を表示するにあたり，試験によっては具体的に採るべき桁数や小数点以下桁数が指示される場合もあるが，一般には「丸めの幅」の導入で，前者も含めた形でより合理的な数値表示が可能となった。

注1) 丸めるとは，与えられた数値を，ある一定の「丸めの幅」の整数倍がつくる系列の中から選んだ数値に置き換えることである。この置き換えた数値を「丸めた数値」と呼ぶ。丸めの幅を $d \times 10^k$ (d と k は整数，ただし $1 \leq d \leq k$) とすれば，有効数字は丸めた数値の 10^k 以上の位の数字列として表される。例えば，丸めの幅を 10^{-2} (=0.01) とすれば，10^{-2} 以上の位すなわち小数点以下2位までの数字列が有効数字と同じ意味を有することになる。

数値の丸め方は，丸めの幅を指標として JIS Z 8401-1999 に以下のように規定されている。この規格の対象となる数値は正の数値しか想定していない。負の数値を対象とする場合は，その絶対値に適用しなければならない。

a) 丸めた数値の例
　例1．丸めの幅：0.1
　　　整数倍：12.1, 12.2, 12.3, 12.4, ……
　例2．丸めの幅：10
　　　整数倍：1210, 1220, 1230, 1240, ……

b) 与えられた数値に最も近い整数倍が1つしかない場合には，それを丸めた数値とする。
　例1．丸めの幅：0.1
　　　与えられた数値　12.233　12.251　12.275
　　　丸めた数値　　　12.2　　12.3　　12.3
　例2．丸めの幅：10
　　　与えられた数値　1222.3　1225.1　1227.5
　　　丸めた数値　　　1220　　1230　　1230

c) 与えられた数値に等しく近い，2つの隣り合う整数倍がある場合には，異なる2つの規則が用いられる。
　規則A　丸めた数値として偶数倍の方を選ぶ。
　例1．丸めの幅：0.1
　　　与えられた数値　12.25　12.35
　　　丸めた数値　　　12.2　　12.4
　例2．丸めの幅：10
　　　与えられた数値　1225.0　1235.0
　　　丸めた数値　　　1220　　1240
　規則B　丸めた数値として大きい整数倍の方を選ぶ。
　例1．丸めの幅：0.1
　　　与えられた数値　12.25　12.35
　　　丸めた数値　　　12.3　　12.4
　例2．丸めの幅：10
　　　与えられた数値　1225.0　1235.0
　　　丸めた数値　　　1230　　1240

備考：1) 規則Aが一般的には望ましい。一連の測定値をこの方法で処理するとき，丸めの誤差が最小になる利点がある。前規格 (JISZ 8401-1961) は，表現は異なるが実質的に規則Aに適合していた。したがって，数値の丸め方について明記しない場合は，規則Aが適用されるものとし，規則Bを採用する場合はその旨を明記する。

2) 丸めの幅を 10^k とすれば，規則Bはいわゆる四捨五入である。

d) 規則A，Bを2回以上使って丸めることは，誤差の原因となる。したがって，丸めは常に1段階で行わなければならない。
  例1．12.251は12.3と丸めるべきで，まず12.25とし，次いで12.2としてはならない。
e) 規則A，Bは，丸めた数値の選び方について何の考慮すべき基準もない場合にだけ運用すべきである。安全性の要求または一定の制限を考慮しなければならないときは，例えば常に一定方向へ丸める方がよいことがある。
f) 丸めの幅を表示することが望ましい。

8.1.2 数値の統計的処理

一般にわれわれが手にするデータの多くは，母集団と呼ばれるある特定の性質をもったものの全体集団の中から抽出された標本と考えられる。標本は，母集団のあらゆる範囲から無作為に取られた場合には，未知の母集団の性質を推定する手がかりとして使用されている。以下，データの統計処理に必要な基本的な性質について述べてみよう。

(1) 統計量

数値の統計処理において必要な諸量の定義と計算法を次に示す。

(a) データの中心的な位置を示すための統計量

① 平均値：$\bar{x}$などと表し，$\bar{x}=(x_1+x_2+\cdots+x_n)/n=\sum_{i=1}^{n}x_i/n$である。

② 中央値：$\tilde{x}$などと表し，x_1からx_nまでの数値を大きさ順に並べたときの数値の順位が中央の値をいう。nが偶数であれば中央2個の平均で表す。

(b) データのばらつきを示すための統計量

① 平方和と分散：$S.S.=(x_1-\bar{x})^2+(x_2-\bar{x})^2+\cdots+(x_n-\bar{x})^2=\sum_{i=1}^{n}(x_i-\bar{x})^2$を平方和と呼ぶ。また$S^2=S.S./n=\sum_{i=1}^{n}(x_i-\bar{x})^2/n$を分散あるいは標本分散と呼ぶ。母分散が未知の場合，その代用として$u^2=S.S./(n-1)=S^2\cdot n/(n-1)$を用いることが多い。これを不偏分散と呼び，母集団の分散と統計的に一致するという意味で用いられる。

② 標準偏差と変動係数：$\sigma=S=\sqrt{\sum_{i=1}^{n}(x_i-\bar{x})^2/n}$ で示される量を標準偏差といい，ばらつきの尺度として多く用いられるが，場合によっては不偏分散の平方根uも同様の意味で用いられることがある。また，$\sigma/\bar{x}$で表される量を変動係数と呼び，ばらつきの度合いを比較するためとか，精度の判定などに用いられる。

③ 範囲：$R=x_{\max}-x_{\min}$で表される量で，最大値と最小値の差を表す量である。計算が簡単なため実用的ではあるが，データの数が多くなると，得られた結論は有効でなくなる恐れが強い。

④ 平均偏差：$M.D.=\frac{1}{n}\sum_{i=1}^{n}|x_i-\bar{x}|$を平均偏差といい，ばらつきの1つの尺度である。実験結果の精度を簡便に判定できるので有用である。

〔例題〕 同一コンクリート部材についてコア抜き取りを行い，圧縮強度試験を実施して下の結果を得た。平均値と標準偏差および範囲を求めよ。
(丸めの幅0.1) 30.2，28.9，30.9，32.0，30.4 N/mm²

〔解答〕
平均値 $\bar{x}=\sum_{i=1}^{n}x_i/n=(30.2+28.9+30.9+32.0+30.4)/5=30.48$ であるが，丸めの幅を考え$\bar{x}=30.5$である。標準偏差 $\sigma=\sqrt{\sum_{i=1}^{n}(x_i-\bar{x})^2/n}=\sqrt{\sum_{i=1}^{n}x_i^2/n-\bar{x}^2}=\sqrt{930.04-929.03}=1.00$ N/mm²。範囲 $R=x_{\max}-x_{\min}=32.0-28.9=3.1$ N/mm² となる。

(2) 正規分布

測定値の母集団分布としては，一般に正規分布が仮定されることが多い。これについて概要を示そう。今，母集団平均値μ，母集団分散σ^2がわかっている場合には，この母集団の正規分布を$N(\mu,\sigma^2)$と表現する。母集団平均値μは期待値とも呼ばれる。したがって，上の正規分布は期待値μ，分散σ^2の正規分布という。次に，xを母集団中の変量として平均値μとの差をとり，それを標準偏差で割った新しい変量Zをつくる。これは$Z=(x-\mu)/\sigma$で表され，「標準単位」と呼ばれる量となるが，やはり同様に正規分布して$N(0,1^2)$，すなわち平均値0，分散1^2の正規分布に従う。Zは，測定値の検定の際の指標として

(1) ヒストグラム　　(2) 正規分布

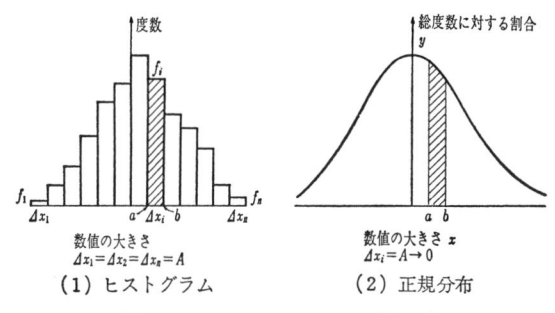

図8-1　ヒストグラムと正規分布

も利用されている。さて，正規分布とはどんな分布となるのであろうか，これをヒストグラム（柱状図）を用いて考えてみよう。例えば，ある2点間の距離を同一器具を用いてはかったとしよう。その結果ははかるたびごとに微妙に変化し，ある平均的な値近くに多く集まり，それより離れた値は，その離れ方が大きいほど少なくなることに気づくであろう。これを模式図的に表したのが図8-1である。これはある範囲に入る測定値の回数，すなわち度数を縦軸に，範囲を横軸に一定幅として示したものであるが，このような例ではヒストグラムは左右対称に近い形となるのが普通である。ヒストグラムがn個の幅に分けられているとすれば，数えてi番目の面積はそのときの度数をf_iとして$f_i \times \Delta x_i$となる。全体の面積は，$f_1 \times \Delta x_1 + f_2 \times \Delta x_2 + \cdots + f_n \times \Delta x_n = \sum_{i=1}^{n} f_i \cdot \Delta x_i$ となるが，$\Delta x_1 = \Delta x_2 = \cdots = \Delta x_n = A$ とおけるから，$A(f_1+f_2+\cdots+f_n) = A\sum_{i=1}^{n} f_i$ となる。a, b 区間に挟まれた斜線部の度数をf_iとすると，この面積と全体の面積の比は $Af_i/A\sum_{i=1}^{n}f_i = f_i/\sum_{i=1}^{n}f_i$ となり，a, b 区間に入る確率を示すことになる。簡単に全面積 $A\sum_{i=1}^{n}f_i = 1$ となるようにできれば，斜線部面積そのものが全体の中で現れる確率を表すことになるのである。次に，図8-1(2)を見てみよう。これは同図(1)の柱間の幅Aを限りなくゼロに近づけた場合に現れる形を示している。縦軸は，先の $f_i/\sum_{i=1}^{n}f_i$ に対応するが，nが∞（無限大）となる場合に考えた，総度数に対する割合として示されている。このような形は $y=f(x)$ で示される確率密度関数と呼ばれ，a, b 間の面積が計算で

きれば直ちにその出現の確率となるようにしてある。図8-1(2)は，一般に正規分布曲線と呼ばれる左右対称な曲線で，この関数形は次式で示される。

$$y=1/(\sqrt{2\pi}\sigma)\cdot e^{-\frac{1}{2}\left(\frac{x-\mu}{\sigma}\right)^2} \quad (\sigma>0) \quad (8.1)$$

式(8.1)は正規分布 $N(\mu, \sigma^2)$ に対応している。次に先の標準単位Zに関する正規分布，すなわち標準正規分布 $N(0, 1^2)$ に対しては

$$y=1/\sqrt{2\pi}\cdot e^{-\frac{1}{2}Z^2} \quad (8.2)$$

が成立する。

図8-2にこれらの意味を理解するため(1)図に $N(\mu, \sigma^2)$ に対応する分布を，(2)図には $N(0, 1^2)$ に対応する場合を示した。図中斜線部は，正規分布において約68％が入る範囲を示しており，$x=\mu\pm\sigma$ および $Z=\pm 1$ の区間となる。$x=\mu\pm 2\sigma$ および $Z=\pm 2$ には約95％の確率で入り，$x=\mu\pm 3\sigma$ および $Z=\pm 3$ には約99％の確率で入ることになる。図8-3は $N(\mu, \sigma^2)$ の性質をさらに説明したものである。母集団標準偏差 σ が小さければ小さいほど，期待値 μ のまわりに分布は集中し，大きければ分布は平たくなることがわかる。表8-1は，標準単位Zに関し，その絶対値 $|Z|$ が $Z(P)$ なる値以上となる両側確率[注2]Pを $Z(P) \sim P$ および $P \sim Z(P)$ の関係で表した正規

(1) 正規分布 $N(\mu, \sigma^2)$　　(2) 標準正規分布 $N(0, 1^2)$

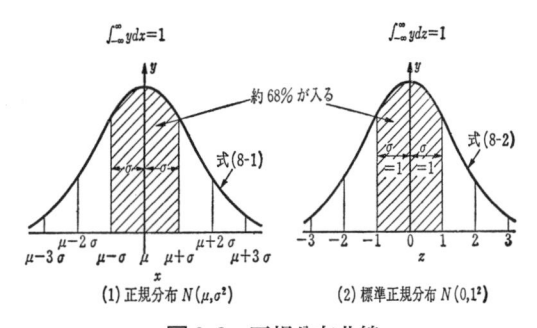

図8-2　正規分布曲線

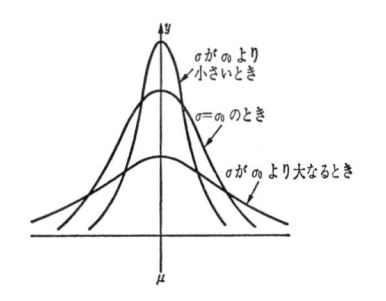

図8-3　正規分布の性質

表8-1 正規分布表（両側確率）

$Z(P)$	P	P	$Z(P)$
0.5	0.6171	1.0	0.000
1.0	0.3173	0.5	0.674
1.5	0.1336	0.2	1.284
2.0	0.0455	0.1	1.645
2.5	0.0124	0.05	1.960
3.0	0.0027	0.02	2.326
		0.01	2.576
		0.002	3.090

分布表の一部である。

注2） 両側確率とは対称なる正規分布 $N(0, 1^2)$ の両側を含めた確率（図(a)）で片側確率とは一方の側だけについての確率 $P/2$（図(b)）をいう。

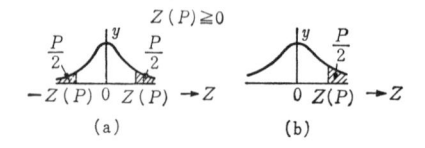

〔例題-1〕 $N(350, 14^2)$ とは何か。

〔解答〕
期待値（平均値）350，分散が $14^2=196$ で正規分布する母集団を表す。

〔例題-2〕 平均値 28 N/mm^2，標準偏差 2.0 N/mm^2 をもつ強度母集団がある。この中で 30 N/mm^2 を超える強度の確率を求めよ。

〔解答〕
標準単位 Z を求めると $Z=(x-\mu)/\sigma=(30.0-28.0)/2.0=1$，片側確率でよいので $Z(P) \geq 1$ なる確率 $P/2$ を求めると，表8-1より $P/2=0.3173/2=0.1587$ となる。これは下図(a)，(b)を参照して考えるとよい。

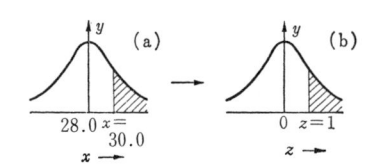

(3) 統計量の分布

ある母集団から1回 n 個のデータをとり出して，その平均値 $\bar{x}$ や平方和 $S.S.$ を計算した場合，定まるのは1個の $\bar{x}$ と $S.S.$ であるが，母集団と標本という関係でみると，これは n 個のデータをとって $\bar{x}$ や $S.S.$ を求める操作を無限回繰り返して求まる無限個の $\bar{x}$ や $S.S.$ でつくられる母集団からとり出した，大きさ1のサンプルと見なすことと同じになる。これを表8-2にわかりやす

表8-2 統計量の分布

回数	サンプルデータ	平均 $\bar{x}$
1	x_{11}, x_{12}, x_{13} ------ x_{1n}	$\bar{x}_1$
2	x_{21}, x_{22}, x_{23} ------ x_{2n}	$\bar{x}_2$
⋮	⋮	⋮
l	x_{l1}, x_{l2}, x_{l3} ------ x_{ln}	$\bar{x}_l$
⋮	⋮	⋮

各行はデータ母集団からとり出した大きさ n のサンプル

$\bar{x}$ 母集団からとり出した大きさ1のサンプル

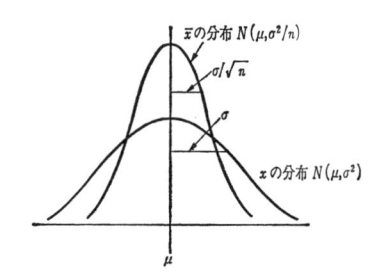

図8-4 平均値の正規分布曲線

く示した。統計量の分布とはこのように無限個の $\bar{x}$ などがつくる分布のことをいう。

この統計量の分布に関し，次のようなデータ母集団との関係および特性がある。

① 母平均 μ，母分散 σ^2 のデータ母集団からとり出した，大きさ n のサンプルの平均値を $\bar{x}$ とした場合，$\bar{x}$ の分布の期待値（平均値）は μ となり，分散は σ^2/n となる。$\bar{x}$ の分布は $n \geq 50$ で正規分布 $N(\mu, \sigma^2/n)$ に従う。図8-4 にこの分布例を示す。

② ①において大きさ n のサンプルの平均値 $\bar{x}$ に関する標準単位 $Z=(\bar{x}-\mu)/(\sigma/\sqrt{n})$ は，$N(0, 1^2)$ の標準正規分布に従う。

③ 2つの異なる母集団があり，それぞれ $N(\mu_1, \sigma_1^2)$ および $N(\mu_2, \sigma_2^2)$ であれば，前者から大きさ n_1 のサンプルをとり求めた平均 $\bar{x}_1$ と，後者から大きさ n_2 のサンプルをとり求めた平均 $\bar{x}_2$ の差，$(\bar{x}_1-\bar{x}_2)$ は

$$N\left(\mu_1-\mu_2, \frac{\sigma_1^2}{n_1}+\frac{\sigma_2^2}{n_2}\right) \tag{8.3}$$

に従い，その標準単位

$$Z=\{(\bar{x}_1-\bar{x}_2)-(\mu_1-\mu_2)\}/\sqrt{\sigma_1^2/n_1+\sigma_2^2/n_2}$$

(8.4)
は $N(0, 1^2)$ に従う。

④ 大きさ n のサンプルから求めた不偏分散 u^2 の期待値は σ^2 に一致する。

〔例題-1〕 ある母集団 $N(\mu, \sigma^2)$ から5個ずつ計6回標本をとり出し、平均値を求めたところ、$\bar{x}_1=244$, $\bar{x}_2=235$, $\bar{x}_3=249$, $\bar{x}_4=253$, $\bar{x}_5=225$, $\bar{x}_6=240$ となった。母集団平均値 μ を推定し、σ^2 を推定せよ（有効3桁）。

〔解答〕
μ の推定値
$$\bar{x}=(244+235+249+253+225+240)/6=241$$
不偏分散より
$$u=\sqrt{\sum_{i=1}^{m}(\bar{x}_i-\bar{x})^2/(m-1)}$$
$$=\sqrt{(9+36+64+144+256+1)/5}=10.1$$
$$=\sigma/\sqrt{n}^{\text{注3}}$$

したがって、$\sigma=10.1\times\sqrt{5}=22.6$ より $\sigma^2=(22.6)^2$ と推定される。

注3) $N(\mu, \sigma^2)$ より n 個のデータ（大きさ n のサンプル）をとり、その平均を $\bar{x}$ とすると、$\bar{x}$ に関する母集団は $N(\mu, \sigma^2/n)$ と考えられるので、$\bar{x}_1\sim\bar{x}_6$ とその平均 $\bar{x}$ から不偏分散 u^2 を求めると σ^2/n に一致することになる。

〔例題-2〕 $N(80, 12^2)$ からとり出した10個の無作為標本の平均値を $\bar{x}$ とするとき、$\bar{x}$ の分布はどのようであるか。

〔解答〕
①より $N(80, 12^2/10)$ となる。

8.1.3 異常値の判定と棄却方法

条件を一定にして実験を行っても、測定値の中に異常に大きかったり、逆に小さい結果が見いだされることがしばしばある。その際、これを異常値と見なしてデータとして含めない方がよいのかどうか[注4]、判断に迷うことが多い。これを合理的に判定、処理する方法について、以下一手法を述べたい。

注4) 供試体の製造、養生、試験操作において、明らかに欠陥のあることがわかっている場合は除いて考える[1]。

(1) ある一定の条件下で得られた n 個のデータの中で、特に異常と思われる偏値がある場合

この場合の処理方法にはいくつかの方法があるが[1],[6]、次のように考えて判定してもよい。$m=n$ -1 として、$x_1, x_2, \ldots\ldots, x_m, x_{m+1}$ の n 個のデータのうち最後の x_{m+1} が偏値であるとする。先の m 個の標本の平均 $\bar{x}_m=\sum_{i=1}^{m}x_i/m$ と x_{m+1} の差、$\bar{x}_m-x_{m+1}$ は式(8.3)から正規母集団 $N\left(0, \sigma^2\cdot\left(\frac{m+1}{m}\right)\right)$ に従うと考えられるので、σ^2 の代用として不偏分散 $u_m^2=\sum_{i=1}^{m}(x_i-\bar{x})^2/(m-1)$ を用いると、次の t_0 が自由度[注5] $\phi=m-1$ の t 分布[注6] に従うことを利用する。

$$t_0=(x_{m+1}-\bar{x}_m)/\left(u_m\sqrt{\frac{m+1}{m}}\right) \quad (8.5)$$

実際には、上式で求めた t_0 値と、有意水準[注7] α における t 分布値 $t(\phi; \alpha)$ を比較し、$t_0\geq t(\phi; \alpha)$ の場合は x_{m+1} を棄て、$t_0<t(\phi; \alpha)$ の場合は x_{m+1} をデータに含めてよいと判定する。なお、$t(\phi; \alpha)$ は**表8-3**に示した t 分布表から求められる。

注5) 選択すべき数が n 個、制限条件が k 個あれば $(n-k)$ が自由度となる。例えば2つの数があって、これらの和が一定値となるには、1つは自由であるが、1つの数は自動的に決まるため自由度は1となる。制限がなければ2である。

注6) 母分散 σ^2 が未知であるとき、標本分散 S^2 を代用し、平均値 $\bar{x}$ に対する標準単位と同形の $t=(\bar{x}-\mu)/(S/\sqrt{n})$ に対して定められる分布で、n が大きくなると標準正規分布に一致する。

注7) 一般にある仮説 H_0 が成立しているにもかかわらず H_0 を棄却する危険を冒す確率をいう。α は通常5％が用いられるが、先述(8.1.2(2))の確率 P と同意と考えてよい。

(2) それまでに一連のデータ群があり、続く回の試験から得られた n 個のデータ中に偏値がある場合

品質管理の問題に属するが、ここでは、それまでの平均範囲 $\bar{R}$ がわかっている場合について考えてみよう。偏値 x_{m+1} を除いたその回の平均値 $\bar{x}_m$ と、標準偏差の代用値を

$$\hat{\sigma}=(1/d)\cdot\bar{R} \quad (8.6)$$

として、$|x_{m+1}-\bar{x}_m|$ が $3\hat{\sigma}$ を超える場合に限って x_{m+1} を棄てるのである。**表8-4**は上式中の $(1/d)^{\text{注8}}$ 値を示す。

注8) $1/d$ は範囲 R を用いて標準偏差を推定する場合、群の大きさ n により決まる定数で、一般に $n<10$ で有用である。

〔例題-1〕 同一試験で次のデータを得たが、3番

表 8-3　t 分布表[4]

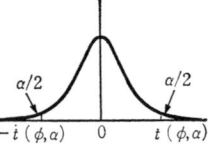

自由度 ϕ と両側確率 α から $t(\phi;\alpha)$ を求める表

ϕ \ α	0.50	0.40	0.30	0.20	0.10	0.05	0.02	0.01	0.001	α \ ϕ
1	1.000	1.376	1.963	3.078	6.314	12.706	31.821	63.657	636.919	1
2	0.816	1.061	1.386	1.886	2.920	4.303	6.965	9.925	31.598	2
3	0.756	0.978	1.250	1.638	2.353	3.182	4.541	5.841	12.941	3
4	0.741	0.941	1.190	1.533	2.132	2.776	3.747	4.604	8.610	4
5	0.727	0.920	1.156	1.476	2.015	2.571	3.365	4.032	6.859	5
6	0.718	0.906	1.134	1.440	1.943	2.447	3.143	3.707	5.959	6
7	0.711	0.896	1.119	1.415	1.895	2.365	2.998	3.499	5.405	7
8	0.706	0.889	1.108	1.397	1.860	2.306	2.896	3.355	5.041	8
9	0.703	0.883	1.100	1.383	1.833	2.262	2.821	3.250	4.781	9
10	0.700	0.879	1.093	1.372	1.812	2.228	2.764	3.169	4.587	10
11	0.697	0.876	1.088	1.363	1.796	2.201	2.718	3.106	4.437	11
12	0.695	0.873	1.083	1.356	1.782	2.179	2.681	3.055	4.318	12
13	0.694	0.870	1.079	1.350	1.771	2.160	2.650	3.012	4.221	13
14	0.692	0.868	1.076	1.345	1.761	2.145	2.624	2.977	4.140	14
15	0.691	0.866	1.074	1.341	1.753	2.131	2.602	2.947	4.073	15
16	0.690	0.865	1.071	1.337	1.746	2.120	2.583	2.921	4.015	16
17	0.689	0.863	1.069	1.333	1.740	2.110	2.567	2.898	3.965	17
18	0.688	0.862	1.067	1.330	1.734	2.101	2.552	2.878	3.922	18
19	0.688	0.861	1.066	1.328	1.729	2.093	2.539	2.861	3.883	19
20	0.687	0.860	1.064	1.325	1.725	2.086	2.528	2.845	3.850	20
21	0.686	0.859	1.063	1.323	1.721	2.080	2.518	2.831	3.819	21
22	0.686	0.858	1.061	1.321	1.717	2.074	2.508	2.819	3.792	22
23	0.685	0.858	1.060	1.319	1.714	2.069	2.500	2.807	3.767	23
24	0.685	0.857	1.059	1.318	1.711	2.064	2.492	2.797	3.745	24
25	0.684	0.856	1.058	1.316	1.708	2.060	2.485	2.787	3.725	25
26	0.684	0.856	1.058	1.315	1.706	2.056	2.479	2.779	3.707	26
27	0.684	0.855	1.057	1.314	1.703	2.052	2.473	2.771	3.690	27
28	0.683	0.855	1.056	1.313	1.701	2.048	2.467	2.763	3.674	28
29	0.683	0.854	1.055	1.311	1.699	2.045	2.462	2.756	3.659	29
30	0.683	0.854	1.055	1.310	1.697	2.042	2.457	2.750	3.646	30
40	0.681	0.851	1.050	1.303	1.684	2.021	2.423	2.704	3.551	40
60	0.679	0.848	1.046	1.296	1.671	2.000	2.390	2.660	3.460	60
120	0.677	0.845	1.041	1.289	1.658	1.980	2.358	2.617	3.373	120
∞	0.674	0.842	1.036	1.282	1.645	1.960	2.326	2.576	3.291	∞

表 8-4　範囲の定数 $1/d$

n	2	3	4	5	6	7	8	9
$1/d$	0.886	0.591	0.486	0.430	0.395	0.370	0.351	0.337

目の偏値を異常値として棄てるべきかどうかを判定せよ。235, 225, 273, 218, 242, 230

〔解答〕

3番目のデータを最後において考えると、$\bar{x}_m = \sum_{i=1}^{5} x_i/m = (235+225+218+242+230)/5 = 230$, $u_m^2 = \sum_{i=1}^{m}(x_i-\bar{x}_m)^2/(m-1) = 84.5$, $t_0 = (x_{m+1}-\bar{x}_m)/\left(u_m\sqrt{\dfrac{m+1}{m}}\right) = 4.270$ である。表 8-3 の t 分布表から、$\phi = m-1 = 4$ で $t(\phi;0.05) = 2.776$, $|t_0| > 2.776$ より、$x_{m+1} = 273$ は異常値であり当該データには含めないと判定する。

〔例題-2〕　同一配合のコンクリートの 28 日強度 σ_{28} を求めたところ、次のような結果となった。21.5 N/mm² の値を棄ててよいか判定せよ。ただし、前 15 回の試験で平均範囲 $\bar{R} = 2.5$ N/mm² であ

ることがわかっているとする。データ……25.4, 26.2, 21.5 N/mm²

〔解答〕

21.5を除く平均 $\bar{x}_m=(25.4+26.2)/2=25.8$, $\bar{x}_m-x_{m+1}=25.8-21.5=4.3$, データ数 $n=3$ であるから, $\sigma=(1/d)\cdot\bar{R}=0.591\times 2.5=1.48$ となる。$|\bar{x}_m-x_{m+1}|=4.3<3\sigma=4.44$ となるので, $x_{m+1}=21.5$ N/mm² は異常値として棄てることはできないと判断される。

8.2 回帰と相関

8.2.1 回帰分析

ある変量 y が他の変量 x の変化に伴って変動する場合，すなわち y が，独立変数（説明変数）x の従属変数（被説明変数）と考えられる場合の処理方法について考える。例えば，コンクリートのセメント水比と強度のように両者の間に一定の関係が成立することを期待できる場合，この関係を定量化することを回帰分析という。

回帰分析には，独立変数 x が1つの場合で従属変数 y との間に直線関係を想定する単回帰分析，二次以上の関数などを想定する曲線回帰分析，さらには，x が二つ以上で y との間に一次関数を想定する重回帰分析などがあるが，ここでは前二者の回帰手法にふれることにする。実際の分析において，y と x の間にどのような関係を想定したらよいかは，厳密にいえば推定誤差の最も少なくなる関数形の選択ということになろうが，測定された値，y と x の関係を図上で追い，適当と思われる関数形により関係式を最小自乗法などにより定式化するのが一般的である。以下，回帰式形の選択および回帰係数あるいは未知係数の決定方法について簡単に述べる。

(1) 回帰式の関数形の選択

ある測定により得られた y と x のデータ間の関係を図上にプロットしたものを散布図（相関図）という。先に述べたように，この関係を式形で表現したいとする場合，あまり難しい関数形とするのは得策でない場合が多い。実用上は，なるべく一次関数のような単純な式形が好ましい。図8-5は，よく知られている関数形のいくつかを参考のために示したものである[8]。

(2) 回帰係数の決定方式

回帰式の係数を定めるには，いくつかの方法が考えられる。一般的方法としては最小自乗法が用いられるが，他に残差合計法や目安法（選点法）など，複雑な関数形で最小自乗法の適用が困難な場合の近似推定手法もある。最小自乗法についてその簡単な原理と手法を次に説明しよう。これは

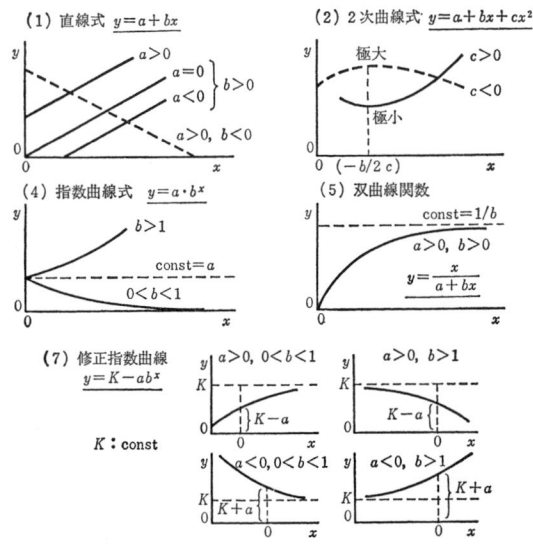

* 場合によっては片対数紙や両対数紙上で検討する場合もある

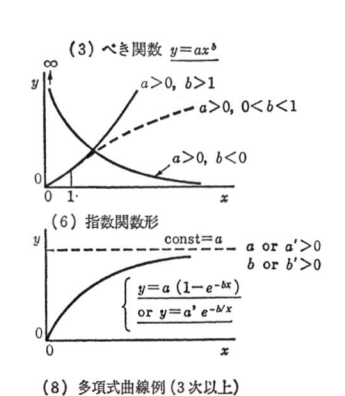

図8-5 諸関数形

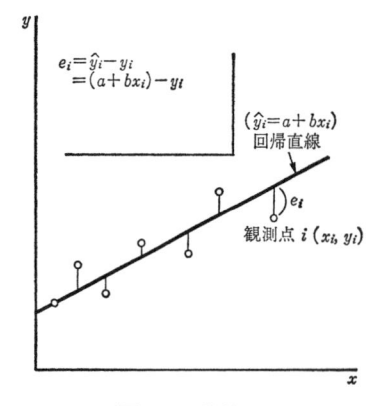

図8-6 残差 e_i

図8-6にみられるように，観測値を表す点から，求める直線あるいは曲線までの距離の二乗の和が最小となるように，係数を決定する方法である。単純にするため，一次の直線式を回帰式として選んだ場合を考えよう。同図で，i 番目の観測点から求める $\hat{y} = a + bx_i$ の直線までの距離を残差 e_i とし，e_i^2 をすべての観測点について求め，その和を最小にするよう回帰係数 a および b を決定するのである。これを数式で表すと次のようになる。i 点における観測値 y_i と，回帰推定値 $\hat{y}_i = a + bx_i$ との差を $\hat{y}_i - y_i = e_i$ とすると，観測データ個数を n として，

$$\sum_{i=1}^{n} e_i^2 = \sum_{i=1}^{n}(y_i - \hat{y}_i)^2 = \sum_{i=1}^{n}(y_i - a - bx_i)^2 \quad (8.7)$$

が最小となるよう，a および b について上式を偏微分して0とおくと，

$$\frac{\partial \sum_{i=1}^{n} e_i^2}{\partial a} = \frac{\partial}{\partial a}\sum_{i=1}^{n}(y_i - a - bx_i)^2 = 0 \quad (8.8)$$

$$\frac{\partial \sum_{i=1}^{n} e_i^2}{\partial b} = \frac{\partial}{\partial b}\sum_{i=1}^{n}(y_i - a - bx_i)^2 = 0 \quad (8.9)$$

ここで，記号 $\sum_{i=1}^{n}$ を $\sum$ に簡略化し整理すると，

$$\partial \sum e^2 / \partial a = 2\sum_{i=1}^{n}(y_i - a - bx_i)\cdot(-1)$$
$$= -2\sum y + 2na + 2b\sum x = 0 \quad (8.10)$$

$$\partial \sum e^2 / \partial b = 2\sum_{i=1}^{n}(y_i - a - bx_i)\cdot(-x_i)$$
$$= -2\sum xy + 2a\sum x + 2b\sum x^2 = 0$$
$$\quad (8.11)$$

となる。さらに整理すれば次の正規方程式と呼ばれる2元連立方程式を得る。

$$na + b\sum x = \sum y \quad (8.12)$$

$$a\sum x + b\sum x^2 = \sum xy \quad (8.13)$$

これを a, b について解けば次のような解を得る。

$$b = (n\sum xy - \sum x \sum y)/(n\sum x^2 - (\sum x)^2) \quad (8.14)$$

$$a = (\sum x^2 \sum y - \sum x \sum xy)/(n\sum x^2 - (\sum x)^2) \quad (8.15)$$

式(8.15)は次のようにも書ける。$\bar{y}, \bar{x}$ を y, x の平均値として，

$$a = \bar{y} - b\bar{x} \quad (8.16)$$

〔例題〕 次のデータに最小自乗法を適用し関係を定めよ。ただし x と y の間に直線関係を想定せよ。

x	1.0	2.0	3.0	4.0	5.0
y	1.3	2.1	2.8	3.6	4.2

〔解答〕
$\sum x = 15$，$(\sum x)^2 = 225$，$\bar{x} = 3$，$\sum y = 14.0$，$(\sum y)^2 = 196$ $\bar{y} = 2.80$，$\sum xy = 49.3$，$\sum x^2 = 55$，$\sum y^2 = 44.54$ などより $b = (n\sum xy - \sum x \sum y)/(n\sum x^2 - (\sum x)^2) = (5 \times 49.3 - 15 \times 14)/(5 \times 55 - 225) = 36.5/50 = 0.73$，$a = \bar{y} - b\bar{x} = 2.80 - 0.73 \times 3 = 0.61$ となり結局 $y = 0.61 + 0.73x$ が得られる。これを図8-7に示してある。なお，残差 e_i の平方和を計算すると，

$$\sum e^2 = \sum_{i=1}^{5}(y_i - \hat{y}_i)^2 = \sum_{i=1}^{5}(y_i - a - bx_i)^2$$
$$= \sum_{i=1}^{5}\{(y_i - \bar{y}) - b(x_i - \bar{x})\}^2$$
$$= \sum_{i=1}^{5}\{(y_i - \bar{y})^2 - b^2(x_i - \bar{x})^2\}$$
$$= (\sum y^2 - (\sum y)^2/n) - b^2(\sum x^2 - (\sum x)^2/n)$$
$$= (44.54 - 196/5) - 0.73^2(55 - 225/5) = 0.011$$

となる。残差平方和を $(n-2)$ で割った値，$S_d^2 = \sum_{i=1}^{5}(y_i - \hat{y}_i)^2/(n-2)$ は推定誤差の分散を表し，その平方根 S_d は一般に標準誤差と呼ばれ，回帰式による推定精度の尺度となる。ここでは $S_d = 0.0606$ である。

$y = 0.61 + 0.73x$
回帰直線
$S_d = 0.0606$

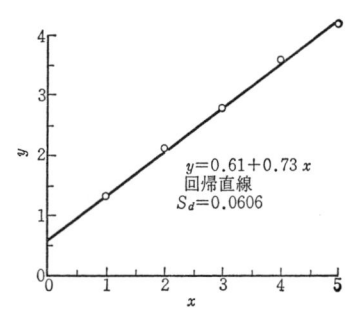

図8-7 結果グラフ

8.2.2 相 関

(1) 標本の相関と相関係数

2つ以上の変量の相互関係を相関と呼ぶが，一般には2量の間に線形の関係が強いかどうか，すなわち，1つの直線式のまわりに点が密集する度合でその強さを判定する。n 組のデータ $(x_1, y_1), (x_2, y_2), \ldots, (x_n, y_n)$ が与えられたとき，これらの散布図を描くと図8-8に示すような5つのタイプのいずれかに属することが認められる。図の(1)は x と y の関係が完全に正の直線関係で表せる場合で，後に述べる相関係数 R の値が1となるケースである。(2)は両者の関係に正の相関がある場合で相関係数 R は0と1の間にある。(3)は両者の関係が完全に負の直線関係にある場合で R は -1 である。(4)は両者の間に負の相関関係がみられる場合で，R は0と -1 の間の値をとる。(5)は両者にまったく関連がみられない場合（無相関）で相関係数 R は0となる。

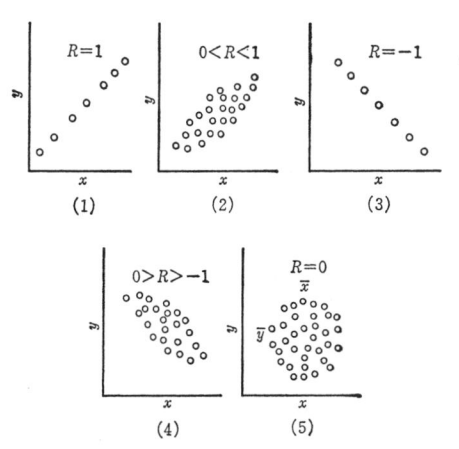

図8-8 相関の度合いと相関係数[2],[7]

データ間の相関係数（標本相関係数とも呼ぶ）R は次のように定義される。x, y を対応する同数のデータとし S_{xy} を x と y の共分散とすれば

$$R = \frac{\sum_i (x_i - \bar{x})(y_i - \bar{y})}{\sqrt{\sum_i (x_i - \bar{x})^2 \cdot \sum_i (y_i - \bar{y})^2}} = \frac{S_{xy}}{\sqrt{S_x^2 \cdot S_y^2}} \quad (8.17)$$

ただし，S_x^2 は x の分散，S_y^2 は y の分散である。

〔例題〕 8.2.1(2)の〔例題〕における標本相関係数を求めよ。

〔解答〕
式(8.17)を簡略化して表すと

$$R = \left(\sum xy - \frac{\sum x \sum y}{n}\right) \Big/ \sqrt{\left(\sum x^2 - \frac{(\sum x)^2}{n}\right)\left(\sum y^2 - \frac{(\sum y)^2}{n}\right)}$$

となるから，これに数値をを代入する。

$$R = \left(49.3 - \frac{15 \times 14}{5}\right) \Big/ \sqrt{\left(55 - \frac{225}{5}\right)\left(44.54 - \frac{196}{5}\right)}$$
$$= 0.999$$

となる。

(2) 回帰推定式適合度の指標としての相関係数

標本の相関係数がゼロに近ければ，データ間にまったく関連がないといえるだろうか。例えば図8-9を見てみよう。この場合には y と x の間に何らかの曲線関係が存在し，その意味では関連性が強いにもかかわらず無相関に近い結果が得られるだろう。このように，標本の相関係数ではデータ間の関連性を判断するに不都合な場合が多々存在する。8.2.1項において，データ間に何らかの関数関係が想定できる場合の回帰手法を学んだが，上記例のような場合には y と x の関係を回帰式として定め，その回帰推定値 $\hat{y}_i$ と観察値 y_i との相関を新たに考えることにより，間接的ではあるが y と x の関連を推しはかることができるのである。換言すれば，y と x の関連性を回帰推定の適合度という面から判断することになる。

回帰式による推定値 $\hat{y}$ と観測値 y の間の相関度は次の相関係数[注9]で表すことができる。

$$R = \frac{\sum_i (y_i - \bar{y})(\hat{y}_i - \bar{\hat{y}})}{\sqrt{\sum_i (y_i - \bar{y})^2 \cdot \sum_i (\hat{y}_i - \bar{\hat{y}})^2}} = \frac{S_{y\hat{y}}}{\sqrt{S_y^2 \cdot S_{\hat{y}}^2}} \quad (8.18)$$

$S_{y\hat{y}}$ は y と $\hat{y}$ の共分散を表し，$\bar{\hat{y}}$ は x をもとにした推定値 $\hat{y}$ の平均を示す。なお，相関係数の二乗を寄与率あるいは決定係数と呼び，全変動のうち，回帰式で説明できる変動の割合を示す値である。なお，寄与率の平方根は式(8.17)の相関係

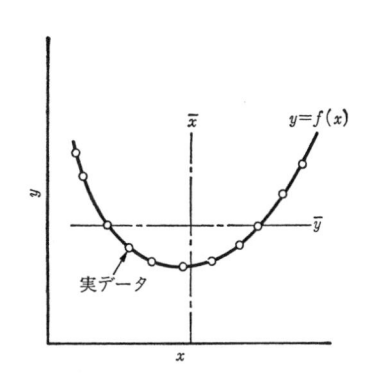

図8-9 データの相関性

数 R に等しい。

注9) 直線回帰式 $y=a+bx$ の場合には標本の相関係数に等しい。
また

$$R=\left(\sum y\hat{y}-\frac{\sum y\sum \hat{y}}{n}\right)\bigg/\sqrt{\left(\sum y^2-\frac{(\sum y)^2}{n}\right)\left(\sum \hat{y}^2-\frac{(\sum \hat{y})^2}{n}\right)}$$

である。

〔例題〕 回帰式が直線の場合に相関係数が標本のそれと一致するのを確かめよ。$\hat{y}_i=a+bx_i$, $\hat{\bar{y}}=a+b\bar{x}$ であり $\sum_i(\hat{y}_i-\hat{\bar{y}})^2=b^2\sum_i(x_i-\bar{x})^2$ となるので、これを式 (8.18) へ代入すれば、標本のそれと一致することがわかる。

x, y が次のように与えられ、関係式を $y=a+bx^2$ としたい。a, b を定め、相関係数を求めよ。

x	1	2	3	4
y	3	9	22	40

〔解答〕
$\sum x=10$, $\sum x^2=30$, $(\sum x)^2=100$, $\bar{x}=2.5$, $\sum y=74$, $\sum y^2=2,174$, $(\sum y)^2=5476$, $\bar{y}=18.5$, $\sum xy=247$, また $x^2=X$ とすると $\sum X=30$, $\sum X^2=354$, $(\sum X)^2=900$, $\bar{X}=7.5$, $\sum Xy=877$ となる。回帰係数を定める。$x^2=X$ より $y=a+bX$ と一次式を適用できる。$b=(n\sum Xy-\sum X\sum y)/(n\sum X^2-(\sum X)^2)=(4\times 877-30\times 74)/(4\times 354-900)=2.496$, $a=\bar{y}-b\bar{X}=-0.221$ となり、$y=-0.221+2.496x^2$ が回帰式となる。次に標本の相関係数を求めると、

$$R=\left(\sum xy-\frac{\sum x\sum y}{n}\right)\bigg/\sqrt{\left(\sum x^2-\frac{(\sum x)^2}{n}\right)\left(\sum y^2-\frac{(\sum y)^2}{n}\right)}=0.977$$

である。回帰式に対する相関係数を求める。$\hat{y}=-0.221+2.496x^2$ により新しくデータを作成する。

y	3	9	22	40
$\hat{y}$	2.275	9.763	22.243	39.715

計算では $\sum \hat{y}^2=2172.524$, $(\sum \hat{y})^2=5475.408$, $\sum y\hat{y}=2172.638$

$$R=\left(\sum y\hat{y}-\frac{\sum y\cdot \sum \hat{y}}{n}\right)\bigg/\sqrt{\left(\sum y^2-\frac{(\sum y)^2}{n}\right)\left(\sum \hat{y}^2-\frac{(\sum \hat{y})^2}{n}\right)}=0.999$$

となり、標本のそれより向上することがわかる。なお寄与率 $R^2=0.998$ であり、標準誤差 S_d は、

$$S_d=\sqrt{\sum(y_i-\hat{y}_i)^2/(n-2)}$$
$$=\sqrt{(\sum y^2+\sum \hat{y}^2-2\sum y\hat{y})/(n-2)}=0.790$$

である。

(3) 相関係数の検定

相関係数 R を求めて、これが意味のある値であるかを調べたいことがある。その場合 R が次の値程度以上であれば、統計的に相関があるといってよい。n をデータ個数とすると、R は表 8-5 のようになる。これを厳密に判定する方法としては、母相関係数 ρ が 0 に等しいかどうかを検定するのがよい。それには、

表 8-5 データ数 n と統計的に有意な相関係数 R の関係

$n=10\sim 20$	$R=0.5$ 以上
$n=20\sim 30$	$R=0.4$ 〃
$n=30\sim 50$	$R=0.3$ 〃
$n=50\sim 100$	$R=0.25$ 〃
$n>100$	$R=0.2$ 〃

$$t_0=R\sqrt{\frac{n-2}{1-R^2}} \qquad (8.19)$$

が自由度 $\phi=n-2$ の t 分布に従うことを利用する。$|t_0|>t(\phi;\alpha)$ であれば ($\alpha=0.05$ あるいは 0.01) $\rho\neq 0$ と判定することになる。

〔例題〕 $n=30$ の場合の $R=0.405$, $n=65$ の場合の $R=0.200$ を検定せよ。

〔解答〕
$t_0=R\sqrt{\frac{n-2}{1-R^2}}$ より、前者の $t_0=2.344$, 後者の $t_0=1.620$ であり、$t(28;0.05)=2.048$, $t(63;0.05)=1.999$ であるから有意水準 5% で前者は有意といえ、後者は棄却される。結局、前者の相関係数は意味をもつが後者は意味のない値であると判定される。相関係数は以上のように有意性を判定できたとしても、必ずしも絶対的な指標ではないことに注意されたい。したがって、ある関係を検討する場合には分散や変動係数などの値を併行して求め、総合的に判断を下すべきである。

〔第8章　参考文献〕
1) 国分正胤編：土木材料試験（改訂4版），技報堂，1982.
2) 松本嘉司：土木解析法，技報堂，1971.
3) 淡中忠郎：統計学の理論と応用，養賢堂，1954.
4) 安藤貞一，松村嘉高，二見良治：技術者のための統計品質管理入門，共立出版，1981.
5) 萩原　稔：統計学総論—原理と演習—，白桃書房，1968.
6) 野中敏雄，笹井敏夫：確率，統計の演習，森北出版，1959.
7) 福田治郎：応用統計入門，日刊工業新聞社，1962.
8) 円山由次郎：新版需要予測と経済時系列分析，日本生産性本部，1974.
9) 仮谷太一：予測の知識，森北出版，1971.
10) 河口至商：多変量解析入門Ⅰ，森北出版，1973.

索　引

あ
アスファルト　*119*
アスファルト混合物　*119, 136, 140*
アスファルト混合物の配合設計　*132*
圧縮強度　*61, 68, 84, 99*
圧縮強度試験（JIS A 1108）　*47, 61, 82*
圧縮強度百分率　*47*
圧縮試験　*19*
圧縮試験機（JIS B 7733）　*82, 85, 87*
圧縮強さ　*19*
網ふるい方法　*11*
RC はり　*143*

い
異常値　*155*

え
AE コンクリート　*69, 73*
SI 単位　*4*
$\bar{x}$-R 管理図　*99, 100, 106*
x-R_s-R_m 管理図　*99, 102, 107*
塩化物イオン含有量試験(案)（JSCE-C502）　*49*
エングラー計　*129*
エングラー度　*130*
エングラー度試験（JIS K 2208）　*129*

お
応力-ひずみ曲線　*147*

か
回帰分析　*157*
化学的性質　*1*
片側確率　*154*
割裂引張度試験（JIS A 1113）　*85*
環球法　*124*
換算断面二次モーメント　*147*
含水率　*37*
管理限界値　*99*
管理図　*99*
管理特性　*99*

き
感量　*4*
気乾状態　*28*
期待値　*152*
キャリブレーション　*80, 97*
吸水率　*29, 32, 34*
凝結試験（JIS R 5201）　*14*
共鳴振動によるコンクリートの動弾性係数試験（JIS A 1127）　*96*
許容応力度法　*146*
寄与率　*159*

く
空気室圧力方法（JIS A 1128）　*80*
空気中乾燥状態　*28*
空気量　*73, 80*
空気量の測定（JIS A 6201 および JIS A 1116）　*46*
クリープ　*146*
クリープ係数　*146*

け
警戒限界値　*99*
計数検査法　*105*
計量検査法　*105*
決定係数　*159*
検定　*160*
現場コンクリート　*99*
現場配合　*74, 77*

こ
硬化したコンクリートの試験　*61*
鋼材　*109*
鋼材の引張試験（JIS Z 2241）　*111*
鋼材の曲げ試験（JIS Z 2248）　*115*
合成粒度　*134, 138*
降状応力　*111, 117*
降伏点　*111*
5-5-10-20-20 方式　*100, 106*

5-3-5-7-10-10 方式　102, 107
骨材　21
骨材試験　21
骨材修正係数　80
骨材中に含まれる粘土塊量の試験（JIS A 1137）　53
骨材の単位容積質量および実積率試験（JIS A 1104）　41
骨材のふるい分け試験（JIS A 1102）　24
骨材配合　133
コンクリート　61
コンクリートの応力度　146
コンクリートの強度試験　62
コンクリートのスランプ試験（JIS A 1101）　78
コンクリートの静弾性係数試験（JIS A 1149）　90
コンクリート棒型振動機（JIS A 8610）　82, 85, 87
コンクリート用化学混和剤（JIS A 6204）　64
コンクリート用高炉スラグ微粉末（JIS A 6206）　63
コンクリート用混和材料　62
コンクリート用シリカフューム（JIS A 6207）　63
コンクリート用水中不分離性混和剤（JSCE）　66
コンクリート用フライアッシュ（JIS A 6201）　63
コンクリート用膨張材（JIS A 6202）　66
混合セメント　7
コンシステンシー　78
コンタクト型ストレインゲージ　3
コンプレッソメーター　91
混和材　63
混和剤　63

さ
細骨材　26, 28, 35, 44, 46
細骨材の密度および吸水率試験（JIS A 1109）　28
細骨材の表面水率試験（JIS A 1111・JIS A 1125）　35
細骨材の有機不純物試験（JIS A 1105）　44
細骨材率　69
最小自乗法　157
材料試験機　4

し
ジッギング　42
実積率　42
質量　3
四分法　23
示方配合　76
絞り　113
自由度　155

シュミットハンマー　95
試料分取機　23
伸度試験（JIS K 2207）　127
伸度試験器　127
針入度試験（JIS K 2207）　120
針入度試験器　120
針入度指数　125
真密度　34

す
ストレートアスファルト　122
スターラップ　143
スランプ　68
スランプコーン　78
すりへり減量　57

せ
正規分布　152, 153
静弾性係数　93, 94
赤外線水分計　39
石油アスファルト乳剤　130
絶乾密度　31, 33, 34
設計基準強度　75
設計曲げモーメント　146
セメント　7
セメントの密度試験（JIS R 5201）　9
セメントペースト　14
セメントベッド　13
セメント水比　68

そ
相関係数　159
粗骨材　26, 32
粗骨材最大寸法　68
粗骨材の密度および吸水率試験（JIS A 1110）　32
粗粒率（FM）　26, 70

た
ダイアルゲージ　2
耐久性　1
たわみ　144, 148
単位細骨材量　73
単位水量　69
単位セメント量　70
単位粗骨材かさ容積　70
単位粗骨材容積　71
単位粗骨材量　73
単位容積質量　42
弾性係数　62, 90, 93, 94

索引

弾性係数比　*146*
断面二次モーメント　*145*

ち
中央値　*152*
中立軸比　*146*
調合　*61*
調合設計　*67, 74*

つ
強さ試験（JIS R 5201）　*17*

て
t 分布　*156*
滴定法　*49*
テストハンマーによる強度試験方法（JSCE-G 504）　*95*
鉄筋コンクリートはり　*143*
鉄筋コンクリートはりの曲げ試験　*143*
鉄筋コンクリート部材　*143*
鉄筋コンクリート用棒鋼（JIS G 3112）　*110*
鉄筋コンクリート用防錆剤（JIS A 6205）　*66*
鉄筋の応力度　*146*
鉄筋比　*146*
テーブルバイブレータ　*18*
電気抵抗線ストレインゲージ　*3*

と
動弾性係数　*62, 97*
土木学会コンクリート標準示方書　*58, 63, 67*

な
長さ（変位）　*2*
軟化点試験（環球法）（JIS K 2207）　*124*
軟化点試験器　*124*

に
日本工業規格（JIS）　*21*

ね
熱間圧延異形棒鋼　*110*
練混ぜ方法　*14*
粘土塊量　*54*

の
ノギス　*2*
伸び　*111*

は
配合強度　*68*
配合設計　*67, 74, 132, 137*
はかり　*3*
破断伸び　*112*
範囲　*152*

ひ
ビカー針装置　*14*
ヒストグラム　*103, 153*
ひずみゲージ　*91*
ひずみ測定器　*90*
非接触型変位計　*3*
非線形材料　*90*
引張強度　*86, 111, 112*
引張強度試験（JIS A 1113）　*62, 85*
引張強さ　*111*
非破壊試験　*95*
比表面積　*12*
ひび割れ幅　*144*
表乾状態　*28*
表乾密度　*30, 33*
標準色液　*44*
標準砂　*19*
標準正規分布　*153*
標準単位　*152*
標準偏差　*152*
標本　*152*
表面乾燥飽水状態　*28*
表面硬度方法　*95*
表面水率　*35, 37*
ひょう量　*4*
品質管理　*99*
品質検査　*105*

ふ
物理試験（JIS R 5201）　*8*
物理的性質　*1*
不偏分散　*152*
ふるい　*24*
ふるい振とう機　*24*
プルービングリング　*4*
フレッシュコンクリート　*51, 61*
フレッシュコンクリートの空気量試験　*80*
フレッシュコンクリートの試験　*61*
ブレーン方法　*11*
フローコーン　*17, 28*
フロー試験　*17, 46*
ブローンアスファルト　*122*

分散　*152*
粉末度試験（JIS R 5201）　*11*

へ
平均値　*152*
平均偏差　*152*
平方和　*152*
偏値　*155*
変動係数　*68, 75, 152*

ほ
棒突き試験　*41*
舗装設計施工指針　*133*
母集団　*152*
ポルトランドセメント（JIS R 5210）　*7*
ポロシティー　*11*

ま
マイクロメータ　*2*
曲げ強度　*19, 88*
曲げ強度試験（JIS A 1106）　*62, 87*
曲げ試験　*19*
曲げ試験装置　*87*
曲げ耐力　*146*
曲げひび割れ　*145*
曲げひび割れモーメント　*148*
マーシャル安定度試験　*134, 135, 140*
マーシャル試験装置　*132*
丸めの幅　*151*

み
見かけ密度　*34*
水セメント比　*68*
密粒度アスファルト混合物　*137*

も
モルタルの圧縮強度による砂の試験　*46*

モルタルの単位容積質量　*47*

ゆ
有意水準　*155*
有機不純物　*44, 46*
有効換算断面積　*147*
有効数字　*151*
有効弾性係数　*145*
有効曲げ剛性　*145*
ユトリ　*105*

り
力学的性質　*1*
力量　*3*
リバウンドハンマー　*95*
粒度　*26*
粒度曲線　*27, 138*
粒度の標準　*26*
両側確率　*154*

る
ルシャテリエ密度びん　*9*

れ
レディーミクストコンクリート（JIS A 5308）　*58*

ろ
ロサンゼルス試験機　*56*
ロサンゼルス試験機による粗骨材のすりへり試験（JIS A 1121）　*56*
ロードセル　*4*

わ
ワーカビリティー　*61, 78*
割増係数　*69, 75*

執筆者一覧 (五十音順，＊印：編集幹事，2009年3月現在)

青木　優介	木更津工業高等専門学校	(3.1, 3.2, 3.3, 3.4)
岩瀬　裕之	岐阜工業高等専門学校	(4.6, 4.7, 4.8)
＊岡本　寛昭	舞鶴工業高等専門学校	(第1章, 2.1, 2.2)
角田　　忍	明石工業高等専門学校	(4.4, 4.5, 4.10)
近藤　　崇	苫小牧工業高等専門学校	(第6章)
小泉　　徹	石川工業高等専門学校	(4.1, 4.2)
澤村　秀治	函館工業高等専門学校	(4.9, 4.11)
庄谷　征美	八戸工業大学	(第8章)
中嶋　清実	豊田工業高等専門学校	(2.3, 2.4, 2.5)
＊中本　純次	和歌山工業高等専門学校	(4.3, 第7章)
堀井　克章	阿南工業高等専門学校	(3.5, 3.10, 3.11)
堀口　　至	呉工業高等専門学校	(3.6, 3.7, 3.8, 3.9)
宮脇　幸治郎	大阪府立工業高等専門学校	(第5章)
吉田　隆輝	苫小牧工業高等専門学校	(第6章)

建設材料実験法

2009 年 4 月 10 日　第 1 刷発行
2023 年 7 月 10 日　第 8 刷発行

編　者　建設材料実験教育研究会
発行者　新妻　充

発行所　鹿島出版会
　　　　〒104-0061　東京都中央区銀座 6 丁目 17 番 1 号
　　　　　　　　　　銀座 6 丁目-SQUARE 7 階
　　　　電話 03-6264-2301　振替 00160-2-180883

装幀：伊藤滋章　　印刷・製本：創栄図書印刷

無断転載を禁じます。落丁・乱丁本はお取替え致します。
© KENSETSU ZAIRYOJIKKEN KYOIKU KENKYUKAI, 2009
ISBN978-4-306-02409-0 C3052　Printed in Japan

本書の内容に関するご意見・ご感想は下記までお寄せ下さい。
URL：https://www.kajima-publishing.co.jp
e-mail：info@kajima-publishing.co.jp